BIANDIAN YUNWEI ZHUANYE JINENG PEIXUN JIAOCAI

LILUN ZHISHI

变电运维专业技能培训教材
理论知识

国家电网有限公司设备管理部　编

中国电力出版社
CHINA ELECTRIC POWER PRESS

内 容 提 要

为提升一线运维人员"设备主人"履职能力和规范化作业水平，国家电网有限公司设备管理部（简称国网设备部）编写《变电运维专业技能培训教材》（共 3 册）。

本书为《理论知识》分册，共分为 5 章，包括站用交直流电源系统、油中溶解气体在线监测装置运维及数据分析、防误操作与管理、智慧变电站建设与管理、集控站建设与管理。

本书可供变电运维一线作业人员及相关管理人员学习参考。

图书在版编目（CIP）数据

变电运维专业技能培训教材. 理论知识/国家电网有限公司设备管理部编. —北京：中国电力出版社，2021.2（2024.10 重印）
ISBN 978-7-5198-5416-4

Ⅰ. ①变…　Ⅱ. ①国…　Ⅲ. ①变电所–电力系统运行–技术培训–教材　Ⅳ. ①TM63

中国版本图书馆 CIP 数据核字（2021）第 035446 号

出版发行：中国电力出版社
地　　址：北京市东城区北京站西街 19 号（邮政编码 100005）
网　　址：http://www.cepp.sgcc.com.cn
责任编辑：肖　敏（010-63412363）　邓慧都
责任校对：黄　蓓　常燕昆
装帧设计：赵丽媛
责任印制：石　雷

印　　刷：三河市万龙印装有限公司
版　　次：2021 年 2 月第一版
印　　次：2024 年 10 月北京第五次印刷
开　　本：787 毫米×1092 毫米　16 开本
印　　张：13.25
字　　数：295 千字
定　　价：80.00 元

《变电运维专业技能培训教材 理论知识》

编 委 会

　　电网是国家重要的基础设施和战略设施，电力安全至关重要。变电站设备是保障电网安全运行、确保电力可靠供应的重要物质基础。变电运维人员是保障电网设备安全稳定运行的核心专业队伍，运维质量直接关系着电网设备安全，责任重大。"十三五"以来，国家电网有限公司（简称"国网公司"）所辖变电设备规模不断扩大，变电站数量增长 42%，变电运维工作量不断增长，同时，变电站主辅监控、智能巡视、一键顺控等新技术广泛应用，对变电运维人员的责任心、业务素质、队伍能力提出了更高的要求。

　　为指导一线人员学习新业务知识，助力"无人值班＋集中监控"运维新模式转型升级，打造"设备主人＋全科医生"型专业队伍，提升一线运维人员履职能力和规范化作业水平。国网设备部在充分调研总结基础上，结合现场需要，编写《变电运维专业技能培训教材》，包括《理论知识》《实操技能》《典型案例》3 个分册。本套教材采用"文字＋视频（二维码）"的出版形式，丰富读者阅读体验，服务生产一线人员。

　　本书为《理论知识》分册，共分为 5 章，包括站用交直流电源系统、油中溶解气体在线监测装置运维及数据分析、防误操作与管理、智慧变电站建设与管理、集控站建设与管理等内容。本书可供变电运维一线作业人员及相关管理人员学习参考。

　　鉴于变电运维新技术快速发展，新装备不断涌现，各类作业规范要求不断补充，本书虽经认真编写、校订和审核，仍难免有疏漏和不足之处，需要不断地修订和完善，欢迎广大读者提出宝贵意见和建议，使之更臻成熟。

编　者

2021 年 2 月

目 录

前言

第一章 站用交直流电源系统 ·· 1
第一节 基础知识 ·· 1
第二节 设备运行维护 ·· 19
第三节 典型故障（异常）处理 ·· 26
第四节 典型事故案例分析 ·· 30
第五节 提升蓄电池可靠性 ·· 53
第六节 新技术原理与应用 ·· 64

第二章 油中溶解气体在线监测装置运维及数据分析 ·· 77
第一节 基础知识 ·· 77
第二节 运行与维护 ·· 86
第三节 典型异常及缺陷处理 ·· 92
第四节 典型案例分析 ·· 94

第三章 防误操作与管理 ·· 104
第一节 概述 ·· 104
第二节 防误逻辑 ·· 105
第三节 防误装置 ·· 112
第四节 防误管理 ·· 121
第五节 防误新技术 ·· 125
第六节 防误典型案例 ·· 131

第四章 智慧变电站建设与管理 ·· 144
第一节 概述 ·· 144
第二节 技术要求 ·· 146
第三节 新技术应用 ·· 153

第四节　试点建设成效 ·· 165

第五节　管理要求 ·· 180

第五章　集控站建设与管理 ·· 181

第一节　概述 ·· 181

第二节　技术要求 ·· 182

第三节　组织形式 ·· 188

第四节　管理要求 ·· 192

第五节　设备主人制 ·· 196

附录 A　巡视记录单 ·· 203

附录 B　智慧变电站基本架构 ··· 204

第一章

站用交直流电源系统

> **培训目标：** 通过学习本章内容，学员可以掌握站用交、直流电源系统基本概念及构成、典型接线方式、方式调整操作及异常处置，站用交、直流电源系统检查维护，接地查找等项目，提升对站用交、直流电源系统维护和故障异常处置能力。

第一节 基 础 知 识

站用交流系统

一、交流电源系统

（一）基本介绍

变电站站用电交流电源系统是变电站的重要组成部分，为站内一、二次设备及辅助设施等提供可靠的工作电源、操作电源及动力电源，是变电站安全运行，防止变电站全停的重要保障。

（二）组成及功能

1. 系统构成

站用交流电源系统主要由站用变压器、交流进线（联络）柜、交流配电柜、自动切换装置、交流供电网络及保护测控等组成。

2. 各组件功能

（1）站用变压器。站用变压器电源取自两台不同主变压器分别供电的母线，保证站内不会失去交流电源。

（2）交流进线（联络）柜、交流配电柜。交流进线柜起交流电源控制及监视作用，主要包含两组主备自动切换装置以及交流母线的电流、电压监视器。配电柜则起分配交流电源的功能，并监视各个馈线的空气开关状态。

（3）站内馈线及用电元件主要包括以下几类。

1）直流系统。

2）交流操作电源（包括电动隔离开关操作）。

3）主变压器强迫油循环风冷系统。

4）UPS逆变电源。

5）主变压器有载调压装置。

6）设备加热、驱潮、照明。

7）检修电源箱、试验电源屏。

8）SF_6监测装置。

9）配电室正常及事故排风扇电源，生活、照明等交流电源。

3．低压交流断路器及熔断器基本情况

（1）配置要求。

1）站用交流电源系统馈线宜采用断路器，禁止断路器与熔断器混用。

2）变电站内如没有对电能质量有特殊要求的设备，不应采用具有低电压自动脱扣功能的断路器。

3）检修电源箱应配置剩余电流动作保护装置。

4）各级断路器动/热稳定、开断容量和级差配合应配置合理。

5）设计单位应提供站用交流系统上下级差配置图和各级断路器（熔断器）级差配合参数。

（2）低压交流电源断路器灵敏度。保护电器的动作电流应与回路导体截面配合，并应躲过回路最大工作电流；保护动作灵敏度应按回路末端最小短路电流校验。GB 50054—2011《低压配电设计规范》要求"保护线路末端的短路电流不应小于断路器瞬时或短延时过电流脱扣器整定值的1.3倍"，DL/T 5155—2016《220kV～1000kV变电站站用电设计技术规程》要求"当短路保护电器为断路器时，被保护线路末端的短路电流不应小于断路器瞬时或短延时过电流脱扣器整定电流的1.5倍。"

2019年国家电网有限公司在20座变电站开展低压交流断路器灵敏度校核整改试点，其中1000kV变电站1座，500kV变电站11座，220kV变电站8座。按照变电站设计时间，对于2016年12月1日及以前设计的变电站按照GB 50054—2011《低压配电设计规范》的要求"保护线路末端的短路电流不应小于断路器瞬时或短延时过电流脱扣器整定值的1.3倍"进行校核，2016年12月1日以后设计的变电站按照DL/T 5155—2016《220kV～1000kV变电站站用电设计技术规程》"保护线路末端的短路电流不应小于断路器瞬时或短延时过电流脱扣器整定电流的1.5倍"进行校核，共校核馈出回路1397个，其中923个合格、合格率66.07%，可见，站用低压交流断路器存在保护灵敏度不足，无法保护长电缆末端单相接地、相零短路等故障的隐患。

对灵敏度校核不合格的馈出回路分别采用：降低断路器额定电流、更换带短延时保护的电子脱扣断路器、更换带零序保护的电子脱扣断路器或加装零序模块、更换电缆、改变回路电缆长度等方法进行整改，其中更换带短延时保护的电子脱扣断路器的方法在运行变电站更容易实施，且能解决大部分低压交流断路器灵敏度不足的问题，试点变电站采用该方法整改的回路有 455 个，占比 95.99%。

（三）典型接线方式

1. 两台站用变（ATS）

交流电源系统典型接线方式［两台站用变（ATS）］如图 1–1 所示。

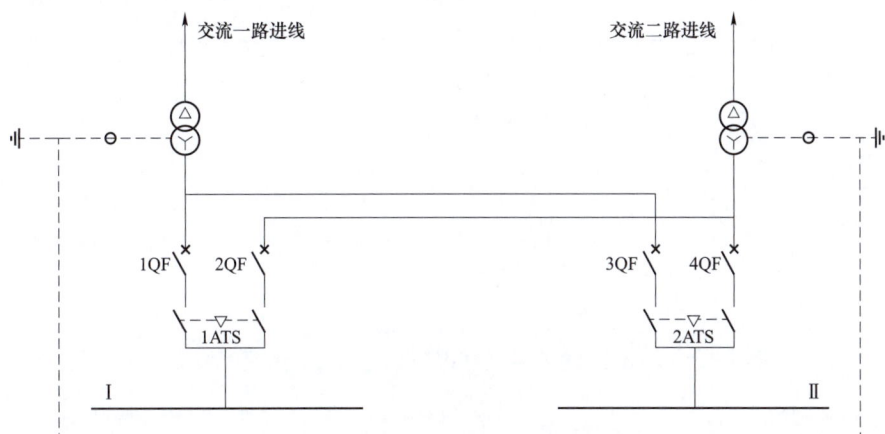

图 1–1　交流电源系统典型接线方式［两台站用变（ATS）］

2. 两台站用变（非 ATS）

交流电源系统典型接线方式［两台站用变（非 ATS）］如图 1–2 所示。

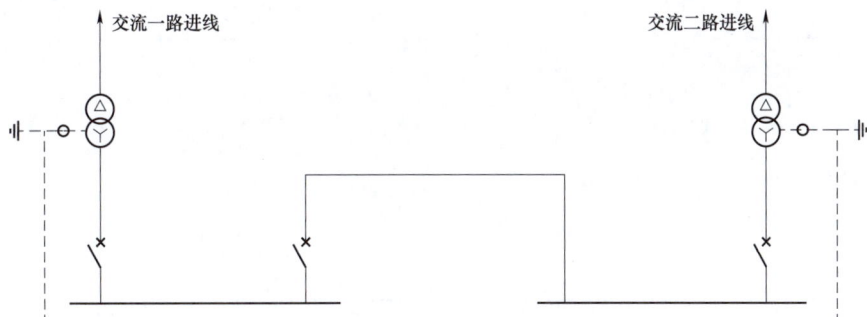

图 1–2　交流电源系统典型接线方式［两台站用变（非 ATS）］

3. 三台站用变（ATS）

交流电源系统典型接线方式［三台站用变（ATS）］如图 1–3 所示。

4. 三台站用变（非 ATS）

交流电源系统典型接线方式［三台站用变（非 ATS）］如图 1–4 所示。

（四）维护管理

1. 低压熔断器更换

（1）熔断器损坏，应查明原因并处理后方可更换。

（2）应更换为同型号的熔断器，再次熔断不得试送，联系检修人员处理。

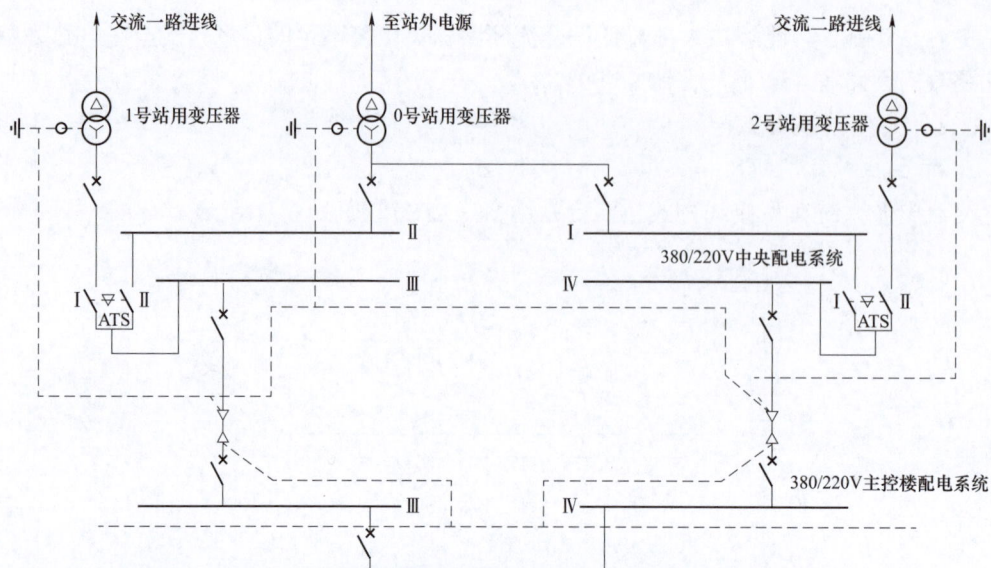

图1-3　交流电源系统典型接线方式［三台站用变（ATS）］

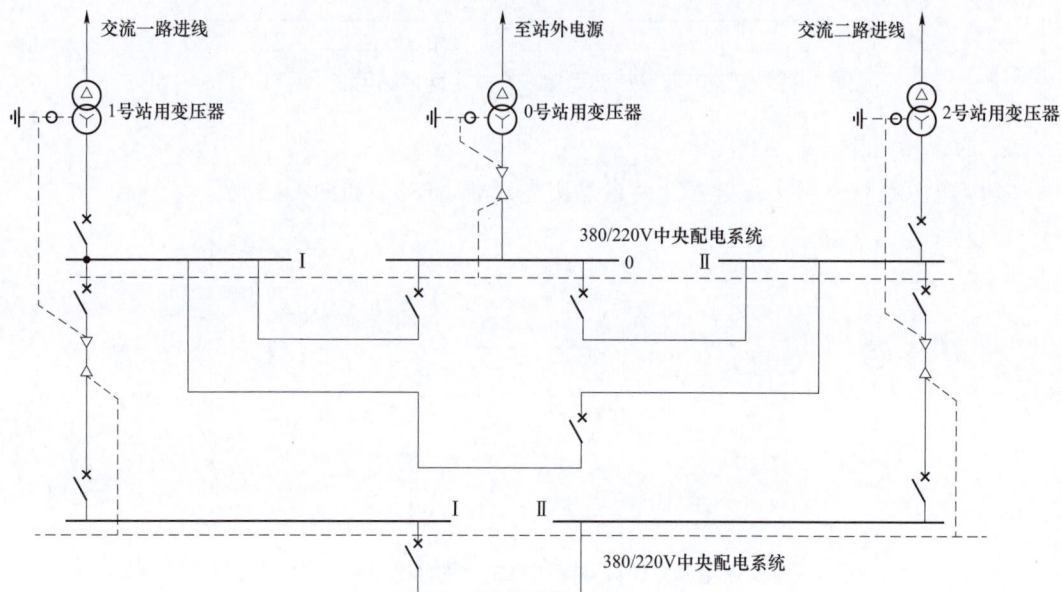

图1-4　交流电源系统典型接线方式［三台站用变（非ATS）］

2. 消缺（故障）维护

（1）屏柜体维护要求及屏柜内照明回路维护要求参照站用交流电源系统运维细则端子箱部分相关内容。

（2）指示灯更换要求参照站用交流电源系统运维细则中油浸式变压器（电抗器）部分相关内容。

3. 站用交流不间断电源装置（UPS）除尘

（1）定期清洁UPS装置柜的表面、散热风口、风扇及过滤网等。

（2）维护中做好防止低压触电的安全措施。

4. 红外检测

（1）必要时应对交流电源屏、交流不间断电源屏（UPS）等装置内部件进行检测。

（2）重点检测屏内各进线开关、联络开关、馈线支路低压断路器、熔断器、引线接头及电缆终端。

（3）配置智能机器人巡检系统的变电站，有条件时可由智能机器人完成红外普测和精确测温，由专业人员进行复核。

（五）交流系统方式调整原则

1. 站用变压器电源

（1）110kV 及 220kV 变电站宜从主变压器低压侧分别引接两台容量相同、可互为备用、分列运行的站用工作变压器。每台工作变压器按全站计算负荷选择。当变电站只有一台主变压器或只有一条母线时，其中一台站用变压器的电源宜从站外引接。

（2）500kV 变电站站用变压器电源。

1）500kV 变电站的主变压器为两台（组）及以上时，由主变压器低压侧引接的站用工作变压器应为两台，并应装设一台从站外可靠电源引接的专用备用变压器，该电源宜采用专线引接。每台工作变压器的容量至少考虑两台（组）主变压器的冷却用电负荷。专用备用变压器的容量应与最大的工作变压器容量相同。

2）只有一台（组）主变压器时，除由站内引接一台站用变压器外，应再设一台由站外可靠电源引接的站用变压器，该电源宜采用专线引接。

（3）变电站不能满足站用电 $N-1$ 要求时，则必须保证异常情况失去站用电源时，能够在变电站站用蓄电池事故放电时间内紧急恢复站用电，否则亦须在检修期间采用备用发电机（车）作为应急备用电源。

2. 站用电接线方式

（1）站用电低压系统应采用三相四线制，系统的中性点连接至站用变压器中性点，就地单点直接接地。系统额定电压 380/220V。

（2）站用电母线采用按工作变压器划分的单母线。相邻两段工作母线间可配置分段或联络断路器，宜同时供电分列运行，并装设自动投入装置。

（3）当任一台工作变压器退出时，专用备用变压器应能自动切换至失电的工作母线段继续供电。

3. 切换注意事项

站用电源采用串联切换方式（先分后合）。不允许停电的重要交流电源，采用并联切换方式时（短时并列），注意防止非同期。

（六）交流电源系统接地方式

变电站站用交流电源系统接地方式均属于 TN 系统，即电源端有一点直接接地，而装置的外露可导电部分与电源端接地有直接电气连接的系统。TN 系统分为单电源系统和多电源系统。

1. 单电源 TN 系统

电源端有一点直接接地（通常是中性点），电气装置的外露可导电部分通过 PEN 导体

（保护接地中性导体）或 PE 导体（保护接地导体）连接到此接地点。根据中性导体（N）和 PE 导体的组合情况，TN 系统的型式有以下三种。

（1）TN-S 系统。整个系统应全部采用单独的 PE，装置的 PE 可另外增设接地，如图 1-5 所示。

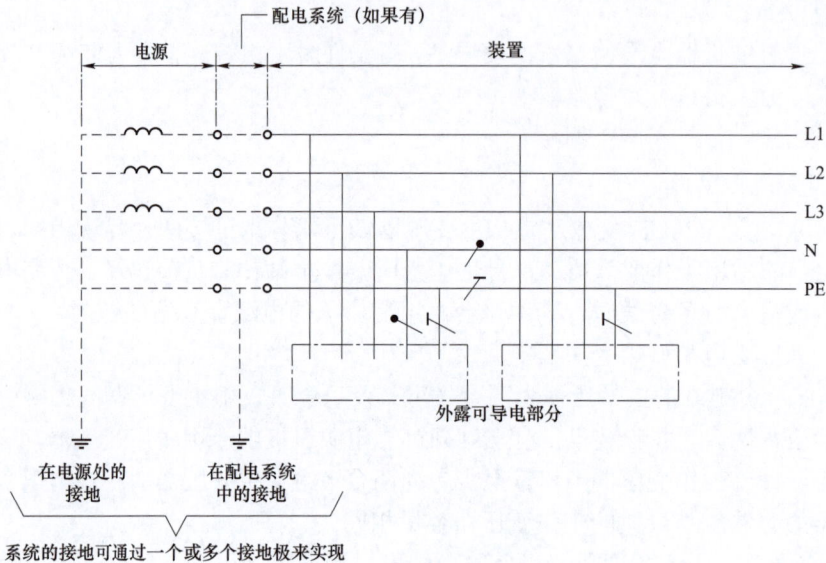

图 1-5　TN-S 系统

（2）TN-C 系统。整个系统中，N 导体和 PE 导体是合一的（PEN）。装置的 PEN 也可另外增设接地，如图 1-6 所示。

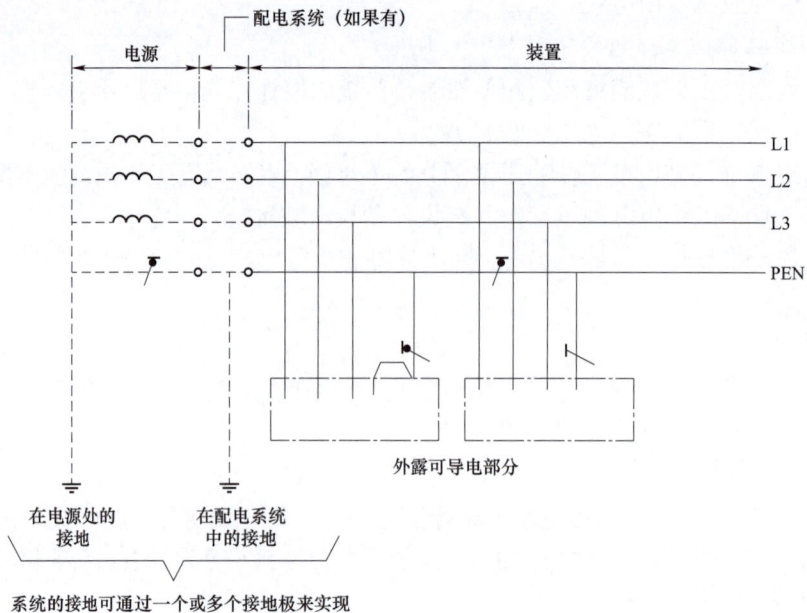

图 1-6　TN-C 系统

（3）TN-C-S系统。系统中一部分N导体和PE导体是合一的；装置的PEN或PE导体可另外增设接地；对配电系统的PEN导体和装置的PE导体也可另外增设接地，如图1-7所示。

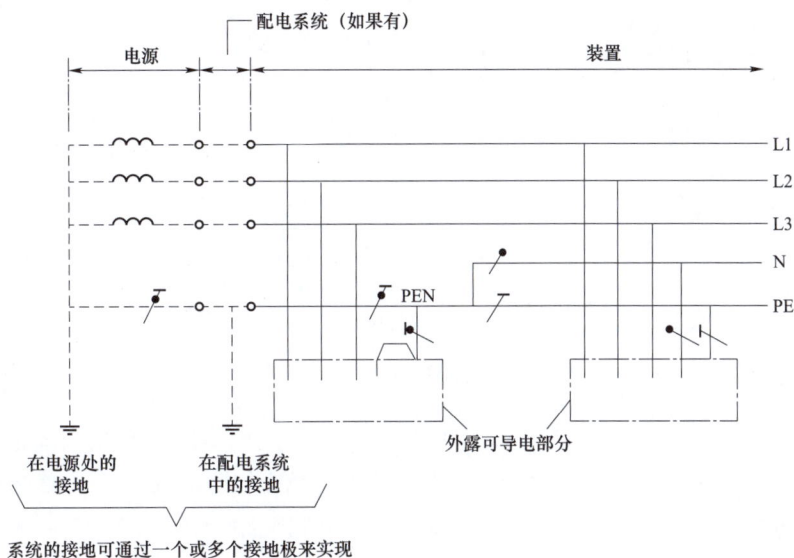

图1-7 TN-C-S系统

2. 多电源TN系统

对于具有多电源的TN系统，应避免工作电流流过不期望的路径；特别是在杂散电流可能引起火灾、腐蚀即电磁干扰的场所。对用电设备采用单独的PE导体和N导体的多电源TN-C-S系统，应符合下列要求。

（1）不应在变压器的中性点或发电机的星形点直接对地连接。

（2）变压器的中性点或发电机的星形点之间相互连接的导体应绝缘，且不得将其与用电设备连接。

（3）电源中性点间相互连接的导体与PE导体之间，应只一点连接，并应设置在总配电屏内。

（4）对装置的PE导体可另外增设接地。多电源TN-C-S系统如图1-8所示。

（七）低压交流电源系统剩余电流监测

1. 剩余电流监测原理

低压交流配电系统剩余电流监测是基于基尔霍夫电流定律，如图1-9所示。

正常情况下

$$\dot{I}_A + \dot{I}_B + \dot{I}_C + \dot{I}_N = 0 \tag{1-1}$$

用电设备C相绝缘破损故障时

$$\dot{I}_A + \dot{I}_B + \dot{I}_C + \dot{I}_N = -\dot{I}_0 \tag{1-2}$$

站用交流系统保护校核及剩余电流监测

图1-8 多电源 TN-C-S 系统

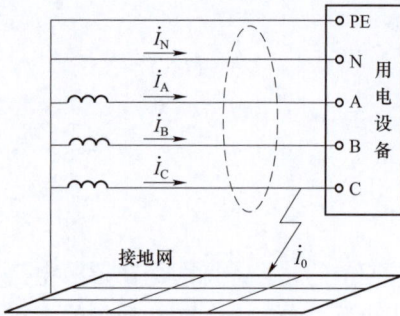

图1-9 剩余电流监测原理

可见，要实现变电站低压交流电源系统的剩余电流监测，则自监测点以下直至供电回路末端零线不应有重复接地，即自剩余电流监测点起回路接地方式应为 TN-S。

2. 多电源共零回路剩余电流

为提升供电可靠性，变电站直流电源、通信电源、主变压器冷控等回路采用双电源供电，双电源供电回路当采用三极断路器、三极切换装置时，为保证正常供电，需将两路电源中性线并接，如图 1-10 所示。

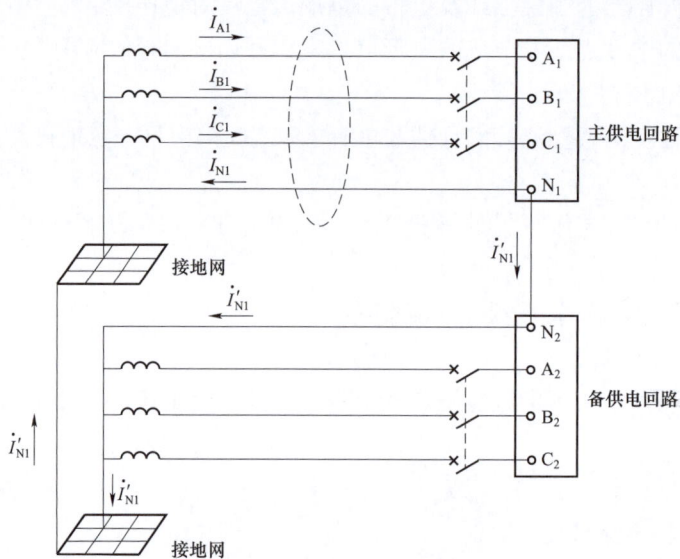

图1-10 双电源共零回路

正常情况下

$$\dot{I}_{A1} + \dot{I}_{B1} + \dot{I}_{C1} = \dot{I}_{N1} \qquad (1-3)$$

双电源共零时

$$\dot{I}_{A1} + \dot{I}_{B1} + \dot{I}_{C1} = \dot{I}_{N1} + \dot{I}'_{N1} \qquad (1-4)$$

由式（1-4）可见，双电源供电回路共零时，由于零线分流作用，使得剩余电流采样值无法反映回路真实绝缘状态，回路实际剩余电流值应为 A、B、C 相线电流与中性线电流（$\dot{I}_{N1} + \dot{I}'_{N1}$）的矢量和，即主供电回路和备供电回路剩余电流矢量和为该双电源回路的实际总剩余电流。

对于双电源供电回路在采用三极断路器、三极切换装置时在负荷侧将中性线并接，中性线分流致使各回路单独监测无法准确反映回路真实剩余电流水平问题，通过同时采样各回路剩余电流值，将采集的电流进行合成，得到该供电回路的实际剩余电流值，如图 1-11、图 1-12 所示。

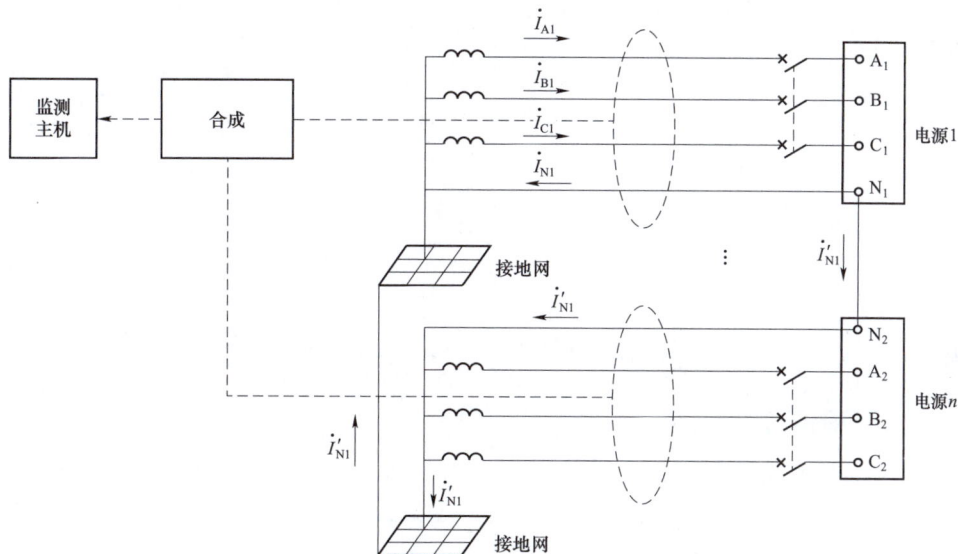

图 1-11　双电源共零回路剩余电流监测方式

3. 低压交流电源系统剩余电流监测方案

站用低压交流电源系统剩余电流监测方案有两种：站用变压器中性点接地处安装剩余电流监测；中央配电屏各馈出回路分别安装剩余电流监测，如图 1-13 所示。

对比分析监测方案，可以看出：

（1）站用变压器中性点接地处安装剩余电流监测，要求监测点至负荷末端中性线不应重复接地，可对整座变电站低压交流系统绝缘状态进

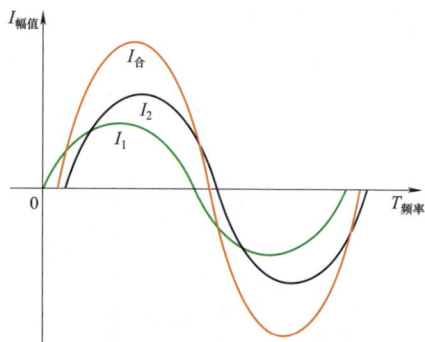

图 1-12　双电源共零回路剩余电流矢量合成

9

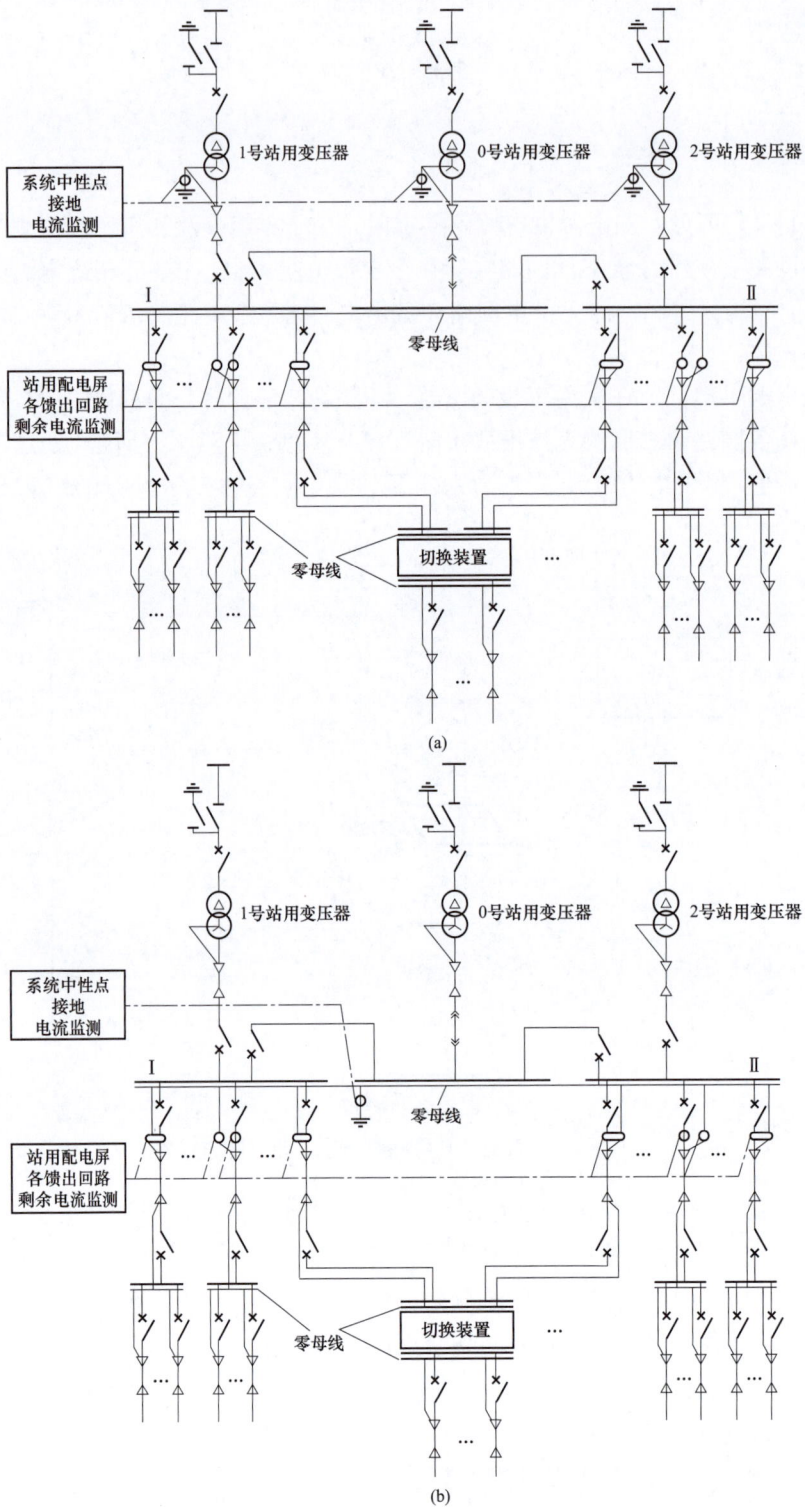

图 1-13 剩余电流监测方案

（a）站用变压器中性点直接接地；（b）中央配电屏一点接地

行监测，但全站剩余电流背景值较大，并随着天气、负荷变化有较大波动，且不便于定位绝缘降低回路。

（2）中央配电屏各馈出回路分别安装剩余电流监测，要求监测点至负荷末端中性线不应重复接地，能够准确反映各回路的绝缘状态，发现电缆绝缘故障、电缆屏蔽层误接零排等问题，对低压交流电缆绝缘降低预警，提升低压交流系统防火能力有显著效果。

二、直流电源系统

（一）基本介绍

1. 作用

直流电源成套装置（complete set of DC power supply）由组柜安装的蓄电池组、充电装置、直流进线断路器、馈线断路器组合构成若干直流电源装置柜，可与其他电气设备一起布置在继电器室或配电间内。

变电站内的直流系统是独立的操作电源，为变电站内的控制系统、继电保护、信号装置、自动装置提供电源；同时作为独立的电源在站用电失去后，直流电源还可以作为应急的备用电源，保证继电保护装置、自动装置、控制及信号装置和断路器的可靠工作，同时提供事故照明用电。站内直流电源系统一般由蓄电池、充电设备、直流负荷三大部分组成。

站用直流系统

2. 常见名词

（1）电池组。装配有使用所必需的装置（如外壳、端子、标示及保护装置）的一个或多个单体电池。

（2）正常充电。蓄电池正常的充电过程，即由均充电转到浮充电的过程。

（3）定时均充。为了防止电池处于长期浮充电状态可能导致电池单体容量不平衡，而周期性地以较高的电压对电池进行均衡充电。

（4）限流均充。以不超过电流充电限流点的恒定电流对电池充电。

（5）恒流限压充电。是先以恒流方式进行充电，当蓄电池组电压上升到限压值时，充电装置自动转换为限压充电，直到充电完毕。

（6）恒压限流充电。采用限制电流的恒压电源充电的一种方式。

（7）恒压均充。以恒压的均充电压对电池充电。

（8）直流母线。直流电源屏内的正、负极主母线。

（9）合闸母线。直流电源屏内供电断路器电磁合闸机构等动力负荷的直流母线。

（10）直流馈线。直流馈线屏至直流小母线和直流分电屏的直流电源电缆。

（11）均衡充电。用于均衡单体电池容量的充电方式，一般充电电压较高，常用作快速恢复电池容量。

（12）浮充电。保持电池容量的一种充电方法，一般电压较低，常用来平衡电池自放电导致的容量损失，也可用来恢复电池容量。

（二）组成及功能

1. 系统构成

站用直流电源系统主要由交流配电单元、集中监控单元、充电模块、蓄电池组、直流馈电单元、绝缘监测仪、调压硅链单元、电池监测仪、防交流窜入装置构成。

2. 各组件功能

（1）交流配电单元。将交流电源引入分配给各个充电模块，扩展功能为实现两路交流输入的自动切换，以提高直流系统供电的可靠性。为防止过电压损坏充电模块，交流配电设有防雷装置。

（2）集中监控单元。负责实现直流电源系统的监测、控制和管理的功能模块。集中监控单元是电源系统的控制、管理核心，具有四遥功能，可使电源系统达到无人值守。采用以微处理器为核心的集散模式对充电模块、馈电回路、电池组、直流母线对地绝缘情况实施全方位监视、测量、控制，完全不需人工干预。

（3）充电模块。提供电池所需电压输出的 AC/DC 智能高频开关变换器，其输出连接在电池母线上。基本功能是完成 AC/DC 变换，以输出稳定的直流电源实现系统最为基本的功能。

（4）蓄电池组。蓄电池组是直流系统的重要组成部分，直流系统正常工作时存储能量，主要作用是在交流电源停电时释放自身存储电能，保证直流系统不间断地向负荷供电。

（5）直流馈电单元。将直流电源经直流断路器分配到各直流用电设备。包括合闸（动力）回路、控制回路、闪光回路以及绝缘监测装置等，扩展功能为馈线故障跳闸报警。

（6）绝缘监测仪。主要功能是在线监测母线和支路的绝缘情况。当测量出有绝缘支路的绝缘电阻下降超过整定值时，会发出告警信号。

（7）电池监测仪（电池巡检仪）。主要功能是实现单体或成组（3 只或 6 只为 1 组）电池电压、温度的监测。

（三）典型接线方式

1. 单电单充接线图（见图 1-14）

2. 双电双充接线图（见图 1-15）

两套直流无故障报警信号；运行中的直流母线相互电压差小于 5V；倒闸前、中、后检查负荷电流情况。

3. 双电三充接线图（见图 1-16）

《国家电网有限公司十八项电网重大反事故措施（2018 年修订版）及编制说明》5.3.1.8 中 330kV 及以上电压等级变电站及重要的 220kV 变电站，应采用三套充电装置、两组蓄电池组的供电方式，保证继电保护有独立的工作电源。

（四）维护

1. 蓄电池核对性充放电

站用直流电源系统运行时，禁止蓄电池组脱离直流母线。

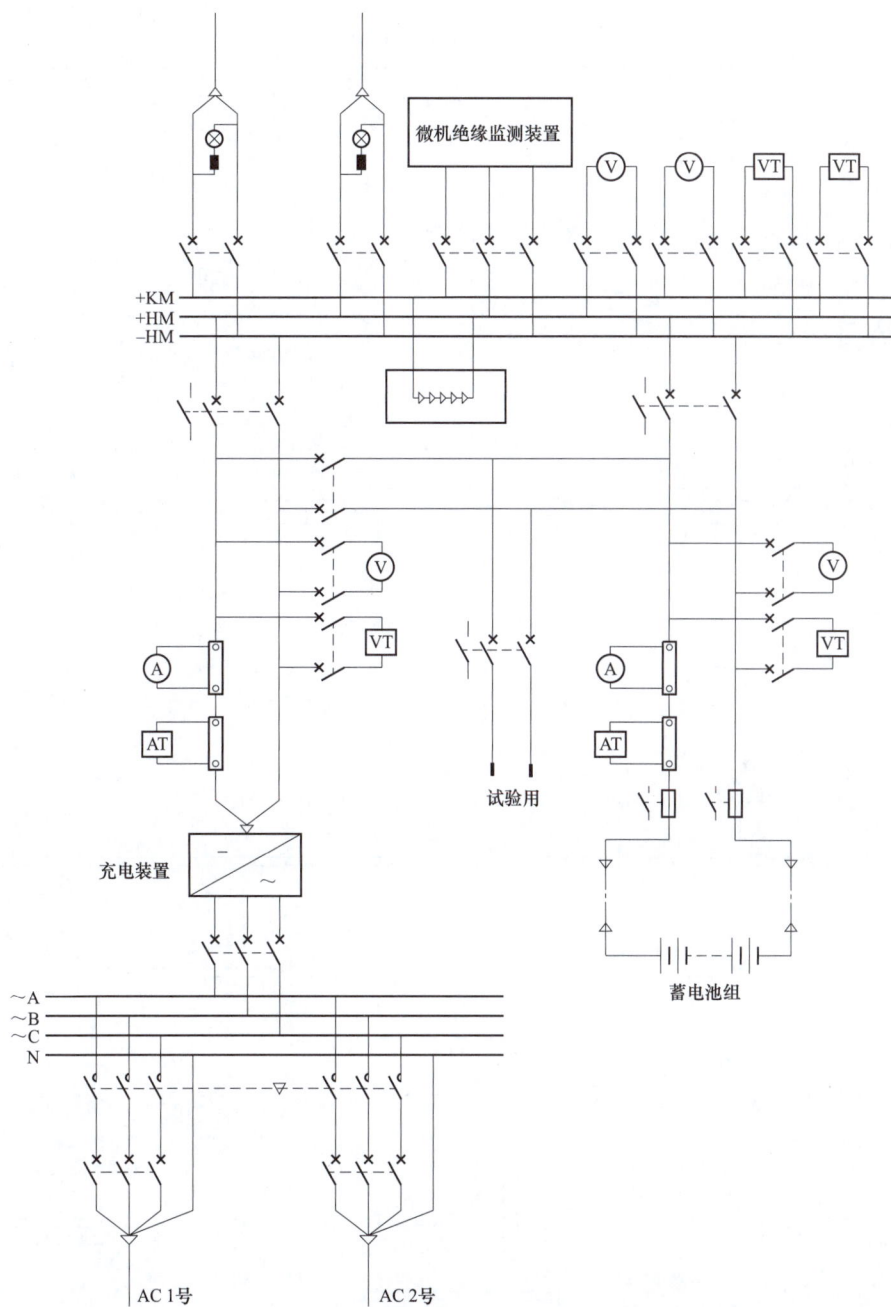

图 1-14 一组蓄电池、一套充电装置接线图

图1-15　两组蓄电池、两套充电装置接线图

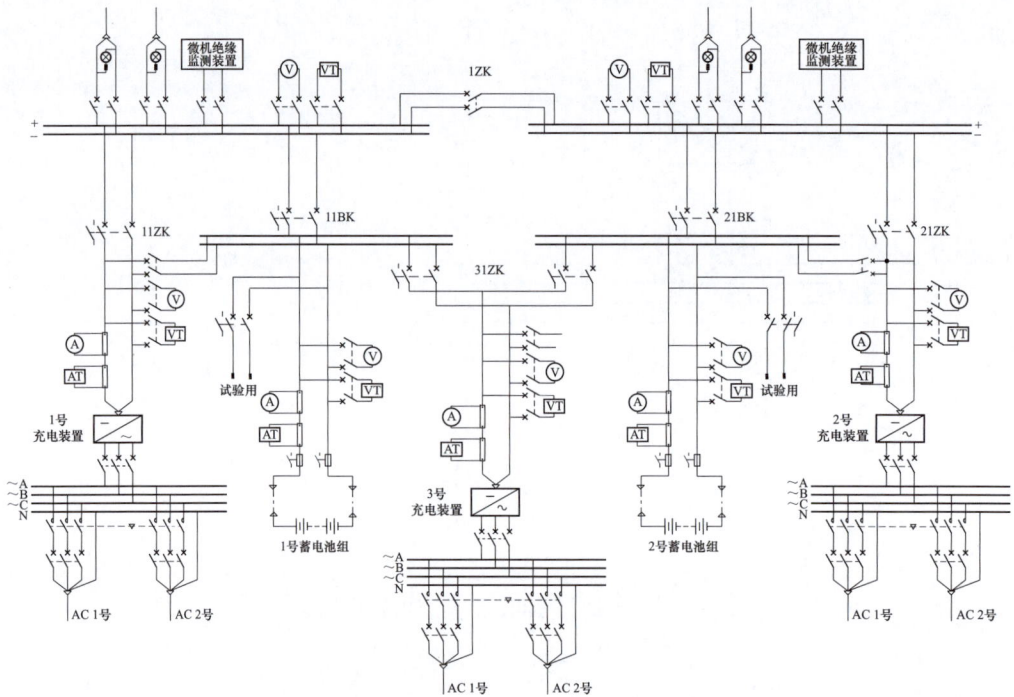

图1-16　两组蓄电池、三套充电装置接线图

（1）一组阀控蓄电池组。

1）全站仅有一组蓄电池时，不应退出运行，也不应进行全核对性放电，只允许用 I_{10} 电流放出其额定容量的 50%。

2）在放电过程中，蓄电池组的端电压不应低于 $2V \times N$。

3）放电后，应立即用 I_{10} 电流进行限压充电—恒压充电—浮充电。反复放充 2～3 次，蓄电池容量可以得到恢复。

4）若有备用蓄电池组替换时，该组蓄电池可进行全核对性放电。

（2）两组阀控蓄电池组。

1）全站若具有两组蓄电池时，则一组运行，另一组退出运行进行全容量核对性放电。

2）放电用 I_{10} 恒流，当蓄电池组电压下降到 $1.8V \times N$ 或单体蓄电池电压下降到 1.8V 时，停止放电。

3）隔 1～2h 后，再用 I_{10} 电流进行恒流限压充电—恒压充电—浮充电。反复放充 2～3 次，蓄电池容量可以得到恢复。

4）若经过三次全容量核对性放充电，蓄电池组容量均达不到其额定容量的 80% 以上，则应安排更换。

阀控蓄电池在运行中电压偏差值及放电终止电压值的规定见表 1-1。

表 1-1　　　　阀控蓄电池在运行中电压偏差值及放电终止电压值的规定

阀控密封铅酸蓄电池	标称电压（V）		
	2	6	12
运行中的电压偏差值	±0.05	±0.15	±0.3
开路电压最大最小电压差值	0.03	0.04	0.06
放电终止电压值	1.80	5.40（1.80×3）	10.80（1.80×6）

2. 蓄电池组内阻测试

（1）测试工作至少两人进行，防止直流短路、接地、断路。

（2）蓄电池内阻在生产厂家规定的范围内。

（3）蓄电池内阻无明显异常变化，单只蓄电池内阻偏离值应不大于出厂值 10%。

（4）测试时连接测试电缆应正确，按顺序逐一进行蓄电池内阻测试。

（5）单体蓄电池电压测量应每月至少 1 次，蓄电池内阻测试应每年至少 1 次。

3. 电缆封堵

（1）应使用有机防火材料封堵。

（2）孔洞较大时，应用阻燃绝缘材料封堵后，再用有机防火材料封堵严密。

4. 指示灯更换

（1）指示灯带电更换时，拆除二次线要用绝缘胶布粘好并做好标记，防止触电、短路、误搭临近带电设备，防止恢复时错接线。

（2）应更换为同型号的指示灯。

（3）更换完毕后应检查接线牢固、正确。

5. 蓄电池熔断器更换

（1）蓄电池熔断器损坏应查明原因并处理后方可更换。

（2）检查熔断器是否完好、有无灼烧痕迹，使用万用表测量蓄电池熔断器两端电压，电压不一致，表明熔断器损坏。

（3）应更换为同型号的熔断器，再次熔断不得试送，联系检修人员处理。

6. 采集单元熔丝更换

（1）应使用绝缘工具，工作中防止人身触电，直流短路、接地，蓄电池开路。

（2）更换熔丝前，应使用万用表对更换熔丝的蓄电池单体电压测试，确认蓄电池电压正常。

（3）更换的熔丝应与原熔丝型号、参数一致。

（4）旋开熔丝管时不得过度旋转。

（5）熔丝取出后，应测试熔丝是否良好，判断是否由于连接弹簧或垫片接触不良造成电压无法采集。

7. 红外检测

（1）检测范围包括蓄电池组、充电装置、馈电屏及事故照明屏。

（2）重点检测蓄电池及连接片、充电模块、各屏引线接头，各负载断路器的上、下两级的连接处。

（五）直流电源系统方式调整原则

本原则引自 DL/T 5044—2014《电力工程直流电源系统设计技术规程》中 3.5 接线方式条目。

1. 一组蓄电池的直流电源系统接线方式

应符合下列要求：

（1）一组蓄电池配置一套充电装置时，宜采用单母线接线。

（2）一组蓄电池配置二套充电装置时，宜采用单母线分段接线，二套充电装置应接入不同母线段，蓄电池组应跨接在两段母线上。

2. 二组蓄电池的直流电源系统接线方式

应符合下列要求：

（1）直流电源系统应采用两段单母线接线，两段直流母线之间应设联络电器。正常运行时，两段直流母线应分别独立运行。

（2）二组蓄电池配置二套充电装置时，每组蓄电池及其充电装置应分别接入相应母线段。

（3）二组蓄电池配置三套充电装置时，每组蓄电池及其充电装置应分别接入相应母线段。第三套充电装置可在两段母线之间切换。

（4）二组蓄电池的直流电源系统应满足在正常运行中两段母线切换时不中断供电的要求。在切换过程中，二组蓄电池应满足标称电压相同，电压差小于规定值，且直流电源系统均处于正常运行状态，允许短时并联运行。

三、交直流一体化电源系统

（一）基本介绍及作用

1. 介绍和作用

由站用交流电源、直流电源与交流不间断电源（UPS）、逆变电源（INV）、直流变换电源（DC/DC）装置组成，并统一监视控制。直流电源与交流不间断电源、逆变电源、直流变换电源装置共享直流蓄电池组，直流电源与上述任意一种及以上电源所构成的组合体，均称为交直流一体化电源系统。

智能一体化电源系统采用分层分布架构，各功能测控模块采用一体化设计、一体化配置，各功能测控模块运行工况和信息数据应采用 DL/T 860（IEC 61850）标准建模并接入站内主辅设备一体化监控系统。

2. 常见名词

（1）交直流一体化电源系统。由站用交流电源、直流电源与交流不间断电源（UPS）、逆变电源（INV）、直流变换电源（DC/DC）装置组成，并统一监视控制。直流电源与交流不间断电源、逆变电源、直流变换电源装置共享一组蓄电池组，直流电源与上述任意一种及以上电源所构成的组合体，称为交直流一体化电源系统。

（2）电力用交流不间断电源。UPS for power system 简称 UPS。由整流器和逆变器等组成的一种电源装置，它与直流电源的蓄电池组配合，能提供符合要求的不间断交流电源。由于与不接地系统的蓄电池组相连接，所以该装置的直流输入部分与交流部分是隔离的。

（3）电力用逆变电源。一种不含整流器的电力用交流不间断电源。

（4）通信用直流变换电源。一种 DC–DC 电源变换装置，其输入与直流电源的蓄电池组相连接，输出特性满足通信电源的要求。由于与不接地系统的蓄电池组相连接，所以该装置的输入部分与输出部分是隔离的。

（二）组成及功能

1. 系统构成

站用一体化电源系统主要由交流电源系统、直流电源系统、电力用交流不间断电源与逆变电源、通信电源及各种电压等级的直流变换电源（DC/DC）和一体化电源总监控器几个部分构成。

2. 各组件功能

（1）交流电源系统。交流系统供电为双电源方式并采取防雷措施，采用双套交流切换开关（ATS）实现 2 路进线电源自动投切、分段自动投切，可手动、自动切换并相互闭锁，实现 0.4kV 系统为单母线分段接线。交流系统监测子单元负责交流进出线开关单元的监测（ATS 及主要开关的遥控、进出线开关的遥信遥测），经 RS485 通信接口将交流系统信息上送一体化电源监控装置。交流馈线柜内考虑配置可遥控的塑壳开关，用于辅助控制系统内空调、采暖设备的电源电动控制。

（2）直流电源系统。直流系统额定电压采用 220V 或 110V，为电气二次设备和操作机构以及事故照明等提供直流电源。

1）充电装置。承担对蓄电池组充电和/或浮充电任务的一种整流装置。

2）蓄电池组。通常为阀控式密封铅酸蓄电池，接于直流母线，在交流失电时为直流母线供电。

3）蓄电池组供电回路监测要求。在任何情况下，当蓄电池组脱离直流母线时，应能发出报警信号。蓄电池组脱离直流母线包括但不限于：蓄电池开路、蓄电池组供电回路开关断开或开关故障、蓄电池组出口熔断或熔断器被拔出等。

4）直流监控装置。用于监测、控制、管理一体化电源设备各种参数和工作状态并与外部设备进行通信的装置。

（3）电力用交流不间断电源与逆变电源。提供输变电系统的交流不间断电源。

（4）通信电源及各种电压等级的直流变换电源（DC/DC）。一种 DC-DC 电源变换装置，其输入与直流电源的蓄电池组相连接，输出特性满足通信电源的要求。

（5）一体化电源总监控器。一体化电源监控器对各子系统实行集中管理、分散控制。作为一体化电源设备的总监控器，即同时监控直流电源、UPS、INV、DC/DC、蓄电池组和配电状态等。

3．直流电源系统的供电方式

直流电源系统馈出网络应采用集中辐射或分层辐射供电方式，分层辐射供电方式应按电压等级设置分电屏，严禁采用环状供电方式。断路器储能电源、隔离开关电机电源、35（10）kV 开关柜顶可采用每段母线辐射供电方式。

4．工作原理

交直流一体化电源系统对原有的交流系统、直流系统、通信系统、不间断电源系统进行重新整合，分散采集、集中上传，统一报送各项信息至当地后台，原理如图 1-17 所示。

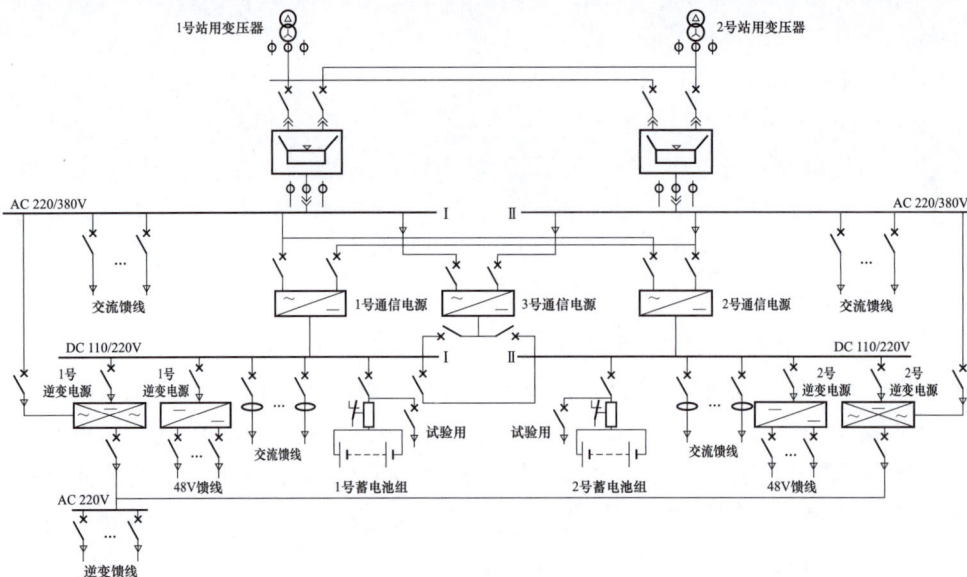

图 1-17　交直流一体化电源系统原理图

四、引用规范

DL/T 5044—2014《电力工程直流系统设计技术规程》

GB 50172—2012《电气装置安装工程蓄电池施工及验收规范》

DL/T 5155—2016《220kV～1000kV 变电站站用电设计技术规程》

DL/T 1074—2019《电力用直流和交流一体化不间断电源设备》

DL/T 637—2019《电力用固定型阀控式铅酸蓄电池选用导则》

《国家电网公司变电检修管理规定》

《国家电网公司变电运维管理规定》

GB 50054—2011《低压配电设计规范》

第二节　设备运行维护

蓄电池组核对性充放电试验操作示范

一、直流电源维护项目

（一）蓄电池核对性充放电

核对性放电的意义：对蓄电池的性能和容量进行测量，可使蓄电池得到活化，容量得到恢复，使用寿命延长。

1. 作业前准备工作

（1）准备工作安排。

1）查看设备状态评价报告，明确检修类别及检修内容。

2）班组明确检修类别及工作内容，分析设备现状，了解图纸及上次试验报告。

3）全体人员熟悉作业内容、进度、作业标准、案例注意事项。

4）开工前一天，准备好作业所需仪器仪表、工器具，以及变电站直流系统图、充电装置使用说明书、充电装置图纸、上次试验报告等。

5）填写工作票。

（2）作业人员要求。

1）工作负责人与工作班成员精神状态良好。

2）作业人员应为专业从事直流电源系统检修人员。

3）作业人员知道作业地点、作业任务、邻近带电部位。

（3）备品备件。

（4）工器具。

1）蓄电池容量放电测试仪。

2）高内阻数字万用表。

3）电源盘（带剩余电流动作保护装置）。

4）温度计。

5）绝缘手套。

6）试验接线。

7）图纸、上次例行试验报告、仪器说明书。

（5）材料。

1）绝缘胶布。

2）小毛巾。

3）记号笔。

（6）危险点分析。

1）直流系统图纸如有错误，操作直流开关时，可能造成直流母线、负荷开关短路或失压。

2）在充电设备及直流母线工作时，易造成人员触电和短路、接地事故。

3）有可能误操作重要直流负荷开关，造成直流回路失压。

4）作业时有可能造成直流电压回路短路中多点接地，可能造成保护装置误动作。

5）蓄电池组退出运行前，应将两段直流母线进行并列，避免造成母线失去蓄电池组。

6）试验仪器设备误操作、误接线，可能损害设备。

7）将蓄电池接入放电设备时，"＋""－"极性接反，易造成设备和蓄电池损坏。

8）勿使蓄电池短路，造成蓄电池损坏。

（7）安全措施。

1）工作中应使用绝缘工具并戴手套，加强监护，特别是在直流母线上工作时，做好母线绝缘处理。

2）对直流负荷屏上的重要负荷开关要做醒目标记和防误碰措施。

3）在直流回路上作业，与带电部位保持足够安全距离，严防直流回路短路、接地、误碰等。

4）严格履行安全技术措施，加强监护。

5）操作试验仪器时，按仪器操作步骤进行试验操作。

6）将蓄电池接入放电设备时，注意防止"＋""－"极性接反。

2. 作业程序及作业标准

（1）检修电源的使用。

1）试验电源接取。从就近检修电源箱接取有剩余电流动作的保护装置。

2）接取电源注意内容。接取电源前应先验电，用万用表确认电源电压等级和电源类型无误后，先接隔离开关侧，后接电源侧。

（2）检修内容和标准要求。

1）蓄电池核对性充放电试验。

a. 蓄电池外观检查。检测蓄电池外壳有无破裂、损坏，是否有漏液现象，极盖密封是否良好，蓄电池温度是否过高；检测正、负极端柱的极性是否正确，有无变形；检查安全阀是否正常、有无损伤；检查连接板、螺栓及螺帽、检测线有无松动和腐蚀现象。

b. 电池巡检功能测试。浮充状态下测量记录电池组各电池的端电压,与微机监控装置显示的单体电池巡检数据进行比较,计算其电压测量精度不超过±0.5%;在电池巡检测量单元模块上,断开任一相邻的两根电池采样接线,把其中一根悬空,另一根接到悬空线对应的端子上,电池巡检模块能发出单体过电压和欠电压的报警信号,同时在微机监控装置上能查询到报警电池的序号和电压,电池采样接线恢复后,告警解除。

c. 蓄电池电压检查。测量蓄电池总电压、单只蓄电池电压是否达到要求的浮充电压值(考虑温度补偿);如果浮充电压一直偏低,在放电前应考虑补充充电。

d. 调整运行方式。

a)装设 2 组充电装置、2 组蓄电池系统。将试验的一组蓄电池退出运行,进行蓄电池组全容量核对性充放电;检查两套直流系统的电压是否一致,如果压差过大,应调整一致,压差不应超过 5V。两段直流母线并列运行;将试验的一组充电机、蓄电池停止运行,退出直流系统;检查运行直流系统是否正常。

b)装设 1 组充电装置、1 组蓄电池系统。由蓄电池组向站内直流负荷和放电测试仪供电,进行蓄电池组 50%容量核对性充放电;退出充电机运行,由蓄电池组向站内直流负荷和放电测试仪供电。

e. 试验接线。

f. 放电仪参数设置。设置放电电流值为 $0.1C_{10}$;2 组蓄电池系统设置放电终止电压(1.80N)V,1 组蓄电池系统放电终止电压(2.00N)V(N 为蓄电池单体数);2 组蓄电池系统设置放时间 10h,1 组蓄电池系统设置放电时间 5h。

g. 蓄电池放电。合上放电开关,开始放电;放电过程中保持放电电流恒定;每小时记录 1 次蓄电池组端电压和单只蓄电池电压及温度;使用巡检仪的应该核对测量电压;任一单只电池电压降到规定值时应停止放电;计算蓄电池容量(考虑温度补偿)[$C=It$(I 为电流;t 为充电时间)]。

h. 蓄电池充电。蓄电池放电终止后,立即断开放电开关,合上充电开关,充电装置应进入均充状态;充电过程中注意蓄电池温度情况,超过 40℃时,此组蓄电池为不合格;每 2h 记录 1 次蓄电池组端电压和单只蓄电池电压,观察温度是否正常;蓄电池充电完成后应检查充电装置已经进入浮充状态。

i. 循环充放电。

a)新安装。容量达到额定容量的 100%充放电结束;在 3 次充放电循环之内,若达不到额定容量的 100%,此组蓄电池为不合格。

b)定期检验。容量达到额定容量的 80%,充放电结束;在 3 次充放电循环之内,若达不到额定容量的 80%,此组蓄电池为不合格。

2)恢复正常运行方式,进行验收工作。

a. 恢复试验前状态。

b. 核对定值。

c. 检查直流系统是否运行正常。

3.验收记录

（1）自验收过程。

（2）由专业人员进行验收后，填写相关记录。

4.作业执行情况评估

（1）评价内容。

1）符合性。

2）可操作性。

3）在生产管理系统中进行设备评价。

（2）存在问题和改进意见。

蓄电池组电压测量
操作示范

（二）蓄电池单体电压（内阻）测量

1.作业前准备工作

（1）准备工作安装。

1）本次为蓄电池单体电池电压（内阻）测试工作。

2）作业负责人检查并落实所需材料、工器具、劳动防护用品等是否齐全合格。

3）查阅历史数据，调查周围设备带电及安全情况。

4）开工前作业班办理第二种工作票，并将材料、工器具、仪器运至作业地点。

（2）作业人员要求。

1）现场作业人员身体状况、精神状态良好。

2）现场所有作业人员须具备必要的直流检修知识和技能。

3）进入作业现场，穿合格作业服、作业鞋、戴好安全帽。

（3）危险点分析。

1）作业人员进入作业现场不戴安全帽、不穿绝缘鞋可能会发生人员伤害事故。

2）在确定试验线夹夹紧后再进行测试，测试时禁止用手触碰测试钳。

（4）安全措施。

1）现场工作必须执行工作票制度，工作许可制度，工作监护制度，工作间断、转移和终结制度。

2）在进行测试过程中，必须有专人在工作现场进行监护，禁止试验人员在测试时用手触摸试验线夹。

3）开始工作前，负责人应对全体试验人员详细说明工作区域范围和安全注意事项。

2.作业前安全交底

（1）工作负责人全面检查现场安全措施是否与工作票一致，是否与现场设备相符。

（2）工作负责人向工作人员交代工作任务、安全措施和注意事项，明确作业范围。

3.分项作业内容

（1）使用蓄电池电压（内阻）测试仪，将测试夹连接到测试仪，红色夹子夹到被测试电池的正极，黑色夹子夹在被测电池负极。检查端子是否牢固，并将单体电池极柱表面防氧化层清理干净。

（2）打开测试仪，设定测量参数，选择测量内容；连接好被测试单体电池，按相关测试按键进入测试。

（3）开机后，等待自检完成后，自动进入主菜单。

（4）测量单体数据，检查测试仪记录数据正确，如不稳定或不准确，应复测。

（5）测试过程应由两人进行，同时检查测试仪记录的数值有效（重点检查异常数据）。

（6）比对本次数据找出电压（内阻）较大的单体，与上次电压（内阻）数据对比找出增幅较大单体，下次重点检测。

（7）分析数据，从电压（内阻）测试结果中，找出最大值与最小值，压差范围见表1-1。

4. 作业执行情况评估

（1）评价内容。

1）符合性。

2）可操作性。

3）在生产管理系统中进行设备评价。

（2）存在问题和改进意见。

便携式直流接地选线
装置使用操作示范

（三）直流接地查找

站用直流电源系统是不接地系统，正极或负极不允许接地长期运行。当直流系统出现接地时，应立即采取措施消除，避免造成继电保护、断路器误动或拒动故障。两点接地包括同极两点接地和异极两点接地。直流接地查找有传统式人工拉路法、便携式查找仪查找法、绝缘监察装置监测法。

1. 作业前准备工作

变电运维人员进行直流系统接地检除时应至少由两人进行，必须与带电设备保持足够的安全距离[500kV 5.00m、330kV 4.00m、220kV 3.00m、110kV（66kV）1.50m、10kV 0.70m，详见表1-2设备不停电时的安全距离]，操作人员必须着工作服、戴线手套、穿绝缘鞋、戴安全帽。

表1-2　　　　　　　　　　　　　设备不停电时的安全距离

电压等级（kV）	安全距离（m）	电压等级（kV）	安全距离（m）
10及以下（13.8）	0.70	1000	8.70
20、35	1.00	±50及以下	1.50
66、110	1.50	±400	5.90
220	3.00	±500	6.00
330	4.00	±660	8.40
500	5.00	±800	9.30
750	7.20		

注1　表中未列电压等级按高一挡电压等级安全距离。

　　2　±400kV数据是按海拔3000m校正的，海拔4000m时安全距离为6.00m。750kV数据是按海拔2000m校正的，其他等级数据按海拔1000m校正。

2. 查找步骤

（1）停止直流回路所有作业。

（2）通过直流绝缘监察系统检查是正极接地还是负极接地。

（3）对所有作业回路进行检查。

（4）根据天气等实际情况对变电站有关直流回路进行巡视检查。

（5）凡能将直流系统分割成两部分运行的应首先分开。

（6）依照本变电站直流回路接地检除顺序进行检查和接地选择并确定接地支路。

3. 确认接地支路

（1）将被确认的接地支路，做好必要的安全措施，拆除查找仪器仪表并恢复原状。

（2）通知相关人员处理。

二、交流系统维护项目

（一）站用电系统外熔丝更换

1. 维护准备阶段

（1）备品备件及工器具准备。

1）检查备品、备件是否完好、齐全。

2）检查工器具是否完好、齐全。

（2）确认工作现场情况。

1）检查工作现场安全措施。

2）工作人员履行确认手续。

（3）作业危险源分析，参见工作票中危险点分析。

（4）开工会。

1）分工明确，任务落实到人。

2）安全措施、危险源明确。

2. 维护实施阶段

（1）测量新熔丝。

1）确认熔丝完好。

2）用万用表电阻档测量新熔丝电阻值。

（2）取下跌落式熔断器。

1）停运需要更换熔断器的站用变压器。

2）取下该站用变压器的跌落式熔断器。

（3）更换熔丝。

1）将跌落式熔断器中的废熔丝取下。

2）换上规格一致的新熔丝。

（4）安装跌落式熔断器。

1）装上跌落式熔断器。

2）恢复站用变压器运行。

3. 维护结束阶段

（1）作业现场清理。

1）清理工作现场。

2）将工器具全部收拢并清点。

3）将材料及备品备件回收清点。

（2）检修人员自我验收。

1）设备检查完毕。

2）记录发现问题。

（3）收工会。

1）记录本次检修内容、反事故措施或技改情况。

2）确认无遗留问题。

（4）验收合格、规范填写维护记录。

（二）站用电系统定期切换试验

1. 维护准备阶段

（1）确认工作现场情况，了解站用电设备运行状况。

（2）操作前准备，准备正式操作票。

（3）作业危险源分析，同工作票中危险点分析。

（4）开工会。

1）分工明确，任务落实到人。

2）做好安全措施，危险源明确。

2. 维护实施阶段

（1）接受调度指令，征得相应值班调度员许可。

（2）切换站用电系统，正确执行操作票，防止站用变压器低压侧并列。

（3）备用电源自动投入装置试验。

1）检查备用电源自动投入装置确已正确投入。

2）断开运行站用变压器。

3）检查自动投入装置是否正确动作。

4）检查站用电系统是否切换运行正常。

（4）恢复站用电系统，备用站用变压器带电试验运行 24h，恢复站用电系统正常运行方式。

3. 维护结束阶段

（1）作业现场清理。

1）清理工作现场。

2）检查站用电各负荷运行正常。

（2）检修人员自我验收。

1）设备检查完毕。

2）记录发现的问题。

（3）收工会。

1）记录本次维护内容。

2）记录反事故措施或技改情况。

3）记录有无遗留问题。

（4）验收、填写维护记录。

1）验收合格。

2）规范填写维护记录。

第三节 典型故障（异常）处理

一、直流系统典型故障（异常）

（一）直流系统接地

1. 现象

（1）监控系统发出直流接地告警信号。

（2）绝缘监察装置发出直流接地告警信号并显示接地支路。

（3）绝缘监察装置显示接地极对地电压下降、另一极对地电压上升。

2. 处理原则

（1）对于 220V 直流系统两级对地电压绝对值差超过 40V 或绝缘阻值降低到 25kΩ 以下，110V 直流系统两级对地电压绝对值超过 20V 或绝缘阻值降低到 15kΩ 以下，48V 直流系统任一极对地电压有明显变化或绝缘阻值降低到 1.7kΩ 时，应视为直流系统接地。

（2）直流系统接地后，运维人员应记录时间、接地极、绝缘监测装置提示的支路号和绝缘电阻等信息。用万用表测量直流母线正对地、负对地电压，与绝缘监测装置核对后，汇报调控人员。

（3）出现直流系统接地故障时应及时消除，同一直流母线段，当出现两点接地时，应立即采取措施消除，避免造成继电保护、断路器误动或拒动故障。

直流接地查找方法及步骤如下。

（1）发生直流接地后，应分析是否天气原因或二次回路上有工作，如二次回路上有工作或有检修试验工作时，应立即断开直流试验电源看是否为检修工作所引起。

（2）比较潮湿的天气，应首先重点对端子箱和机构箱直流端子排做一次检查，对凝露的端子排用干抹布擦干或用电吹风烘干，并将驱潮加热器投入。

（3）对于非控制及保护回路可使用拉路法进行直流接地查找。按事故照明、防误闭锁装置回路、户外合闸（储能）回路、户内合闸（储能）回路的顺序进行。其他回路的查找，应在检修人员到现场后，配合进行查找并处理。

（4）保护及控制回路宜采用便携式仪器带电查找的方式进行，如需采用拉路的方法，应汇报调控人员，申请退出可能误动的保护。

（5）用拉路法检查未找出直流接地回路，应联系检修人员处理。当发生交流窜入问题时，参照交流窜入直流处理。

（二）蓄电池容量不合格处理

1. 现象

（1）蓄电池组容量低于额定容量的80%。

（2）蓄电池内阻异常或者电池电压异常。

2. 处理原则

（1）发现蓄电池内阻异常或者电池电压异常，应开展核对性充放电。

（2）用反复充放电方法恢复容量。

（3）若连续三次充放电循环后，仍达不到额定容量的100%，应加强监视，缩短单个电池电压普测周期。

（4）若连续三次充放电循环后，仍达不到额定容量的80%，应联系检修人员处理。

（三）直流母线电压异常处理

1. 现象

（1）监控系统发出直流母线电压异常等告警信号。

（2）直流母线电压过高或者过低。

2. 处理原则

（1）测量直流系统各极对地电压，检查直流负荷情况。

（2）检查电压继电器动作情况。

（3）检查充电装置输出电压和蓄电池充电方式，综合判断直流母线电压是否异常。

（4）因蓄电池未自动切换至浮充电运行方式导致直流母线电压异常，应手动调整到浮充电运行方式。

（5）因充电装置故障导致直流母线电压异常，应停用该充电装置，投入备用充电装置。或调整直流系统运行方式，由另一段直流系统带全站负荷。

（6）检查直流母线电压正常后，联系检修人员处理。

（四）交流窜入直流

1. 现象

（1）监控系统发出直流系统接地、交流窜入直流告警信息。

（2）绝缘检查装置发出直流系统接地、交流窜入直流告警信息。

（3）不具备交流窜入直流监控功能的变电站发出直流系统接地告警信息。

2. 处理原则

（1）立即检查交流窜入直流时间、支路、各母线对地电压和绝缘电阻等信息。

（2）发生交流窜入直流时，若正在进行倒闸操作或检修工作，则应暂停操作或工作，并汇报调控人员。

（3）根据选线装置指示或当日工作情况、天气和直流系统绝缘状况，找出交流窜入的支路。

（4）确认具体的支路后，停用窜入支路的交流电源，联系检修人员处理。

（五）直流电源系统失压

1. 现象

（1）监控系统发出直流电源消失告警信息。

（2）直流负荷部分或全部失电，保护装置或测控装置部分或全部出现异常并失去功能。

2. 处理原则

（1）直流部分消失，应检查直流消失设备的直流断路器是否跳闸，接触是否良好。检查无明显异常时可对跳闸断路器试送一次。

（2）直流屏直流断路器跳闸，应对该回路进行检查，在未发现明显故障现象或故障点的情况下，允许合直流断路器送一次，试送不成功则不得再强送。

（3）直流母线失压时，首先检查该母线上蓄电池总熔断器是否熔断，充电机直流断路器是否跳闸，再重点检查直流母线上设备，找出故障点，并设法消除。更换熔丝，如再次熔断，应联系检修人员来处理。

（4）如果全站直流消失，应先检查充电机电源是否正常，蓄电池组及蓄电池总熔断器（断路器）是否正常，直流充电模块是否正常有无异味，降压硅链是否正常。

（5）如因各馈线支路直流断路器拒动越级跳闸，造成直流母线失压，应拉开该支路直流断路器，恢复直流母线和其他直流支路的供电，然后再查找、处理故障支路故障点。

（6）如因充电机或蓄电池本身故障造成直流一段母线失压，应将故障的充电机或蓄电池退出，并确认失压直流母线无故障后，用无故障的充电机或蓄电池试送，正常后对无蓄电池运行的直流母线，合上直流母联断路器，由另一段母线供电。

（7）如果直流母线绝缘检测良好，直流馈电支路没有越级跳闸的情况，蓄电池直流断路器没有跳闸（熔丝熔断）而充电装置跳闸或失电，应检查蓄电池接线有无短路，测量蓄电池无电压输出，断开蓄电池直流断路器。合上直流母联断路器，由另一段母线供电。

二、交流系统典型故障（异常）

（一）站用交流母线全部失压

1. 现象

（1）监控系统发出保护动作告警信息，全部站用交流母线电源进线断路器跳闸，低压侧电流、功率显示为零。

（2）站用交流电源柜电压、电流仪表指示为零，低压断路器失压脱扣动作，馈线支路电流为零。

2. 处理原则

（1）检查系统失电引起站用电消失，拉开站用变压器低压侧断路器。

（2）若有外接电源的备用站用变压器，投入备用站用变压器，恢复站用电系统。

（3）汇报上级管理部门，申请使用发电车恢复站用电系统。

（4）检查蓄电池工作情况，短时无法恢复时，切除非重要负荷。

（二）站用交流一段母线失压

1. 现象

（1）监控系统发出站用变压器交流一段母线失压信息，该段母线电源进线断路器跳闸，低压侧电流、电压、功率显示为零。

（2）一段站用交流电源柜电压、电流、功率表指示为零，低压断路器故障跳闸指示器动作，馈线支路电流为零。

2. 处理原则

（1）检查站用变压器高压侧断路器无动作，高压熔断器无熔断。

（2）检查主变压器冷却设备、直流系统及 UPS 系统等重要负荷运行情况。

（3）检查站用变压器低压侧断路器确已断开，拉开故障段母线所有馈线支路低压断路器，查明故障点并将其隔离。

（4）合上失压母线上无故障馈线支路的备用电源开关（或并列开关），恢复失压母线上各馈线支路供电。

（5）无法处理故障时，联系检修人员处理。

（6）若站用变压器保护动作，按站用变压器故障处理。

（三）低压断路器跳闸、熔断器熔断

1. 现象

馈线支路低压断路器跳闸、熔断器熔断。

2. 处理原则

（1）检查故障馈线回路，未发现明显故障点时，可合上低压断路器或更换熔断器，试送一次。

（2）试送不成功且隔离故障馈线后，或查明故障点但无法处理，联系检修人员处理。

（四）站用交流不间断电源装置交流输入故障

1. 现象

（1）监控系统发出 UPS 装置市电交流失电告警。

（2）UPS 装置蜂鸣器告警，市电指示灯灭，装置面板显示切换至直流逆变输出。

2. 处理原则

（1）检查主机已自动转为直流逆变输出，主、从机输入、输出电压及电流指示是否正常。

（2）检查 UPS 装置是否过负荷，各负荷回路对地绝缘是否良好。

（3）联系检修人员处理。

（五）备自投装置异常告警

1. 现象

备自投装置发出闭锁、失电告警等信息。

2. 处理原则

（1）检查备自投方式是否选择正确，检查备自投装置交流输入情况。

（2）检查备自投装置告警是否可以复归，必要时将备自投装置退出运行，联系检修人员处理。

（3）外部交流输入回路异常或断线告警时，如检查发现备自投装置运行灯熄灭，应将备自投装置退出运行。

（4）备自投装置电源消失或直流电源接地后，应及时检查，停止现场与电源回路有关的工作，尽快恢复备自投装置的运行。

（5）备自投装置动作且备用电源断路器未合上时，应在检查工作电源断路器确已断开，站用交流电源系统无故障后，手动投入备用电源断路器。工作电源断路器恢复运行后，应查明备用电源拒合原因。

（6）对于成套备自投装置，在排除上述可能的情况下，可采取断开装置电源再重启一次的方法检查备自投装置异常告警是否恢复。

（六）自动转换开关自动投切失败

1. 现象

自动转换开关面板显示失电、闭锁等信息。

2. 处理原则

（1）检查监控系统告警信息，检查自动转换开关所接两路电源电压是否超出控制器正常工作电压范围。

（2）若自动转换开关电源灯闪烁，检查进线电源有无断相、虚接现象。

（3）检查自动转换开关安装是否牢固，是否选至自动位置。

（4）若自动转换无法修复，应采用手动切换，联系检修人员更换自动切换装置。

（5）若手动仍无法正常切换电源，应转移负荷，联系检修人员处理。

（6）若站用变压器保护动作，按站用变压器故障处理。

第四节　典型事故案例分析

一、交流系统典型事故案例

案例一　某电厂升压站交流窜入直流系统造成重大电网事故

（一）故障简述

某发电厂高压试验人员在升压站 220kV 设备区进行 2200 甲开关试验时，将 AC 220V

交流电源误接入站内直流电源系统，造成 3 条 500kV 线路先后掉闸，导致××地区 220kV 系统与××主网之间发生振荡，最终某发电厂 A 及某地区的发电厂 B（装机容量为440MW）两个电厂全厂停电。该事件是一起人为误操作引发系统震荡事故。

（二）故障分析

1. 故障前运行方式

故障前，发电厂 A 为某电网的一座主力电厂，同时也是主电网中联系两个电网枢纽的升压站，该厂升压站共有 3 条 500kV 出线，分别为×× Ⅰ、Ⅱ线及××线。通过该厂升压站的一台 360MVA 的 500/220kV 联络变压器，构成了某 500kV 主网与某地区的 220kV 系统之间的联络。发电厂 B 升压站 500kV 线路 Ⅱ线计划检修，其余为正常方式。

2. 故障描述

发电厂 A 高压试验人员在做 220kV 断路器试验时，误将交流工频电压接入直流电源系统，第一次试验合断路器，造成 500kV×× Ⅱ线该电厂侧断路器在 11 时 50 分 19 秒时跳闸；11 时 50 分 19.87 秒，500kV××线该电厂侧断路器跳闸。第二次试验合断路器，造成 500kV×× Ⅱ线该电厂侧断路器在 11 时 57 分 14 秒时跳闸。三条 500kV 线路相继跳闸后，地区电网稳定遭到破坏，引起某地区对主系统电网的振荡，振荡持续 1 分 44 秒。振荡过程中，发电厂 A4 台机组超速保护动作相继跳闸。发电厂 B 也因超速保护、发电机过负荷或负序过负荷手动打闸等原因相继跳闸。发电厂 A、B 电厂全停。

3. 故障原因分析

（1）事故直接原因。高压试验人员误将试验装置的交流电源线接错。交流窜入直流电源系统造成保护误动（见图 1-18）。

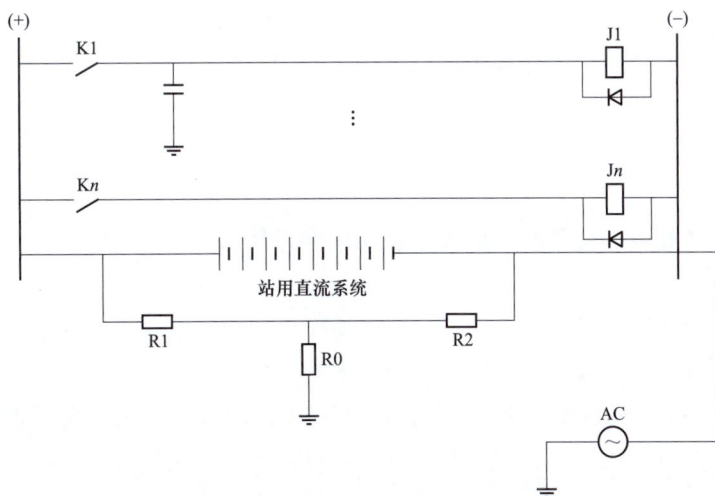

图 1-18　交流窜入直流系统造成保护误动机理示意图

（2）三回 500kV 线路跳闸的主要原因。发电厂 A 高压试验人员做 220kV 断路器试验时，从 220kV 2245 断路器端子箱取交流试验电源，误将端子箱内的直流电源正极认为是交流电源的中性线，并接入试验电路，使得交流工频电压串入升压站直流电源回路。当第 1 次合入试验用线轴开关时，导致××Ⅱ线、××线保护动作跳闸，约 5min 后第 2 次合上线轴开关，导致××Ⅰ号线（最后一条线）保护动作跳闸，造成在一个升压站内 500kV 线路全部跳闸，致使电磁环网中的潮流大转移，系统稳定破坏，从而使两个电厂全停。这是一次人为误操作引起的系统振荡事故。

（三）故障处理过程

（1）直接跳闸继电器回路。在二次回路中，特别是采用长电缆连接直接跳闸回路的继电器，采用动作功率较大的继电器，使继电器开始动作时的临界功率（指直跳回路的启动功率）不小于 5W，动作时间不宜过快，可以有效防止由于长电缆分布电容影响和交流窜入直流回路时的误动出口，提高保护回路的抗干扰能力。

（2）在端子排设计时，应将交流信号接入端子与直流信号接入端子之间的间距满足相关技术规范。

（3）在调试及施工过程中应特别注意防止交流窜入直流，采取必要的防范措施。

（四）故障处理与防范措施

（1）2018 年《国家电网公司十八项电网重大反事故措施》提出应加强对直流系统的管理，防止直流系统故障，特别要重点防止交流电窜入直流回路，造成电网事故，明确地将防止交流电窜入直流系统作为直流系统管理的重要内容之一。

（2）2018 年国家电网发布的《国家电网公司十八项电网重大反事故措施》 提出新建或改造的变电站，直流系统绝缘监测装置应具备交流窜入直流故障的测记和报警功能。原有的直流系统绝缘检测装置，应逐步进行改造，使其具备交流窜入直流故障的测记和报警功能。

（3）2014 国家能源局《防止电力生产事故的二十五项重点要求》提出，新建或改造的变电站、直流电源系统绝缘监测装置，应具备交流窜直流故障的测记和报警功能。原有的直流电源系统绝缘监测装置，应逐步进行改造，使其具备交流窜直流故障的测记和报警功能。

案例二 **330kV 变电站交流窜入直流引发站内全停事故**

（一）故障简述

夏季某夜晚，某地区出现强降雨天气，总降雨量 79.9mm，与去年同期相比偏多 20%。由于雨水通过缝隙漏入传动箱后沿密度继电器电缆流入机构箱并滴入箱内温湿度控制器造成交流电压窜入直流回路，引发某 330kV 变电站两台主变压器高压侧 4 台断路器相继跳闸及该 110kV 母线失压。导致馈供的 15 座 110kV 变电站失压，其中 2 座 110kV 铁路牵引站。

（二）故障原因分析

1.故障前运行方式

故障前，该330kV变电站330kV设备全接线运行，1、2号主变压器并列运行，110kV母线并列运行；全站330kV线路2回；330kV接线方式为3/2接线，共三串，第一串为完整串，第三、四串为不完整串；主变压器2台；110kV接线方式为双母线。站用直流电源系统辐射型供电，直流电源系统Ⅰ、Ⅱ母线分段运行。

2.故障描述

事故前，3时14分，变电站站用直流电源系统Ⅰ段母线正接地，绝缘监测装置显示电压为"+25V　−202V"；3时39分，该330kV变电站1号、2号主变压器高压侧3310、3311、3330、3332断路器跳闸。1、2号主变压器及110kV母线失压。

事故后，现场检查保护动作信号发现3311开关保护"非全相保护"动作，其余三台断路器本体"三相不一致"动作。4台断路器三相操作箱的跳闸指示灯亮，信息见表1−3。

表1−3　　　　　　　　　4台断路器三相操作箱的跳闸指示灯信息

跳闸断路器	操作箱主跳位置指示灯亮			操作箱副跳位置指示灯亮	
3311	TA	TB	TC	TA	TB
3310	TA	TB			
3332	TA	TB			
3330		TB	TC		

主变压器录波器数据显示1、2号主变压器高压侧开关跳闸具体情况为：3330断路器B相、3330断路器C相、3332断路器B相、3332断路器A相同时跳闸。3332断路器C相因3332断路器本体三相不一致保护动作跳闸。3330断路器A相因3330断路器本体三相不一致保护动作跳闸。3310断路器A、B、C相跳闸。3311断路器C相跳闸，3311断路器A、B相因3311断路器非全相保护动作跳闸。

现场对全站一次设备及其他二次设备检查无异常。

3.故障原因分析

通过现场调查、试验验证和技术分析，导致事故发生的主要原因如下。

（1）110kV断路器机构箱进水。

该330kV变电站110kV线路Ⅰ间隔断路器的密封设计可靠性不高，断路器支柱绝缘子下法兰底面和底架（传动箱上表面）间仅采用现场安装时涂抹的密封胶作为防水密封，在开关操作震动作用下，中相密封胶硬化开裂。

事故前该地区连日大雨，雨水通过缝隙漏入传动箱后沿密度继电器电缆流入机构箱并滴入箱内温湿度控制器（该温湿度控制器电源部分为AC 220V，信号部分为DC 220V），造成温湿度控制器中交、直流回路间短路，温控器接线图如图1-19所示。交流电压窜入直流Ⅰ段，造成接于直流Ⅰ段的2台变压器非电量出口中间继电器（主跳）接点抖动并相继出口跳闸。

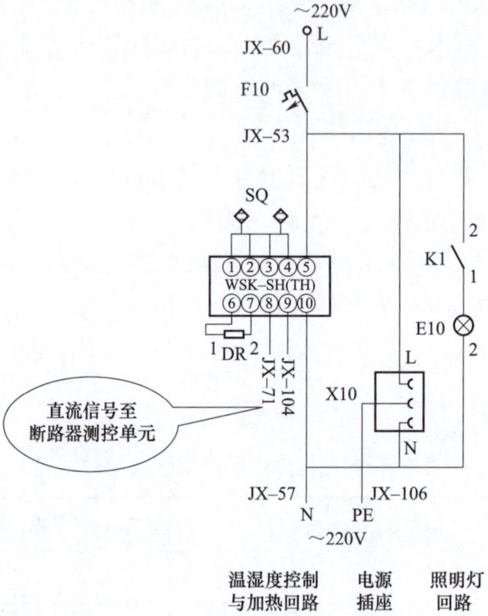

图1-19 温控器接线图

图1-20 进水缝隙

（2）交流电源窜入直流回路。

由于雨水从底架缝隙处渗入，进水缝隙如图1-20所示，沿SF_6密度继电器信号电缆，从断路器顶部穿管进入机构箱，滴到机构箱温湿度控制器上，温湿度控制器的外壳为非密封结构，内部电路板交、直流引线布置不合理且无隔离措施，进水后交、直流之间短路引起直流电源系统Ⅰ段接地并使交流220V电源串入直流Ⅰ段系统。为此，现场做了详细的试验分析，其试验过程如下。

1）试验目的。为考察操作箱内跳闸出口继电器TJR、TJQ及非电量跳闸中间继电器ZJ，在交流电窜入直流情况下的动作情况，结合某变电站现场实际情况设计模拟实验。

2）验证原理。交流窜入直流正极后，因为电池组内阻很小，交流信号近似认为窜入直流负极，窜入的交流干扰在电缆分布电容的作用下施加于跳闸继电器，可能影响跳闸继电器动作行为，验证原理如图1-21所示。

3）试验过程。断开操作箱屏直流电源，采用外接试验直流电源供电（此直流工作电源为对地的悬浮电压）；断开屏内照明用交流电源的地线，从交流L端串联照明灯泡作为测试线，间歇与屏内直流正极+KM端短接，模拟交流窜入直流现象，用万用表监视被测试继电器的干扰电压情况，观察继电器动作、断路器跳闸情况。

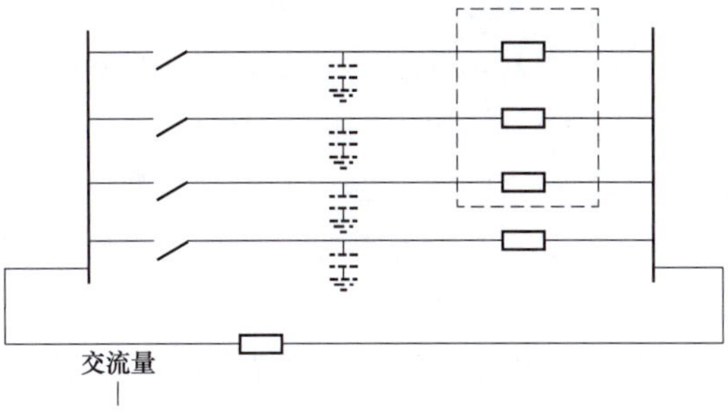

图 1-21 验证原理图

4）试验数据（见表 1-4）

表 1-4   试 验 数 据

被测试继电器	外电缆回路情况	继电器干扰电压量	动作情况
非电量中间跳闸继电器 ZJ	连接	交流 64V	ZJ 发出连续响声，ZJ 动作，触点闭合，断路器跳闸
非电量中间跳闸继电器 ZJ	断开	0V	继电器无触点抖动声音，继电器不出口
操作箱内跳闸出口继电器 TJR	连接全部电缆	交流 35V	继电器无触点抖动声音，继电器不出口
操作箱内跳闸出口继电器 TJR	断开与主变压器保护屏间电缆、护屏、失灵保护之间电缆	交流 9V	继电器无触点抖动声音，继电器不出口
操作箱内跳闸出口继电器 TJR	断开全部电缆	0V	继电器无触点抖动声音，继电器不出口

5）试验结论。

从表 1-4 中的试验数据分析，在以上模拟交流窜入直流的试验中，ZJ 在试验条件下受到交流量干扰出口跳闸。

（3）主变压器 330kV 断路器跳闸。

该 330kV 变电站 1、2 号主变压器保护及 330kV 断路器操作箱电源采用双重化配置，正常方式下断路器主跳回路接于直流电源系统的Ⅰ段母线、副跳回路接于直流电源系统Ⅱ段母线，主、副跳任何一个跳闸回路动作，均能造成断路器跳闸。3311、3310、3330、3332 断路器为 1、2 号主变压器的高压侧开关，当交流电窜入直流电源系统Ⅰ段母线后，在 330kV 断路器操作箱屏主变压器非电量出口中间继电器与电缆对地等效电容之间形成分压（模拟实验时稳态交流有效值达 64V，波形为不对称半波，达到继电器动作值）主跳回路中间继电器动作，断路器主跳出口跳闸（由于交流分量激励作用，继电器触点连续抖动，断路器三相跳闸不同步）。

线路断路器操作箱屏未使用该中间继电器，故其他 330kV 断路器未跳闸。

（三）故障处理过程

（1）主变压器非电量保护及二次回路检查。从跳闸情况分析，全站只有 2 台主变压器高压侧的断路器跳闸，而线路开关无异常，且在跳闸前，该330kV变电站发生直流电源系统正极接地，考虑主变压器与线路保护的区别以及天气状况影响，确定全面检查主变压器保护及相关断路器二次回路电缆绝缘，检查结果绝缘良好。

（2）直流电源系统检查。跳闸前，直流 I 段母线正极接地，跳闸后，运行人员进行了隔离。对直流接地情况进行检查，接地点在 110kV 线路 I 断路器操作机构内的温湿度控制器，打开温湿度控制器外壳时，有积水流出，拆除温湿度控制器直流电源后，直流接地消失。现场检查 110kV 线路 I 间隔断路器机构箱密封条完好，箱体外壳无漏水，接入机构箱下部的二次电缆封堵完好，经对该断路器机构箱上部防水措施进行检查，发现断路器支柱绝缘子下法兰底面与底架（传动箱上表面）间有缝隙，雨水通过底架沿密度继电器电缆渗入机构箱。

（3）断路器操作箱出口中间继电器检查情况。用直流试验电源带 3332 断路器、操作箱屏，并在电源+KM 处叠加交流 220V 电源，中间继电器 ZJ 触点连续抖动且存在出口现象，跳开 3332 断路器。

（四）故障处理与防范措施

（1）故障处理。

1）110kV 线路 I 间隔断路器存在设计和安装质量缺陷。支柱瓷套底法兰与底架密封设计不合理，密封胶易老化失效，密封可靠性不高；机构箱内温湿度控制器交、直流端子布置不合理且无有效隔离措施，进水或凝露受潮情况下有可能导致交流串入直流回路。

2）运维单位隐患排查不彻底。虽然进水缝隙在断路器支柱绝缘子下法兰处，地面不易观察，但机构箱进水现象已存在一段时间，说明运维单位隐患排查不细致、不彻底，对公司防止变电站全停隐患排查治理的要求没有完全落实到位。

3）设备巡视检查不细致，运维针对性不强。变电站机构箱、端子箱等"五箱"防潮、防雨措施巡视检查不细致，运行人员未及时检查发现机构箱内存在的进水痕迹，进而发现断路器机构箱密封不良的设备缺陷。

4）事故反映出该地区电网结构薄弱，330kV 电网检修方式下，110kV 电网转供能力不足。重要用户供电安全存在隐患，部分电气化铁路牵引站不满足双电源供电的要求。

（2）防范措施。

1）立即开展针对雨季机构箱、端子箱、电缆沟进水情况的专项排查；在全省范围内开展断路器密封结构存在的问题，采取针对性反措整改，对传动箱与机构箱之间的电缆穿孔进行可靠封堵，消除隐患。

2）修正断路器运维手册，在例行检查、维护项目中增加密封性检查项目。

3）对全省断路器机构箱温湿度控制器接入直流情况开展排查，分析温湿度控制器原理结构存在的安全隐患，加装中间继电器进行隔离。同时举一反三对有可能引起交、直流混窜的其他设备和回路进行彻底排查，并采取有效隔离措施。

案例三 站用变压器低压断路器欠压脱扣功能延时设置不合理造成交流失电事故

（一）案例经过

2016年某日，某供电公司基地配电室10kV进线电缆发生故障跳闸，配电室10kV备自投装置动作备投成功，但由于配电室变压器低压侧断路器欠压脱扣跳闸，造成某公司基地主楼办公用电失去。

（二）故障原因分析及处理情况

某供电公司基地10kV配电室主接线图如图1–22所示。

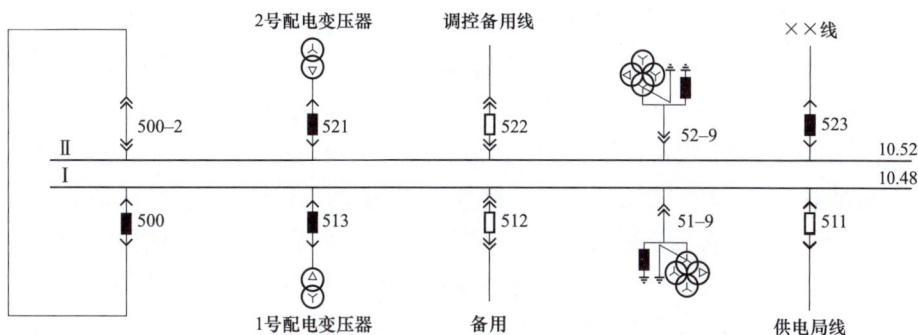

图1–22 某供电公司基地10kV配电室主接线图

配电室主要为某公司基地办公大楼供电，高压部分由两回10kV进线供电，配置有10kV进线备自投装置，站内配置两台10kV配电变压器。配电变压器低压断路器采用ABB公司SACE max E3型空气断路器。

2016年某日，10kV××线电缆发生故障跳闸，某公司基地配电室10kV进线备自投装置正确动作，投入10kV供电局线，但由于两台配电变压器低压侧断路器均因欠压脱扣动作跳闸，造成某公司基地大楼办公电源失去。

经检查，10kV进线备自投装置定值设定为：母线失压后经2s延时跳开主供线路断路器，再经2s延时合上备用线路断路器。即故障发生后，需经4s方能备投成功恢复供电，而经检查，配电变压器低压侧断路器欠压脱扣跳闸延时为2s，即配电变压器低压侧断路器在高压系统恢复供电前先行跳闸，造成低压负荷失去。

（三）暴露的问题

配电室配电变压器低压侧断路器欠压脱扣动作延时未与高压侧备自投装置定值相匹配，造成低压系统失电。

（四）整改措施

拆除低压断路器欠压脱扣线圈。对于特殊情况确需保留欠压脱扣功能的，其跳闸延时设置应躲过高压系统备自投装置动作时间，并进行校验。

案例四　站用低压系统电压偏低造成主变压器风冷全停跳闸事故

（一）案例经过

2011 年某日，330kV 某变电站由于系统电压波动，站内站用低压系统过低，造成 1 号主变压器风冷全停跳闸。

（二）故障原因分析及处理情况

330kV 某变电站安装有两台 240MVA 主变压器，站内配置两台站用变压器、一台外接站用变压器。事故发生前，35kV 1 号站用变压器由于缺陷退出运行，全站交流负荷由 2 号站用变压器供电。

2011 年某日 19 时 48 分，某变电站报"1#主变风冷控制箱电源Ⅰ故障""1#主变风冷控制箱电源Ⅱ故障""1#主变风冷控制箱冷却器全停"信号，调度人员立即通知运维人员前往现场检查。20 时 3 分，调度监控告警窗发出"某变电站 1#主变绕组油温过高"信号；20 时 21 分，330kV 某变电站 1 号主变压器油温超高保护动作，1 号主变压器 3321、3320、101、301 断路器跳闸，1 号主变压器差动装置 B 屏过负荷闭锁调压保护动作。

故障发生后，检修人员分别对 1、2 号主变压器外观及 1 号主变压器顶盖进行了详细的检查，发现两台主变压器外观完好，无放电痕迹。1 号主变压器 35kV 套管侧的压力释放阀动作，2 号主变压器两只压力释放阀均动作，压力释放阀放油口处有大量变压器油喷出（见图 1-23、图 1-24）。1 号主变压器本体油温测试仪记录油温曾达到 88℃。

图 1-23　1 号主变压器 35kV 套管侧压力释放阀放油口

保护人员对 1 号主变压器非电量保护装置进行了全面的检查，保护装置动作正确、保护信息上传正确，二次回路核查正确无误。在对风冷电源回路检查过程中，除对电源回路二次及各个控制开关进行详细核实及实验后，对风冷Ⅰ、Ⅱ路电源切换功能进行了全面测试。两路电源电压正常，切换功能正常。冷却器投退功能正常，所有信号及告警信息上送无误。风冷故障非电量定值整定正确无误。

图 1-24 2 号主变压器 35kV 套管侧压力释放阀放油口

现场通过对 1 号主变压器故障录波图（见图 1-25～图 1-27）及本体非电量保护动作详细分析后，发现电气量在开关跳闸前与正常运行时没有任何变化，说明 1 号主变压器未发生内部及外部故障，进一步对 1 号主变压器油色谱在线分析数据研究比对后确定主变压器本体未发生任何故障，跳闸原因是由于长时间风冷全停致使油温升高达到非电量保护定值，保护正确动作造成。

经检查，变压器风冷控制回路有两路交流进线电源，各接一个电源监视器（KV1、KV2），此电源监视器含有过压保护及欠压保护功能（用于保护风机、潜油泵），两路欠压保护定值均整定为 350V，过压保护定值均整定为 440V，当 35kV 系统电压降低导致站用变压器低压侧低于 350V 时，会引起电源监视器欠压保护动作，切断冷却器控制回路，造成冷却器全停故障，而当电压恢复至 350V 以上时，该电源监视器会自动复归。

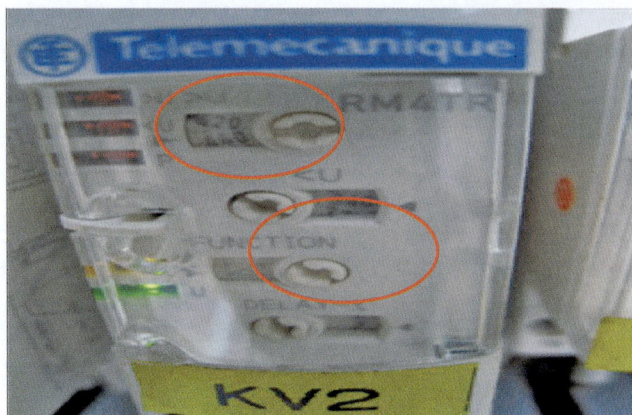

图 1-25 电源监视器

经检查某变电站 2 号站用变压器挡位在 6 挡（共有 7 挡），7 月 11 日，受系统电压影响，330kV 某变电站站用电 35kV 系统电压在 31～32.5kV 波动，低压侧电压在 336～357V 波动。由于站用电系统电压持续偏低，造成 1 号主变压器风冷全停故障跳闸。

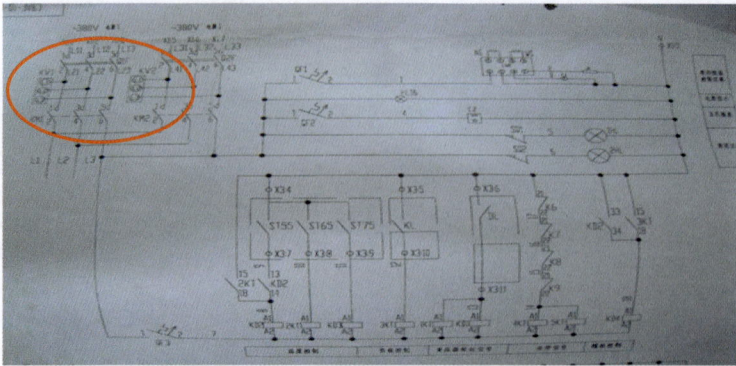

图1-26　1号主变压器风冷交流进线

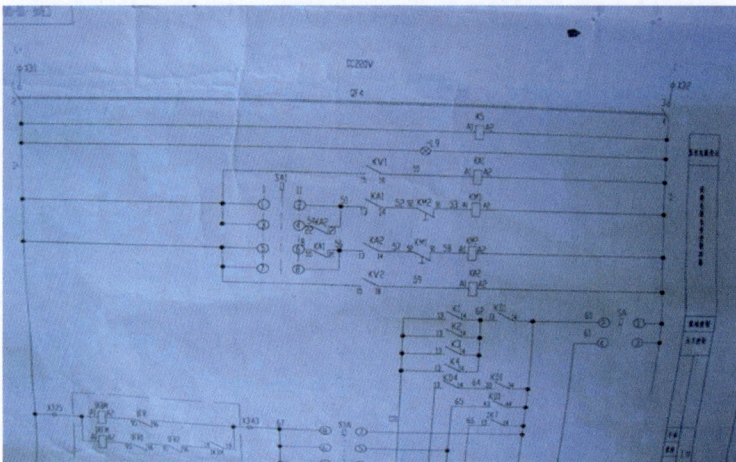

图1-27　2号主变压器风冷交流进线

2号主变压器 KV1、KV2 整定为 320V 和 335V，站用电压没有降到 320V 以下，故没有停运。

经检查，某变电站正常情况下，主变压器在 7 挡运行，330kV 母线电压为 346kV 左右，110kV 母线电压为 115kV 左右，1、2 号站用变压器在 6 挡运行（即站用变压器高低压变比为 36.575/0.4），35kV Ⅰ、Ⅱ段电压为 33kV 左右，1、2 号站用变压器低压侧电压为 360V 左右。在电网电压有所波动时，站用变压器低压侧就有可能低于 350V，造成主变压器风冷控制回路中电源监测器动作，电源失压。

（三）暴露的问题

（1）某变电站站用变压器低压系统电压一直偏低，未引起运维及生产管理人员重视，在系统电压波动时造成主变风冷全停。

（2）主变压器风冷系统管理存在盲区，风冷电源回路电压监视器电压设置无统一标准，存在事故隐患。

（四）整改措施

（1）通过调整主变压器及站用变压器挡位的方式合理调节站用变压器低压系统电压。

（2）将站内低压系统电压接入综自系统上送调度监控。

（3）与厂家沟通，形成主变压器风冷回路电压监视器整定的统一标准。

二、直流系统典型事故案例

案例一　220kV 变电站直流系统蓄电池开路造成全站失压事故

（一）故障概况

220kV 变电站 110kV 母线发生三相故障后，10kV 母线电压下降，站用变压器异常失电，造成直流电源充电机退出运行；此时 110kV 母线保护装置动作，但因蓄电池组个别电池异常故障，导致直流电源不稳定，造成全站多个 110kV 断路器未跳开。故障由 220kV 出线对侧 220kV 线路后备保护装置动作切除，从而造成 220kV 变电站全站失压。

此事故造成损失 356.9MW 负荷（含铝厂低压脱扣离网负荷 220.69MW），占事件发生前总负荷 2037.84MW 的 17.51%，停电用户 54092 户（无一级及以上用户，2 个二级用户停电），造成严重影响。

（二）故障情况检查

1. 解体检查情况

对故障蓄电池进行解体发现：负极汇流排与负极板的极耳连接已断开，每片负极板的极耳有烧熔、中间内陷及放电现象，负极汇流排与极耳连接处有氧化现象（见图 1-28）。

（a）　　　　　　　　　　　　　　　（b）

图 1-28　故障蓄电池解体图

（a）极耳连接断开；（b）极耳烧熔

2. 整组蓄电池情况检查

整组蓄电池处理开路的故障电池之外其他蓄电池基本满足容量要求。

（三）故障原因分析

1. 故障原因

通过现场事故调查及对蓄电池解体检查，110kV 母线发生三相故障后，10kV 电压下降,蓄电池由于质量问题,在大电流冲击下开路是导致 110kV 断路器保护拒动的直接原因。

2. 相关规程规范

(1) DL 724—2000《电力系统用蓄电池直流电源装置运行与维护技术规程》第 6.3.4 条阀控蓄电池的运行维护要求"运行中的电压偏差值在±0.05V 内"。

(2) 国家电网运检〔2015〕376 号《国家电网公司关于印发防止变电站全停十六项措施(试行)的通知》第 9.1.1 条规定"变电站应至少配置两路不同的站用电源,不同外接站用电源不能取至同一个上级变电站"。

(四) 故障处理及防范措施

1. 故障处理

(1) 立即对事故变电站整组蓄电池进行更换。

(2) 对其他变电站同型号蓄电池进行抽样解体检查,如有发现极板严重腐蚀的情况,立即整组更换。

(3) 进一步加强蓄电池的巡视和检查,定期开展蓄电池动态充放电试验,并记录充放电后蓄电池电压和电阻情况。

(4) 将事故蓄电池质量问题专题上报省公司运维部和物资部。

2. 防范措施

目前 110kV 变电站典型设计普遍采用单电单充直流系统供电模式,蓄电池开路导致变电站备用直流电源失去。若此时变电站低压侧母线发生近区故障,使得硅整流输出电压达不到要求,全站保护失去作用,扩大事故停电范围。为解决这一问题,可以通过以下几个方面改进措施来避免此类事故的发生:① 加强变电站蓄电池运行管理,及时发现问题蓄电池组消除安全隐患;② 改造 10kV 电磁型断路器,避免断路器合闸时大冲击电流流过直流合闸母线造成对蓄电池组的冲击;③ 在条件允许情况下改变变电站运行方式,避免低压侧故障造成正常段母线电压跌落;④ 增加蓄电池开路保护或跨接退出的设备和措施。

(1) 加强蓄电池运行管理。以浮充方式运行的蓄电池由于长时间不放电,负极板上的活性物质容易产生硫化铅 $PbSO_4$ 结晶,不易还原。阀控式密封铅酸电池为保证放电容量和延长使用寿命,必须进行定期充放电和日常的维护工作。

1) 进一步加强蓄电池的巡视和检查,每月应测量一次单体及总电压,定期开展蓄电池动态充放电,并记录蓄电池电压和电阻参数。蓄电池内阻值偏大或单体电池间的电压偏差值较大时应引起重视,对超标的蓄电池应予以更换。

2) 对运行时间超过 3 年的电池,应每年进行全核对性放电试验。经过 3 次试验后,蓄电池容量仍然达不到额定容量的 80%以上,可认为电池使用寿命已到,应进行更换。当一组电池中有个别电池容量不足,可个别更换,但更换前必须活化新电池;当一组电池中有较多电池(如占数量的 10%以上)低于 80%额定容量,应整组进行更换。

3) 加强蓄电池缺陷管理,蓄电池电压异常的缺陷必须在规定时间内消缺,防止消缺周期过长造成事故安全隐患,消缺结束后,严格执行验收及缺陷闭环流程。

（2）改造电磁型断路器。通过大修方式将目前变电站的电磁型断路器进行改造，尽量减小分合闸操作时的瞬间大电流。

（3）改变运行方式。在可以的情况下，建议对 110kV 变电站直流蓄电池组定期进行带负荷测试，通过调整充电机及蓄电池的运行方式，让蓄电池定期直接带负负荷，改善蓄电池一直浮充不用、一用就坏的使用环境，也可以活化蓄电池组。

（4）增加蓄电池开路保护或跨接退出的设备和措施。

1）完善现有蓄电池在线监测系统功能，当某只蓄电池内阻过大而引起其他蓄电池过充时能实时发出过充告警；只要蓄电池开路达到一定延时，应发出电池开路报警。

2）增加一种具备单体蓄电池智能管理的装置，实现对蓄电池的智能跨接，一旦某节蓄电池异常开路即可启动跨接功能将该节电池自动旁路退出，避免因单节蓄电池异常造成整组失电，将开路故障电池自动无隙退出保证整组直流不再开路才是问题的根本解决办法，同时应实时在线监测母线及蓄电池组组压、电流、温度以及单体蓄电池电压、内阻、温度，以及充电机纹波等参数，并自动告警，实现全网各变电站直流的统一监测。

案例二　110kV 变电站蓄电池故障造成全站失压故障

（一）故障概况

1. 故障设备基本情况

（1）直流系统的电压等级为 110V。

（2）充电机的配置。直流系统为双电双充结构，具有两套充电机。

（3）蓄电池的配置。每组配置汤浅 2V 300Ah 铅酸阀控蓄电池 54 只。

（4）投运时间：2005 年。

（5）故障变电站蓄电池因 12 年到期已报 2016 年更换项目。

2. 故障前运行方式

根据事故变电站所在单位维护管理人员反映，在当年 6 月和 9 月对直流电源系统及蓄电池分别按计划进行过定检核容试验，试验结果均合格，故障发生前当年 9 月的试验结果为容量的 90%（10h 放电率核容时间长达 9h 11min）。

220kV 某变电站：110kV ×× 乙线运行，110kV ×× 甲线开关在运行状态。110kV 某变电站：110kV ×× 乙线运行，110kV ×× 甲线开关热备用；站用交流系统由 1 号站用变压器供电；1 号直流系统、2 号直流系统分列运行。1 号站用变压器挂在 10kV 1 母运行。

3. 故障过程描述

2015 年某日，110kV 故障变电站出现故障，后台信息显示多条 10kV 线路开关及开关小车位置发生变化，并伴随交流系统失电及 2 号段直流系统失电现象。之后，220kV 变电站 110kV 侧 ×× 乙线保护动作，重合出口后保护再次动作，跳开 ×× 乙线开关。运行人员及监控人员对 110kV ×× 乙线、110kV ×× 甲线试送，均不成功。

事故造成 110kV 某变电站全站失压。

（二）故障情况检查

1. 外观检查情况

外观检查，发现开路蓄电池外观无损伤，安全阀无凹陷，如图 1-29 所示。

2. 试验检测情况

对故障蓄电池进行充电，充电电流设置为 10A，但实际测试充电电流为 0，如图 1-30 所示。

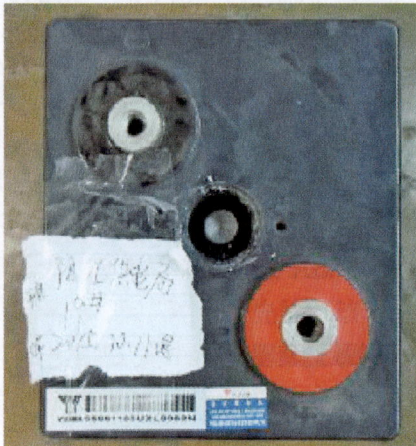

图 1-29　外观无损伤的单体

图 1-30　充电电流为 0（蓄电池开路）

对 2 号直流系统进行放电核容试验。试验时由于 19、31、40 号蓄电池故障导致 2 号蓄电池组无法正常放电，说明该组蓄电池在 2 时 30 分 50 秒故障时不能为 2 号直流系统提供备用直流电源。在剔除 19、31、40 号蓄电池后最终测定 2 号蓄电池组容量为 145Ah，为额定容量的 48.33%。

2015 年 10 月 27 日，为进一步确认 110kV 核容结果是否正常，电科院选择××供电局两组已经核容的蓄电池组再次进行测试验证，以比对核容结果是否一致。

蓄电池定检核容为对整组蓄电池进行恒流放电，根据××供电局的测试结果数据上看，110kV A 变电站和 110kV B 变电站的核容时间分别为 8h 31min 和 7h 52min，其中 A 变电站为 26 号蓄电池先到达 1.8V，B 变电站则为第 107 号蓄电池先到达 1.8V。

10 月 28 日，电科院对 110kV A 变电站进行了核容，10 月 29 日，电科院对 110kV B 变电站进行了核容，其中，A 变电站为 26 号蓄电池先到达 1.8V，B 变电站则为第 107 号蓄电池先到达 1.8V，与之前××供电局测试的结果一致。

为查找变电站蓄电池失压原因，事故发生后，省电科院对故障变电站最近一次使用的内阻测试设备和核容维护设备进行了功能和测试信号的验证发现以下情况。

（1）使用的蓄电池内阻测试仪存在较大问题，测试结果不稳定，对标准的增量测试误差较大，其内阻数据完全不具备可参考性（见表 1-5）。

表1-5 问题内阻测试仪测试结果 单位：μΩ

测试序号	蓄电池	含分流器（250μΩ）蓄电池	差值（增量测试）	误差
1	290	434	144	−42.40%
2	310	475	165	−34.00%
3	339	437	98	−60.80%
4	302	485	183	−26.80%
5	297	451	154	−38.40%

注 标准增量250μΩ。

（2）从使用的放电测试仪测试电流信号录取波形来看发现以下两个问题点。

1）开放电启动刚开始时有非常大的电流冲击，从录取波形幅值看电流近300A，冲击电流峰值高达近10倍I_{10}（见图1-31）。

2）放电电流不符合在放电过程中连续恒定不变的恒流特征，而是呈脉动状态，最大电流为40A、稳定值为37A、最小值为−3A，波动周期每个周期约为8ms，其中波形平稳时间约为4.6ms，波形变动为3.4ms。放电1min全图和放大图如图1-32所示，图中有蓄电池组电压和蓄电池电流的波形图，图中黄色为电压波形，绿色为电流波形。

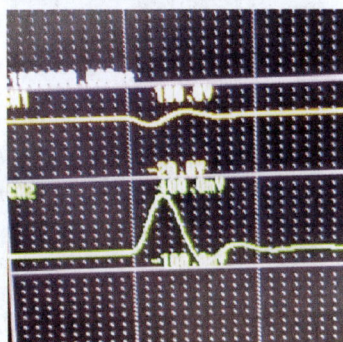

图1-31 电流信号录取波形

(a)

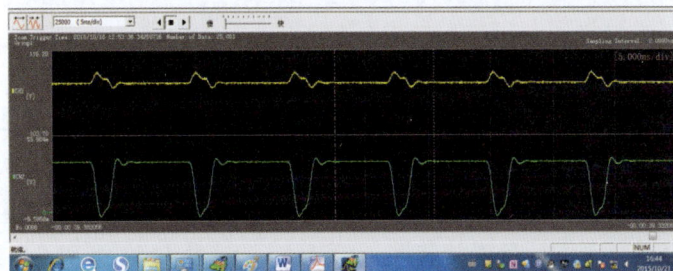

(b)

图1-32 变电站前次使用的放电测试仪恒流波形图

（a）放电1min全图；（b）放大图

3. 解体检查情况

蓄电池解剖后的试验结果，通过化学试验分析，含酸量正常。通过外观发现，正极板和腹肌板腐蚀（见图1-33～图1-37）。

图1-33 极板群从壳体取出A面

图1-34 极板群从壳体取出B面

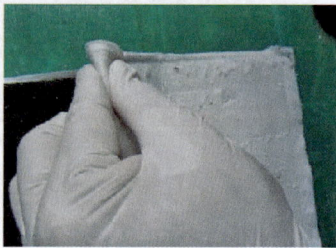

图1-35 含酸量正常

图1-36 正极板腐蚀

图1-37 负极板腐蚀

（三）故障原因分析

1. 故障原因

此次事故原因为2号段直流系统失电，2号直流系统的交流输入为1号站用变压器，事故发生时1号站用变压器失电且交流切换装置不能正常切换至2号站用变压器，造成2号直流系统交流输入失电，同时蓄电池组已经彻底损坏，进而造成重要负荷如1、2号主变压器差动及两侧后备保护、10kV保护测控一体化装置等设备停电，进而造成整个110kV某变电站失电。由于接线错误以及蓄电池失效等一系列的原因，造成此次全站失电。

2. 直接原因

由于10kV ⅠM10kV××线F11出线三相短路，导致10kV ⅠM电压降低，1号站用变压器380V侧输出电压降低，2号直流系统充电机模块欠压保护动作停止运行，同时2号蓄电池组故障，造成2号直流母线失压，从而造成某变电站的110kV备自投装置、1号及2号主变压器差动及两侧后备保护装置、10kV ⅠM、ⅡAM、ⅡBM上所有保护测控一体化装置失电，在一次故障不能及时切除的情况下，220kV另一座站110kV××线远后备保护动作，最终造成110kV某变电站失压。

3. 间接原因

本次事件的间接原因主要包括以下两方面。

（1）故障变电站的蓄电池组严重老化，存在运行隐患。

（2）110kV 某变电站直流负荷分配不合理，造成 110kV 备自投装置、1 号及 2 号主变压器差动及两侧后备保护装置、10kV ⅠM、ⅡAM、ⅡBM 上所有保护测控一体化装置失电。

（四）故障处理及防范措施

1. 故障处理

更换故障蓄电池组，重新选择准确可靠的设备对更换的蓄电池组进行内阻测试和核容试验。

2. 防范措施

（1）两段直流屏的交流输入应取自不同交流母线。

（2）应严格按照规程规范进行定检核容；蓄电池的测试报告应由专人进行审核。

（3）应认真选择准确可靠内阻测试设备，重视蓄电池内阻测试可提前发现落后蓄电池的功能。

（4）应认真选择准确可靠放电测试设备，严格防范其电流信号与标准要求的"在整个放电过程中恒定连续不变的电流"不符合现象，因为选择不正确可能对蓄电池带来以下两方面的危害。

1）启动时冲击电流过大，很容易造成蓄电池单体极板脱落而造成开路风险，虽然不在测试当时放电时有异常表象出来。

2）脉动式的信号对蓄电池形成一种连续浅充浅放的过程，对于铅酸蓄电池长时间连续进行浅充浅放，进入放电状态时正板上的二氧化铅转换成硫酸铅；转为充电状态时，正板的硫酸铅转化为二氧化铅，这种对电池的浅充浅放，则会造成在正板上二氧化铅不具有活性成分，仅仅是作为二氧化铅存在，但不具备提供容量能力，同时又不会形成不可逆的硫酸铅（硫酸盐化），一段时间后，正极板上部分活性物质永久失效，造成了蓄电池电流通路阻隔，电池容量快速下降。这种脉冲式的放电对蓄电池的损伤虽然不立即表现出来，但其危害性是极其严重的。

案例三 蓄电池组未接至直流母线造成蓄电池无法充电

（一）案例经过

2016 年某日，220kV 某变电站报"Ⅰ段蓄电池组电压低告警"信号，经检查，告警原因为直流系统切换把手投入错误导致第一套蓄电池组未接入直流母线。

（二）故障原因分析及处理情况

220kV 某变电站安装有两台主变压器，站内配置两台站用变压器，分别挂接在两台主变压器低压侧母线处。某变电站直流系统为双充、双电配置模式，正常方式为两段母线分段运行。

220kV 某变电站报"Ⅰ段蓄电池组电压低告警"信号。工作人员检查发现第一套蓄电池组电压低告警、两段直流母线电压、电流表计指示一样。该变电站直流系统接线图如图 1-38 所示。

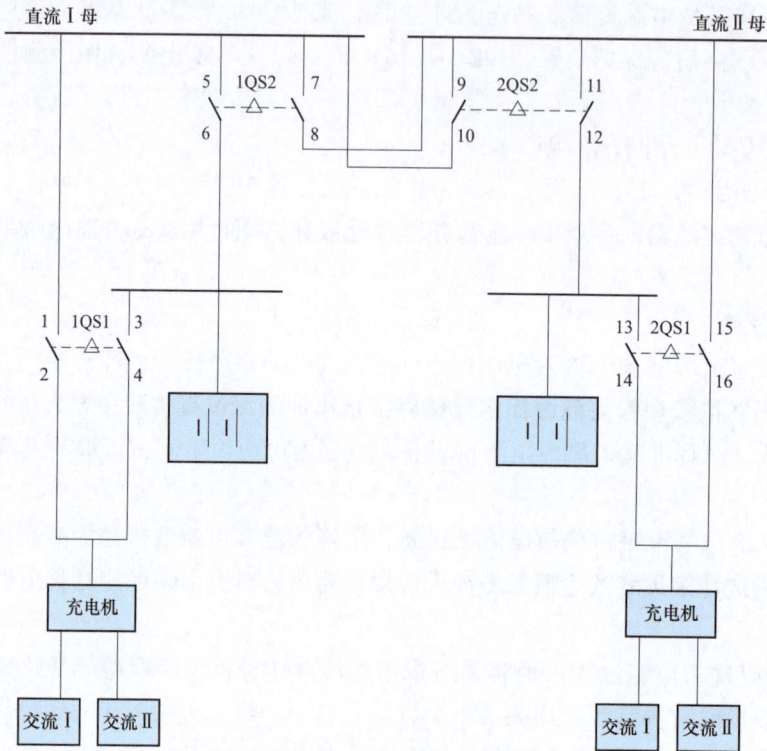

图 1-38 变电站直流系统接线图

图 1-38 中 1QS1、1QS2、2QS1、2QS2 均为双位置切换开关，1QS1、2QS1 作用为充电机功能切换，当投至 1、2 位置或 15、16 位置时充电机为直流母线供电；当投至 3、4 或 13、14 位置时，充电机直接为蓄电池充电。1QS2、2QS2 作用为蓄电池兼母联投入切换，以 1QS2 为例，当 1QS2 投至 5、6 位置时，第一套蓄电池接至直流母线，当投至 7、8 位置时，第一套蓄电池断开，Ⅰ、Ⅱ段直流母线并列运行。

经现场检查，发现Ⅰ段直流充电屏开关把手 1QS1 投至 1、2 位置，联络屏开关把手 1QS2 投至 7、8 位置；Ⅱ段直流充电屏开关把手 2QS1 投至 15、16 位置，联络屏开关把手 2QS2 投至 11、12 位置，现场运行方式如图 1-39 所示。

从图 1-38 可看出，直流Ⅱ段运行方式正常，而Ⅰ段直流母线与Ⅱ段合环运行，第一套蓄电池组退出运行，造成蓄电池长时间无法充电从而导致蓄电池电压低报警。此时如果 2 号站用变压器停电会造成全站交流全失，Ⅱ段蓄电池将带全部负荷，较短时间就会造成蓄电池严重馈电，从而导致直流全失，全站保护装置失灵。

工作人员将 1QS2 开关把手投至 5、6 位置后，Ⅰ段蓄电池电压低告警消失，运行方式为两段分段运行，系统表计正常。

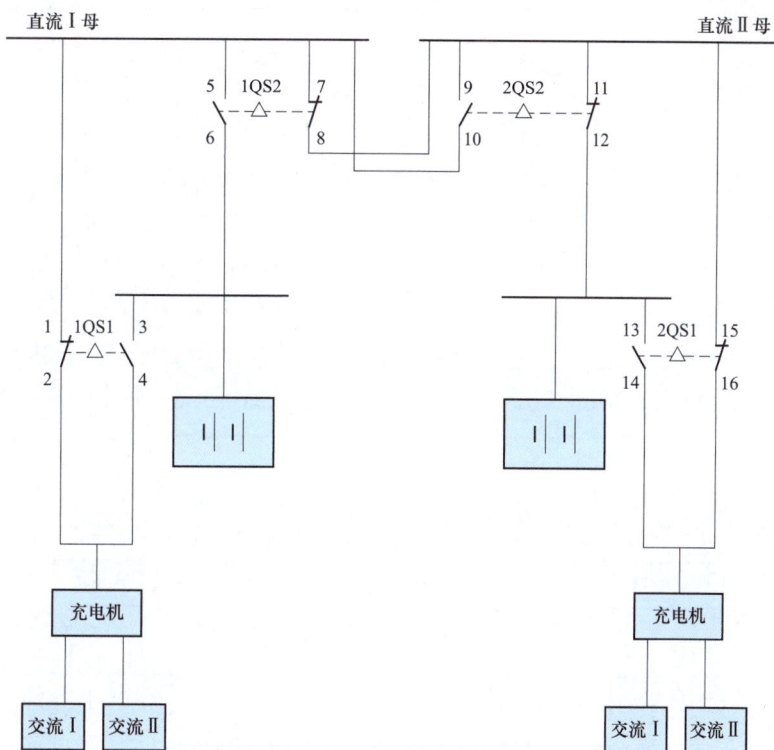

图 1-39　现场运行方式

（三）暴露的问题

（1）运维人员巡视不到位，未能及时发现蓄电池组未正确挂接至直流充电母线，1号蓄电池组充电电流为零。

（2）蓄电池在切换后，未检查变电站交、直流系统运行正常。

（3）该站直流系统接线方式不合理，各切换把手功能复杂，特别是1QS2、2QS2切换把手，极易给操作人员带来误导。

（四）整改措施

（1）应规范直流系统操作步骤，编制变电站直流系统应急预案、直流系统典型操作票，按照典型操作票进行操作。对于类似复杂的直流系统接线方式，建议编制操作说明张贴至直流屏柜处，以提醒操作人员正确操作。

（2）在交、直流系统上有工作时，应安排专人进行监护，并对站内交、直流设备进行全面巡视，确保直流系统安全运行。

（3）加强运维人员交、直流系统全面培训，掌握交、直流系统运行方式、操作方法及事故异常处理。

（4）对该站直流系统进行改造，取消1QS2、2QS2切换把手母联合环功能，仅用于投退蓄电池组，并在两端直流母线间加装母联断路器，如图1-40所示。

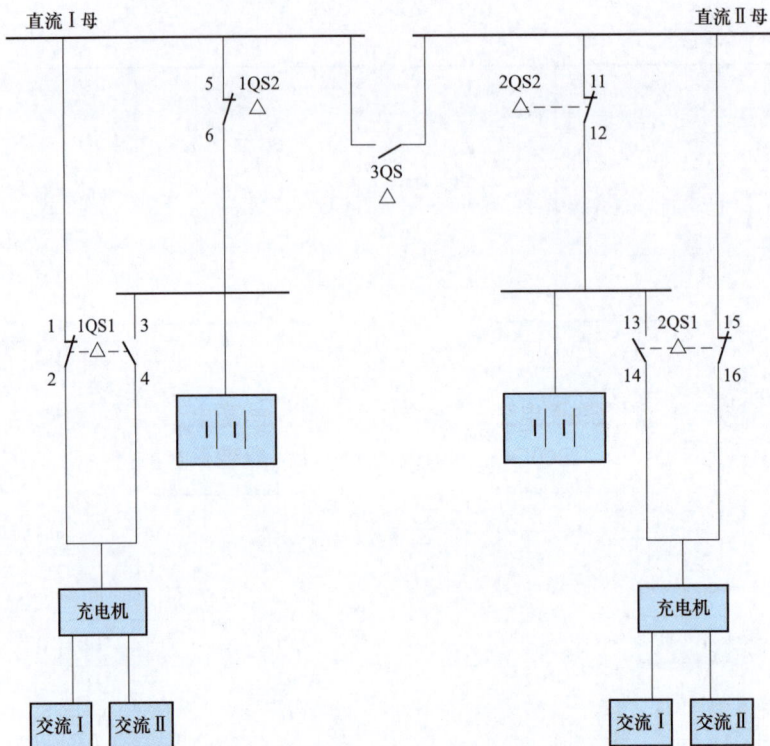

图1-40　改造后的变电站直流系统接线图

案例四 **直流系统空气开关级差配置不当造成部分装置电源消失**

（一）案例经过

2011年某日，在对某220kV变电站某220kV线路进行检修工作时，该线路间隔装置电源发生短路，造成该间隔第一套保护装置电源空气开关跳闸，因空气开关级差配置不合理，同时造成第一套直流馈线屏装置电源馈线Ⅰ空气开关跳闸，致使该站部分间隔装置电源消失，保护、测控装置电源失电。在排除短路点后，对第一套直流系统装置电源馈线Ⅰ空气开关进行试送，试送失败，因此需合上合环空气开关，由第二套直流系统带失去电源的间隔。在进行合环时，第二套直流系统装置电源馈线Ⅱ空气开关跳闸，造成全站部分间隔两套保护装置直流电源消失事故。

（二）故障原因分析及处理情况

某220kV变电站配置双套直流供电方式，环网状供电，设置合环空气开关。正常状态下，由站用屏提供两路交流电源（1路和2路），两路交流电源互为备用，1路电源作为主电源，2路作为备用电源。即当1路交流电源失去，2路电源自动投入。三相交流电源经整流模块变为直流，输出至合闸母线给蓄电池充电，控制母线的电压由合闸母线经降压装置提供，高压断路器的分合闸电流正常时由充电设备供给。

双套直流系统均为深圳某公司的产品，由两面充电屏、两面直流馈线屏、一面直流联络屏组成，于 2004 年投运至今，发生过多次直流模块损坏，直流系统运行极不稳定，馈线总空气开关设置为 20A、合环空气开关设置为 16A，现场各保护、测控装置电源空气开关设置为 6A。正常运行方式下两套直流系统分裂运行，各自带全站一半的负荷，在一套直流系统退出检修或故障时，合上合环空气开关，由另一套直流系统带全站负荷，如图 1-41 所示。

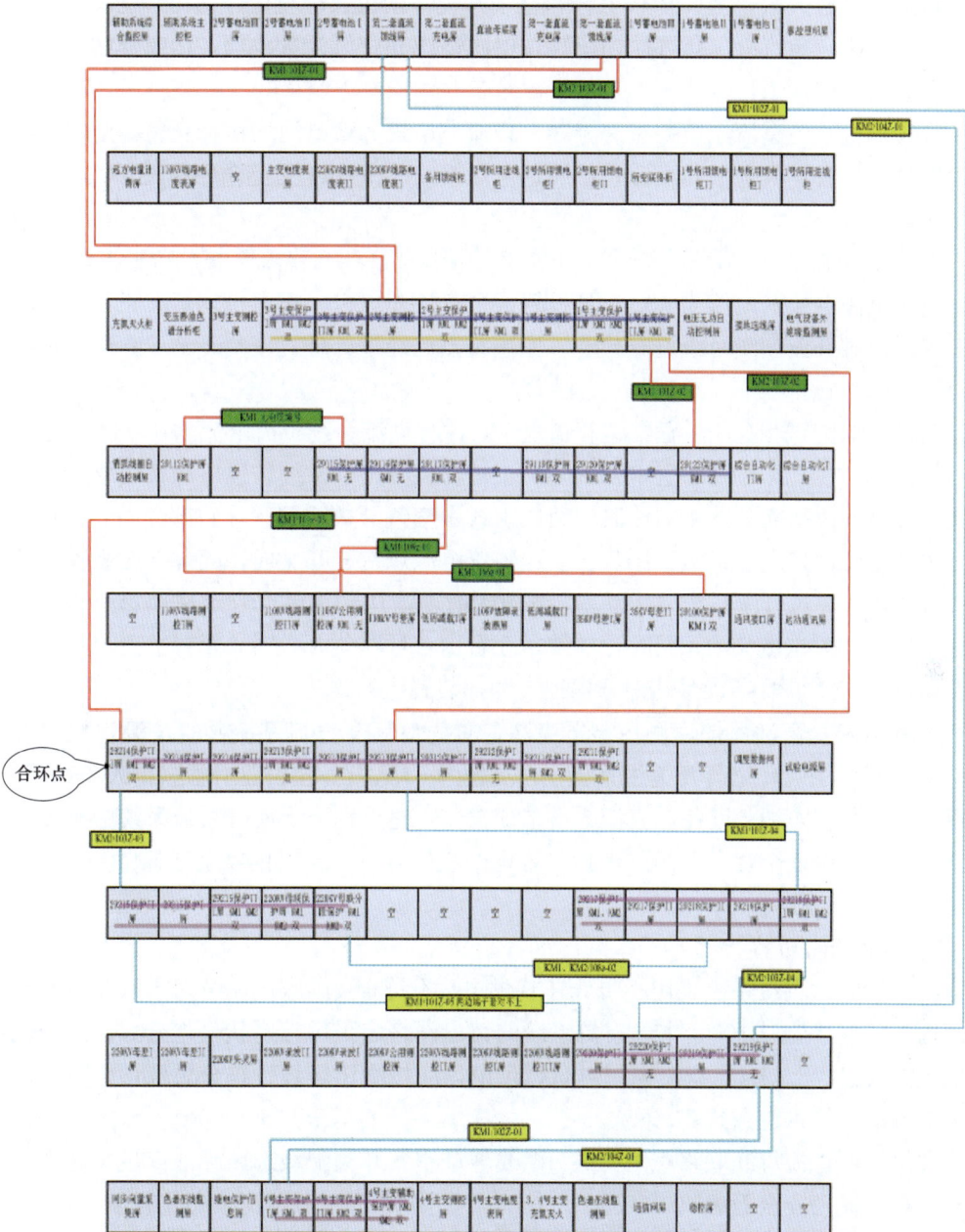

图 1-41　主控室屏位间直流电缆走径图

2011 年某日，在对该 220kV 变电站某 220kV 线路进行检修工作时，该线路间隔装置电源发生短路，造成该间隔第一套保护装置电源空气开关跳闸，因级差配置不合理，同时造成第一套直流馈线屏装置电源馈线Ⅰ空气开关跳闸，致使该站部分间隔装置电源消失，保护、测控装置电源失电，在排除短路点后，对第一套直流系统装置电源馈线Ⅰ空气开关进行试送，试送失败，因此需合上合环空气开关，由第二套直流系统带失去电源的间隔，在进行合环时，导致第二套直流系统装置电源馈线Ⅱ空气开关跳闸，造成全站部分间隔保护装置直流电源消失。

经现场检查，直流系统并未有异常，直流充电机、蓄电池均运行正常，全站各间隔未有短路情况发生，检查两套直流系统装置电源馈线总空气开关及合环空气开关，未发现异常状况。

对该站直流系统负荷进行核算，正常运行情况下，各套直流系统负荷电流均在 15A 左右，充电机额定负荷电流为 30A，且设置 5 台直流充电机，充电机均运行正常，完全满足负荷要求。对直流馈线系统进行检查，原短路点已经过处理，恢复正常，并未发现新的短路点。

对故障原因进行分析，正常运行情况下，各套直流系统负荷电流均在 15A 左右；但在故障情况下，电流瞬时值可达 40A 左右，而两套直流充电系统装置电源馈线总空气开关均设置为 20A，在某支路发生短路时，造成馈线Ⅰ空气开关跳闸，导致部分间隔保护、测控装置失去电源，扩大了事故范围。在试送装置电源总空气开关时，因各下级装置电源空气开关并未断开，对直流系统造成冲击，导致瞬时电流达到 30A 以上，进而第一套装置电源馈线Ⅰ空气开关试送失败，同时也导致了在合上合环空气开关时，第二套直流系统装置馈线Ⅱ电源跳闸，进而导致全站部分保护、测控装置电源消失。

为紧急恢复全站保护、测控装置电源，首先对两套直流系统装置电源进线空气开关及两套直流系统合环空气开关进行更换，更换为 63A，在对装置电源进行恢复前，断开各级保护测控装置电源，以免对直流系统造成冲击，先分别合上两套直流系统的装置电源馈线空气开关，再逐个合上各间隔保护装置电源空气开关，至此恢复全站各保护、测控装置电源。

（三）暴露的问题

（1）变电站直流系统采用小母线环状供电，不符合《国家电网公司十八项电网重大反事故措施》中"5.1.1.10 变电站直流系统的馈出网络应采用辐射状供电方式，严禁采用环状供电方式。""5.1.1.11 直流系统对负载供电，应按电压等级设置分电屏供电方式，不应采用直流小母线供电方式。"条款。

（2）站内直流母线联络空气开关、馈线屏总空气开关配级选用无法满足实际直流负荷需要，存在极大安全隐患。

（四）整改措施

（1）对全站直流系统的空气开关级差进行了检查，更换不满足要求的空气开关进行。

（2）改造全站直流系统运行方式，由环网状供电改为辐射状供电方式，在单间隔发生直流短路时，只会跳开本间隔及直流馈线屏对应的直流电源空气开关，并不会影响全站直流系统。

（3）诸如此类事件发生时，应先检查是否还有短路点存在，如未发现有新的短路点存在，应先断开各级电源空气开关，再对馈线总空气开关进行试送，以免因试送过程中瞬时电流过大造成试送失败。

第五节　提升蓄电池可靠性

蓄电池可靠性提升

一、概述

铅酸蓄电池发明于 1859 年，截至目前仍然是世界上产量最大、用途最广的化学电源。铅酸蓄电池具有性价比高、安全性好和技术成熟的优点，也一直作为变电站、换流站、发电厂等电力设施中直流电源系统的备用电源，在电力生产中发挥着重要作用。

20 世纪 70 年代，发明了阀控式铅酸电池（valve-regulated lead-acid battery，VRLA），主要分为玻璃纤维吸附（AGM）蓄电池和胶体（Gels）蓄电池，阀控式铅酸电池解决了维护中加水、加酸的问题，降低了工作强度，并减少了酸雾和气体的排放，20 世纪 90 年代逐渐成为国内电力行业中蓄电池应用的主流。

进入 21 世纪后，锂离子电池等新兴蓄电池的蓬勃发展对铅酸蓄电池的市场占有份额发起了挑战。铅酸蓄电池除了极板板栅重、比能量低、比功率低和循环寿命短等缺点外，阀控式铅酸蓄电池还具有正极板的板栅腐蚀、正极板的活性物质软化脱落、负极板的活性物质不可逆硫酸盐化、负极汇流排腐蚀等失效模式，导致了铅酸蓄电池在直流电源系统中使用寿命缩短、可靠性降低。

二、铅酸蓄电池的电化学原理

铅酸蓄电池属于电化学电源，电化学电源由正极活性物质、负极活性物质和电解液组成。具体到铅酸蓄电池，正极活性物质是 PbO_2，负极活性物质是海绵状铅，电解液是稀硫酸溶液。在蓄电池中进行以下主反应。

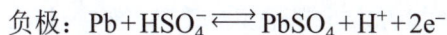

正极：$PbO_2 + 3H^+ + HSO_4^- + 2e^- \rightleftharpoons PbSO_4 + 2H_2O$

负极：$Pb + HSO_4^- \rightleftharpoons PbSO_4 + H^+ + 2e^-$

总反应：$Pb + PbO_2 + 2H_2SO_4 \rightleftharpoons 2PbSO_4 + 2H_2O$

主反应的电化学机理。

（1）在正极的主反应过程中，正极活性物质 PbO_2 是以 Pb^{4+} 和 Pb^{2+} 相互转化，进行氧化还原反应。在放电的过程中，PbO_2 接受来自外电路的两个电子后，四价铅离子（Pb^{4+}）被还原为二价铅离子（Pb^{2+}），Pb^{2+} 在溶液中遇到 HSO_4^- 离子，生成 $PbSO_4$ 沉积在正极表面。与之相反，在充电过程中 Pb^{2+} 将电子传递给外电路，二价铅离子（Pb^{2+}）被氧化为四价铅离子（Pb^{4+}），同时四价铅离子又与电解液中的水发生反应，进而又重

新生产了 PbO_2。

（2）在负极的主反应过程中，负极活性物质海绵状铅是以 Pb 和 Pb^{2+} 相互转化，进行氧化还原反应的。在放电过程中，负极金属铅将两个电子传递给外电路，金属铅被氧化为 Pb^{2+} 离子，Pb^{2+} 离子溶解于电解液后，与电解液中的 HSO_4^- 反应生成 $PbSO_4$ 沉积到负极表面。与之相反，在充电过程中 $PbSO_4$ 在负极表面溶解为 Pb^{2+} 离子，Pb^{2+} 离子接受外电路传递来的两个电子后，还原为金属铅沉积到负极表面。

铅酸电池在充电后期和过充电时，会发生电解水的副反应，在正极上产生氧气（O_2），在负极上产生氢气（H_2）。

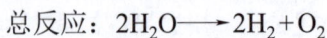

正极：$2H_2O \longrightarrow O_2 + 4H^+ + 4e^-$

负极：$2H^+ + 2e^- \longrightarrow H_2$

总反应：$2H_2O \longrightarrow 2H_2 + O_2$

三、阀控式铅酸蓄电池简介

（一）阀控式铅酸蓄电池的工作原理

阀控式铅酸蓄电池的工作原理，和传统的铅酸蓄电池相似，要进行铅酸蓄电池电化学反应中的主反应和副反应。在副反应中，阀控式铅酸蓄电池在充电期间要伴随着电解液中水的分解，通常正极板充电到70%时就会有氧气（O_2）析出；阀控式蓄电池在设计中要抑制氢气（H_2）的析出，在负极板充电到90%时才会析出氢气，同时通过氧循环复合反应，将正极析出的氧气通过隔板中的通道传送至负极板表面，在负极板还原为水（H_2O），并将负极板充电后形成的海绵状铅（Pb）重新转化为充电前的 $PbSO_4$。氧循环复合反应在充电后期和过充电时不断循环往复，其循环流程如图 1-42 所示，其化学反应如下。

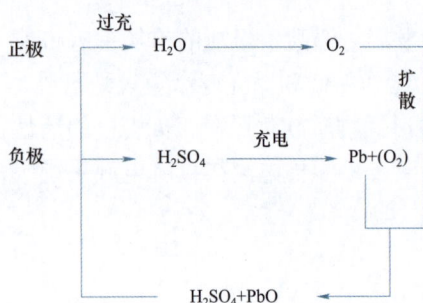

图 1-42　氧循环复合反应循环流程

正极：$2H_2O \longrightarrow O_2 + 4H^+ + 4e^-$

负极：$2Pb + O_2 + 2H_2SO_4 \longrightarrow 2PbSO_4 + 2H_2O$

氧循环复合反应可以将阀控式铅酸蓄电池的气体析出控制到非常低的水平，可以使用控制气体单向溢出的安全阀来控制内部产生气体的释放，在正常状态下安全阀关闭，当蓄电池内部压力达到开阀值时安全阀会被打开，气体逸出，避免内部压力过大导致蓄电池壳体鼓胀，这也是"阀控"一词的来源。

（二）阀控式铅酸蓄电池的结构

1. 概述

阀控式铅酸蓄电池的主要部件包括正极板、负极板、隔板、电解液、电池槽、电池盖、汇流排、接线端子、安全阀等，阀控式铅酸蓄电池 2V 系列剖面结构如图 1-43 所示，12V 系列剖面结构如图 1-44 所示。在电池槽内，正极板与负极板之间间隔有隔板，正、负极板相叠后通过汇流排焊接成极群组，极群组的边板为负极板；电池盖上留有三个安装孔，两个边孔穿出端子，中间孔安置安全阀，端子通过极柱从汇流排上引出；电池槽、盖之间黏合后，用封口剂密封胶封堵极柱和电池盖安装孔之间的空隙后，装配成蓄电池成品。

2. 极板

阀控式铅酸蓄电池的极板由板栅和在板栅上涂填的铅膏组成。板栅是支撑极板上活性物质铅膏的骨架，也是活性物质发生电化学反应时，电子流入或流出的集流体。正、负极板的板栅是由不同的铅基合金浇铸而成；正极板的活性物质主要是PbO_2，负极板的活性物质主要是海绵状铅，正、负极板的活性物质中还要分别添加一定量的添加剂。

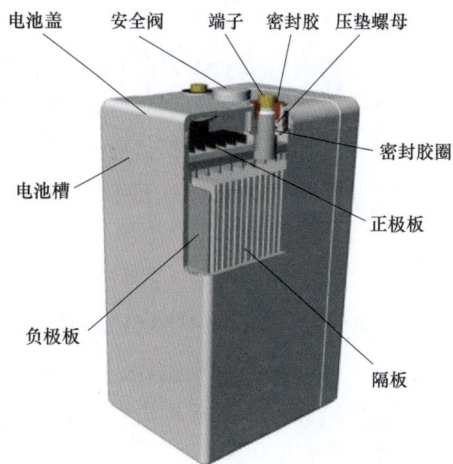

图 1-43　阀控式铅酸蓄电池
2V 系列剖面结构

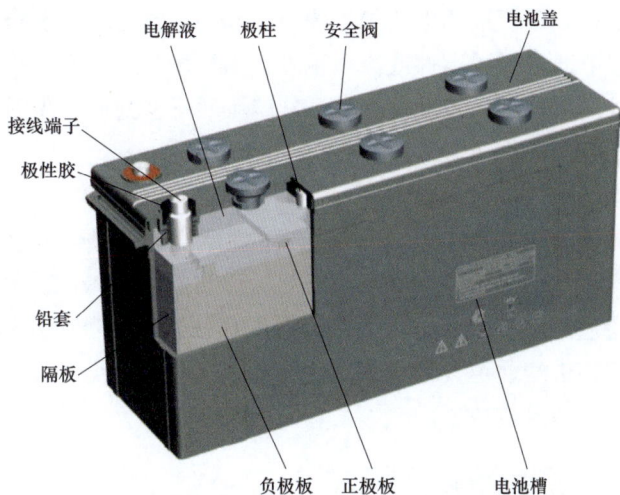

图 1-44　阀控式铅酸蓄电池 12V 系列剖面结构

3. 隔板

为了减少蓄电池的内阻和体积，并有助于固定板栅上的活性物质，蓄电池槽内的正极板、隔板和负极板之间应尽量压紧。为了防止正、负极板之间接触短路，极板之间的隔板采用包正极板、不包负极板的方式；同时隔板还要有助于电解液渗透，电解液中的离子自由迁移，并为正极板上的氧气在负极板上化合的氧循环复合反应提供氧气转移通道。其中，玻纤（AGM）蓄电池的隔板采用超细玻璃纤维隔板；胶体（Gels）蓄电池的隔板采用 PVC、酚醛树脂等高分子材料的微孔隔板。

4. 电解液

电池槽内的电解液是稀硫酸。玻纤蓄电池内的电解液吸附在超细玻璃纤维隔板内；胶体蓄电池内的电解液包裹在二氧化硅形成的不流动凝胶结构中。玻纤蓄电池内超细玻璃纤维隔板和胶体蓄电池内微孔隔板、二氧化硅凝胶结构中的孔隙便于电解液渗透、离子和氧循环复合反应中的氧气迁移。

5. 电池槽和电池盖

电池槽和电池盖组成的蓄电池壳体用来盛放极群组和电解液，阀控式铅酸蓄电池的槽、盖通常由 ABS 树脂材料构成，并加入阻燃性添加剂。电池槽底部有沉淀鞍，用于支撑极板下部的板脚，当蓄电池寿命中后期正极板活性物质脱落时，可沉到电池槽底部，防止沉淀物造成正、负极板之间短路；电池盖距离极板上边框保留有足够空间，可防止充电时电解液外溢。

6. 汇流排和接线端子

在蓄电池单体的电池槽内，正极、负极汇流排是将正、负极板分别进行并联的导电部件；在 12V 系列蓄电池的电池槽内，汇流排是将各蓄电池单体相互串联，提升输出电压的导电部件；在大容量 2V 系列蓄电池的电池槽内，汇流排是将各蓄电池单体相互并联，提升输出容量的导电部件。各极板的电流经汇流排汇集后，通过正、负极柱导出，由接线端子对外输出。接线端子通常采用铜件或嵌入铜件，用于增加导电性和机械强度。在接线端子和电池盖的结合处，压装密封胶圈后，填注红、黑端子密封胶，阻断蓄电池内部与外部的气、液交互，避免蓄电池壳体漏酸。

7. 安全阀

电池盖上的单向安全阀保持蓄电池内部一定内压，提高氧循环复合反应的密封反应效率；当蓄电池内压升高到一定值时，安全阀开启，释放内部气体，避免蓄电池鼓胀；当蓄电池内压降低到一定值时，安全阀关闭，避免内部水分流失，阻止外部空气进入蓄电池。安全阀从内至外通常为进气通道、帽状阀、滤酸片、气体逸出孔，其中滤酸片用于将排出气体与酸雾分离，减少酸雾排放。

四、阀控式铅酸蓄电池的失效模式

铅酸蓄电池的失效是指由于各种因素导致的铅酸蓄电池寿命缩短，阀控式铅酸蓄电池的失效模式主要包括正极板的板栅腐蚀、正极板的活性物质软化脱落、负极板的活性物质不可逆硫酸盐化、负极汇流排腐蚀、内部微短路、失水、热失控和漏液。这些失效模式通常相互影响、共生共存，一同导致了铅酸蓄电池的性能衰退。

（一）正极板的板栅腐蚀

正极板的板栅在蓄电池使用过程中的氧化腐蚀是难以避免的，正极板的板栅厚度通常取决于铅酸蓄电池的设计寿命和不同使用条件下的板栅预期腐蚀速度。当铅酸蓄电池处于过充电状态下，正极板处于较高的氧化电位，除了正极板活性物质中的硫酸铅（$PbSO_4$）变成二氧化铅（PbO_2），正极板的板栅合金也会被氧化成二氧化铅。铅酸蓄电池的板栅是活性物质支撑体，也是极板电流的集流体，板栅的腐蚀直接导致板栅筋格断裂，板栅中产生裂纹、孔洞，造成极板活性物质脱落，蓄电池内阻增大。正极板的板栅腐蚀速度会随着阳极极化程度，即充电电压的升高而升高，为了延长蓄电池的使用寿命，应避免对铅酸蓄电池过度充电。

（二）正极板的活性物质软化脱落

正极板的活性物质之间、活性物质与板栅之间丧失结合力，造成活性物质从板栅上脱落，是铅酸蓄电池的一种主要失效模式。在放电过程中，二氧化铅（PbO_2）被还原成硫酸铅（$PbSO_4$），硫酸铅具有与二氧化铅完全不同的微观形貌和晶体结构，硫酸铅的摩尔体积也高于二氧化铅的摩尔体积；在充电过程中，二氧化铅又会沉积在具有不同形貌和结构的硫酸铅上，导致正极板的微观形貌发生改变。随着运行时间的增长，在微观层面，正极板上二氧化铅颗粒之间、二氧化铅颗粒与板栅之间的连接部位变得越来越细，最终导致二氧化铅颗粒的结合力丧失；从外部观察，正极板的活性物质就会变得越来越软，最终软化脱落。

（三）负极板的活性物质不可逆硫酸盐化

铅酸蓄电池在循环时，负极板的海绵状铅（Pb）与电解液反应生成 $PbSO_4$，充电时 $PbSO_4$ 又还原成海绵状铅，但部分 $PbSO_4$ 在充电时可能无法完全恢复为海绵状铅，导致不可逆的 $PbSO_4$ 晶体生成，这些晶体覆盖在负极板表面，堵塞电化学反应通道，在充放电时阻碍负极板与电解液之间的物质、能量交换，导致蓄电池容量下降，负极板失效。当蓄电池处于深度放电时，负极板上的 $PbSO_4$ 很容易重结晶；当蓄电池长期欠充时，也很容易发生硫酸盐化。铅酸蓄电池应当经常地、适时地充电，使负极板上的活性物质及时恢复活性，转变为海绵状铅，避免极板硫酸盐化。

（四）负极汇流排腐蚀

负极汇流排腐蚀是阀控式铅酸蓄电池特有的失效模式，由于毛细现象和表面张力的作用，隔板中的电解液在汇流排表面形成液膜，氧循环复合反应生成的氧气（O_2）、液膜中 SO_4^{2-} 离子、H^+ 离子和汇流排表层的 Pb 发生反应，生成粉末状的 $PbSO_4$ 腐蚀层。随着运行时间的增长，负极汇流排上腐蚀层的厚度和深度不断增长，导致汇流排机械强度降低，严重时造成汇流排断裂、蓄电池开路，成为铅酸蓄电池最严重的失效模式。负极汇流排腐蚀主要发生在过充条件下，氧循环复合反应生成的氧气造成汇流排表面极化，汇流排的铅基合金失去阴极保护，引发腐蚀。

（五）内部微短路

铅酸蓄电池的内部微短路分为两种。第一种是穿透微短路，在放电时 $PbSO_4$ 倾向于沿着晶胞生长面成长，逐渐填满隔板的孔隙并成为针状颗粒；在充电时这些 $PbSO_4$ 颗粒将转化为树枝状金属铅，穿透隔板后造成微短路。另一种是沉积微短路，正极板的活性物质老化脱落后，脱落的 PbO_2 颗粒会悬浮在电解液中，随着电解液的对流，逐渐沉积在隔板的边缘或电池槽的底部；在充电时 PbO_2 沉积物会还原为金属铅，成为金属性沉积物，造成内部微短路。微短路导致蓄电池内部自放电增大、浮充电流增加，微短路区域长期处于欠充状态，造成极板局部硫酸盐化。

（六）失水

失水也是阀控式铅酸蓄电池特有的失效模式，氧循环复合反应虽然可以将电解水析出的氧气（O_2）在负极板还原为水，但负极板上析出的氢气（H_2）却不能有效氧化，只能作为气体从安全阀中排出散失；除了电解水以氢气形式溢出，正极板的板栅腐蚀同样也会消耗水分。阀控式铅酸蓄电池是贫液式蓄电池，电解液完全吸附于隔板内，水的损耗会导致蓄电池内电解液中硫酸浓度上升，进一步引发其他失效模式，造成蓄电池容量损失。

（七）热失控

阀控式铅酸蓄电池比传统的富液式蓄电池更容易发生热失控。富液式蓄电池在过充时可以电解水，在电解液中产生大量气泡，随着气体的排出将热量带走；阀控式蓄电池在过充时的氧循环复合反应却产生大量的热，使电解液温度升高，蓄电池内阻下降，内阻的降低又进一步加大了充电电流，加剧了蓄电池的温度升高；温度升高后，又会继续加大充电电流，形成恶性循环，导致蓄电池内部热量失控，蓄电池壳体受热变形、开裂鼓胀，最终造成蓄电池失效。

（八）漏液

铅酸蓄电池的漏液主要发生在接线端子与电池盖之间的端子密封胶封口处，金属端子的线性膨胀系数与密封胶的线性膨胀系数存在差异，热胀冷缩时相互不同步，二者之间容易产生微小缝隙；蓄电池长期处于浮充状态，电解液沿着极柱向上爬，冲破端子处的密封层后形成漏液。在漏液初期并不影响蓄电池的容量，但会腐蚀电池架、蓄电池间连接线，甚至造成蓄电池组接地；长期漏液将会导致电解液大量损失，影响蓄电池的使用寿命。

五、标准中对失效模式的耐受试验

阀控式铅酸蓄电池的产品标准主要有 GB/T 19638—2014《固定型阀控式铅酸蓄电池》和 DL/T 637—2019《电力用固定型阀控式铅酸蓄电池》，GB/T 19638—2014 修改采用 IEC 60896—22，分为 2 个部分《第 1 部分：技术条件》和《第 2 部分：产品品种和规格》，产品标准规定了铅酸蓄电池的技术要求和试验方法，涉及铅酸蓄电池失效模式的内容是产品标准中的重点。

（一）型式试验

型式试验用于投产前的产品定型性能验证和批量生产后的产品定期性能验证，包括考核全部技术要求的全套试验项目，通常耗时较长，试验设备要求较高，要在专业的实验室内进行。在 DL/T 637—2019 中型式试验分为内部结构检查、安全性验证、使用性验证、一致性验证和耐久性验证五类。

在 DL/T 637—2019 中涉及失效模式耐受能力验证的试验项目包括。

（1）验证正极板的板栅腐蚀、正极板的活性物质软化脱落、失水和热失控的试验项目为 60℃浮充耐久性试验。

（2）验证负极板的活性物质不可逆硫酸盐化的试验项目为过放电敏感性试验。

（3）验证负极汇流排腐蚀的试验项目为60℃浮充耐久性试验和耐大电流能力试验。

（4）验证内部微短路的试验项目为60℃浮充耐久性试验和荷电保持性能试验。

（5）验证漏液的试验项目为耐寒耐热能力试验和耐接地短路能力试验。

在电力行业中铅酸蓄电池成组使用，蓄电池组中蓄电池单体之间的性能差异都将转变为对落后蓄电池单体的过充或过放，引发落后蓄电池单体的失效模式，造成蓄电池组中的"短板"，引发整组蓄电池的性能降低。在DL/T 637—2019中涉及一致性验证的试验项目包括。

（1）重量一致性。

（2）安全阀开阀压力和闭阀压力一致性。

（3）端电压一致性。

（4）内阻一致性。

铅酸蓄电池的失效直接导致蓄电池寿命缩短，在DL/T 637—2019中除了考核蓄电池各种失效模式的耐受能力验证试验，还有考核蓄电池使用寿命的各种运行工况的耐久性验证试验。在DL/T 637—2019中涉及耐久性验证的试验项目除了已经提到的60℃浮充耐久性试验和过放电敏感性试验，还有放电和冲击放电特性曲线试验。

（二）试验方法及技术要求

1. 60℃浮充耐久性试验

60℃浮充耐久性试验以温度作为加速因子，考核蓄电池在浮充电状态下对正极板的板栅腐蚀、正极板的活性物质软化脱落的耐受能力，对氧循环复合反应造成的失水和热失控的耐受能力，并可验证蓄电池的预期使用寿命。

将3只蓄电池放入60℃恒温箱中进行连续浮充充电，浮充电30d后取出，在常温下进行3h率容量性能试验；在60℃环境下浮充电时，不进行温度补偿，不加水或加酸；若3h率容量不低于$0.8C_3$，进行下一次"30d 60℃浮充电+常温3h率容量性能"试验循环；若3h率容量低于$0.8C_3$，再进行一次常温3h率容量性能试验，如试验结果仍低于$0.8C_3$，试验结束，如试验结果不低于$0.8C_3$，进行下一次"浮充电+容量性能"试验循环。

累计全部60℃环境下浮充电时间，预计使用5年的蓄电池，累计浮充电天数不应低于180d；预计使用8年的蓄电池，累计浮充电天数不应低于300d；预计使用10年的蓄电池，累计浮充电天数不应低于360d。

2. 过放电敏感性试验

过放电敏感性试验考核蓄电池在完全放电后对负极板的活性物质不可逆硫酸盐化的耐受能力，验证实际应用时，在电力设施的基建阶段造成蓄电池过放电后，蓄电池的容量恢复能力。

将1只蓄电池的输出端与电阻连接，电阻的阻值使蓄电池的初始放电电流达到$1.0I_{10}$，并保持30d；30d后完全充电，并考核蓄电池的10h率容量性能。过放电后，蓄电池的10h率容量不应低于$1.0C_{10}$。

3. 耐大电流能力试验

耐大电流能力试验考核蓄电池内汇流排的电气和机械强度。对1只蓄电池以$30I_{10}$的电流持续放电 3min，放电后蓄电池的开路电压不应低于标称电压，端子、极柱及汇流排不应熔化或熔断，电池槽、盖不应熔化或变形。

若考核蓄电池对负极汇流排腐蚀的耐受能力，验证实际应用后蓄电池汇流排断裂，导致蓄电池开路的风险，须在 60℃浮充耐久性试验后进行；但 DL/T 637—2019 并不要求这种组合试验，"60℃浮充耐久性＋耐大电流能力"试验的严格程度超出 DL/T 637—2019 的质量管控水平。

4. 荷电保持性能试验

荷电保持性能试验考核蓄电池的自放电水平。将 1 只蓄电池开路静置 180d，静置前、后 3h 率容量的比值不应低于 73%。

若考核蓄电池发生内部微短路的可能性，须在 60℃浮充耐久性试验，蓄电池正极板的活性物质软化脱落之后进行；但 DL/T 637—2019 并不要求这种组合试验，"60℃浮充耐久性＋荷电保持性能"试验的严格程度超出 DL/T 637—2019 的质量管控水平。

5. 耐寒耐热能力试验

耐寒耐热能力试验考核蓄电池封合处对热胀冷缩的耐受能力，在电池槽与电池盖之间、接线端子与电池盖之间造成微小缝隙的可能性。对 3 只蓄电池以刚性连接条连接后，分别在 −30℃ 和 65℃ 的恒温箱中各静置 6h，恢复常温后电池槽、盖之间无分离迹象，电池槽、盖封合处和接线端子与电池盖封合处无裂纹、渗漏及溢流。

若考核蓄电池实际应用后的漏液风险，须与耐接地短路能力试验配合进行；但 DL/T 637—2019 并不要求这种组合试验，"耐寒耐热能力＋耐接地短路能力"试验的严格程度超出 DL/T 637—2019 的质量管控水平。

6. 耐接地短路能力试验

耐接地短路能力试验考核在浮充条件，电解液冲破蓄电池处封合处，形成漏液的可能性。在 1 只蓄电池外壳上缠绕金属铅带或导电铝箔胶带，使电池槽、盖封合处和接线端子与电池盖封合处尽可能与金属铅带或导电铝箔胶带直接接触；在蓄电池接线端子之间施加浮充电压，在接线端子与金属铅带或导电铝箔胶带之间施加直流电源系统对地电压；试验过程中对地短路电流不应大于 12mA，试验后蓄电池不应有漏液腐蚀、烧灼迹象，不应有电池槽、盖的碳化区域。

若考核蓄电池实际应用后的漏液风险，须在耐寒耐热能力试验，蓄电池封合处造成潜在伤害之后进行；但 DL/T 637—2019 并不要求这种组合试验，"耐寒耐热能力＋耐接地短路能力"试验的严格程度超出 DL/T 637—2019 的质量管控水平。

7. 一致性试验

一致性试验考核整组蓄电池中各蓄电池单体物理量和电气量的一致性，分为重量一致性、安全阀开阀压力一致性、安全阀闭阀压力一致性、开路端电压一致性、浮充端电压一致性、放电端电压一致性、内阻一致性。

用台秤称量每只蓄电池的重量，单只蓄电池的重量不应超出同组蓄电池重量平均值的±5%；用气泵向每只蓄电池的壳体内加压，通过压力控制阀调节蓄电池的内部压力，记录加压时蓄电池的开阀压力和减压时蓄电池的闭阀压力，开阀压力最高值与最低值的差值不应大于 10kPa，闭阀压力最高值与最低值的差值不应大于 10kPa；完全充电并静置后，测量每只蓄电池的开路端电压，2V 系列蓄电池端电压最高值与最低值的差值不应超过 30mV，12V 系列蓄电池端电压最高值与最低值的差值不应超过 60mV；浮充运行 3 个月后，测量每只蓄电池的浮充端电压，2V 系列蓄电池端电压最高值与最低值的差值不应超过 100mV，12V 系列蓄电池端电压最高值与最低值的差值不应超过 400mV；在 10h 率容量性能试验的放电末期，测量每只蓄电池的放电端电压，2V 系列蓄电池端电压最高值与最低值的差值不应超过 150mV，12V 系列蓄电池端电压最高值与最低值的差值不应超过 450mV；对整组蓄电池以 $4.0I_{10}$ 的电流放电 20s，记录每只蓄电池的放电端电压，间隔 5min 后，以 $20I_{10}$ 的电流放电 5s，再次记录每只蓄电池的放电端电压，两点测定法计算每只蓄电池的内阻，在同组蓄电池中单只蓄电池的内阻不应超出同组内阻平均值的 $\pm10\%$。

8. 放电和冲击放电特性曲线试验

放电和冲击放电特性曲线试验用于考核蓄电池组对电力行业实际运行工况的耐受能力，在电力设施内交流系统失电时，蓄电池组的负荷需要在经常负荷的基础上叠加事故负荷和冲击负荷，不同负荷的事故放电持续时间也不尽相同，需要通过不同倍率的持续放电和不同幅值的冲击放电相互叠加进行验证。

在蓄电池组以 1.0、1.7、2.5I_{10} 和 5.5I_{10} 持续放电的同时，叠加 50～450A 的冲击放电电流，在持续放电和冲击放电结束后，考核 10h 率容量性能，蓄电池组的 10h 率容量不应低于 $1.0C_{10}$。

六、可靠性提升方案及到货验收试验

铅酸蓄电池的可靠性提升涉及到货质量的提升，涉及投运后使用寿命的提升，涉及各种失效模式耐受能力试验的验证和各种运行工况耐久性试验的考核。然而，型式试验的试验方法耗时长、需要专用设备，不能满足现场到货验收的需要。

（一）可靠性提升方案

根据国家电网有限公司的实际情况，提升蓄电池可靠性，加强质量管控的工作重点放在到货验收环节，包括"无损性全检"和"破坏性抽检"两部分试验。

"无损性全检"试验以蓄电池组为单位，对蓄电池组内的全部蓄电池进行测试，包括以下试验项目。

（1）重量、开路端电压、浮充端电压和内阻一致性试验。

（2）浮充电流测量试验。

（3）10h 率容量性能试验。

"无损性全检"试验可结合蓄电池组投运前的安装调试进行。

"破坏性抽检"试验以蓄电池组为抽样基数，在蓄电池组内抽取一只蓄电池进行测试，按顺序进行以下试验项目。

（1）耐寒耐热能力试验。

（2）过放电敏感性试验。

（3）耐过充电能力试验。

（4）60℃浮充耐久性试验。

（5）耐大电流能力试验。

（6）耐接地短路能力试验。

（7）重量、开路端电压、内阻、浮充电流和10h率容量性能。

"无损性全检"试验需在实验室进行，但与型式试验相比，缩短了试验时间，试验设备也简化为常用的运维检修设备。

（二）到货验收试验方法

1. "无损性全检"试验

"无损性全检"试验中的一致性试验细分后，共由6项试验组成，试验顺序可依据蓄电池的到货安装流程。重量一致性试验在蓄电池组安装前首先进行，对每一只蓄电池用台秤测量后，进行一致性评估；开路端电压、浮充端电压和内阻一致性试验在蓄电池组安装后依次进行，可采用直流电源设备中的蓄电池电压巡检仪和内阻测试仪，测量后进行一致性评估；浮充电流测量可用直流电源设备中的浮充电流表计的进行测量；10h率容量性能试验可用直流电源设备配备的蓄电池组核对性放电设备进行试验。

蓄电池组浮充运行48h后进行每只蓄电池的浮充端电压、内阻和整组蓄电池的浮充电流测量；2V系列蓄电池端电压最高值与最低值的差值不应大于150mV，12V系列蓄电池端电压最高值与最低值的差值不应大于440mV，单只蓄电池的内阻不应超过同组蓄电池内阻平均值的±10%，浮充电流不应大于$0.001C_{10}$。

2. "破坏性抽检"试验

"破坏性抽检"试验为采用固定试验顺序的组合试验。"破坏性抽检"试验内共包含7项试验，其中（1）～（4）项为失效模式加速试验，第（5）和（6）项为失效验证试验，第（7）项为失效模式加速试验后的对比试验。由于"破坏性抽检"试验需要用"无损性全检"试验的测试数据作为失效模式加速试验前的对比数据，"破坏性抽检"试验需要在"无损性全检"试验之后进行。"破坏性抽检"试验中失效模式加速试验约耗时4.5d，失效验证试验约耗时0.25d，对比试验约耗时2.25d，共耗时1周左右。

（1）失效模式加速试验。失效模式加速试验需按顺序进行，依次为耐寒耐热能力试验、过放电敏感性试验、耐过充电能力试验和60℃浮充耐久性试验。四项试验的先后顺序参考了电力设施从基建到投运的过程中，铅酸蓄电池可能面临最为严重的运行工况。在基建阶段蓄电池组安装后，土建工程可能并未收尾，蓄电池组要经历比投运后更严酷的温度变化，经受低温和高温的考验；基建阶段的交流电源往往不能保证，但要使用直流电源调试二次设备，经常导致蓄电池组过放电；基建阶段的电建施工人员安装完直流电源设备后，未进行正确的参数设置就将蓄电池组充电运行，直流电源设备的出厂调试电压一般要高于蓄电池组的充电电压；另一方面，施工现场人员发现蓄电池组过放电后，为避免合同纠纷，并不征求蓄电池制造厂商的意见，直接操纵直流电源设备对蓄电池组进行过充电；电力设施投运后，蓄电池组将进行长期的浮充电运行。

为了缩短"破坏性抽检"试验的持续时间，同时又不引入新的失效模式，通过引入温度和充电电流两项加速因子，以及试验顺序的安排，增大了蓄电池所承受的应力，并使 4 项试验产生的应力相互叠加。在失效模式加速试验中，耐寒耐热能力试验可以使蓄电池的封合处产生微小缝隙，过放电敏感性试验可以使蓄电池的负极板活性物质不可逆硫酸盐化，增大了蓄电池的内阻和热失控敏感性；在随后的耐过充电能力试验中，封合处的微小缝隙导致蓄电池失水，负极板活性物质硫酸盐化、内阻增大后，提高了蓄电池的充电温度，加快了正极板的板栅腐蚀，并增大了内部微短路的可能性；在最后的 60℃浮充耐久性试验中，由于增大了蓄电池对各种失效模式的敏感性，将能大幅缩短 60℃浮充耐久性试验的浮充电持续时间。

由于耐寒耐热能力试验的试品仅有一只蓄电池，为了考核蓄电池接线端子的焊接工艺，需将蓄电池以刚性连接条连接，连接条不连接蓄电池的两端予以固定；在过放电敏感性试验中，将蓄电池与初始放电电流为 $2.5I_{10}$ 的电阻相连后，放入 60℃恒温箱中静置 24h；然后在常温条件下进行耐过充电能力试验，蓄电池以每单体 2.35V 限压、$2.5I_{10}$ 限流充满电后，以 $0.3I_{10}$ 的电流不限压持续充电 24h；最后进行 60℃浮充耐久性试验，在 60℃恒温箱中连续浮充电 36h；浮充电后蓄电池从恒温箱中取出，转入失效验证试验。

（2）失效验证试验。由于电力行业冲击负荷的持续时间不超过 1min，在耐大电流能力试验中，采用 $30I_{10}$ 的电流对蓄电池持续放电 1min；在耐接地短路能力试验中，在蓄电池接线端子与金属铅带或导电铝箔胶带之间，施加 250V 交流工频电压 1min，泄漏电流不应大于 12mA。

注意：不能在蓄电池正、负接线端子之间施加工频电压。

（3）对比试验。对比试验包括重量、开路端电压、内阻、浮充电流和 10h 率容量性能试验。在失效验证试验后，对蓄电池进行 24h 浮充充电，测量内阻和浮充电流，然后开路静置 6h，测量重量和开路端电压，最后进行 10h 率容量性能试验。通过对失效模式加速试验前、后试验数据的对比，可以分析各种失效模式对蓄电池的损害程度。蓄电池失水、漏液后，重量减轻；失水后，电解液中硫酸比重提高，蓄电池开路端电压增高；蓄电池正极板的板栅腐蚀、负极板活性物质不可逆硫酸盐化、负极汇流排腐蚀后，内阻增大；蓄电池正极板的板栅腐蚀、出现内部微短路后，浮充电流增加；蓄电池正极板的板栅腐蚀、正极板的活性物质软化脱落后，10h 率容量降低。由于"破坏性抽检"试验的试品仅有一只蓄电池，蓄电池的浮充端电压就是浮充充电电压，取消了"无损性全检"试验中的浮充端电压测量。

第六节　新技术原理与应用

站用交直流系统新技术
原理与应用

一、并联型直流电源系统技术

（一）并联型直流电源系统原理

传统直流电源系统蓄电池组采用串联形式，由多节单体蓄电池串联获得直流额定电压。存在的主要问题有：① 单体劣化或开路影响整组输出；② 蓄电池电参数严格保持一致，新旧电池不能混合使用；③ 蓄电池组核容需要人工操作，工作量大，操作有风险。

并联型直流电源系统针对蓄电池串联形式的弊端，创新蓄电池连接方式，基本思路是：通过单只 12V 或 24V 电池直接升压得到系统端电压，单只 12V 电池与其充放电管理回路形成备用电源支路，通过增加备用电源支路并联的数量来满足系统容量要求，带负荷时间取决于蓄电池放电电流及在容量支持下的放电时间。具体实现方式为依据直流电源充放电方式，结合电力电子装置，构成单个并联电源组件（见图 1-45）；将多个电源组件并联于直流系统中，辅以通信设备，构成并联直流电源系统（见图 1-46）。

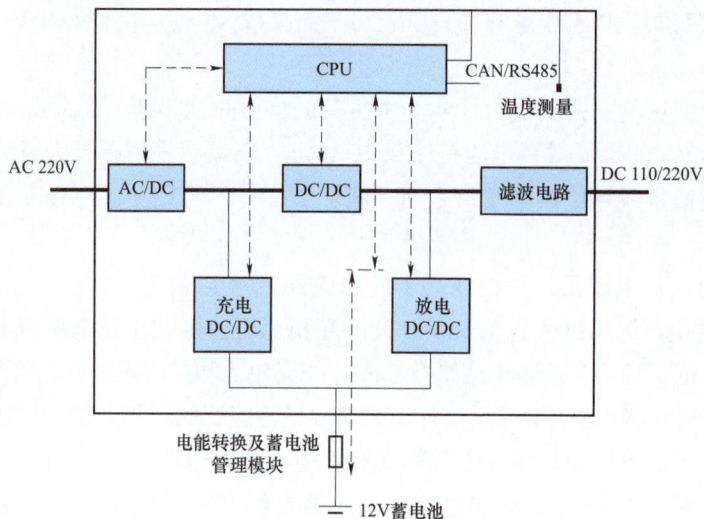

图 1-45　并联电源组件

实际运行中，当交流电源正常运行时，交流电源通过 AC/DC 转换为直流电源带正常负荷；当交流电源失电时，各支路蓄电池不间断地通过放电回路带负荷，同时各支路按照均流机制，实现输出电流平均分配。蓄电池在各种情况均需要充电电路和放电电路，所以并联型直流电源系统并联电池组件将 AC/DC 整流电路、蓄电池、DC/DC 变换电路、蓄电池充放电管理电路集成设计。

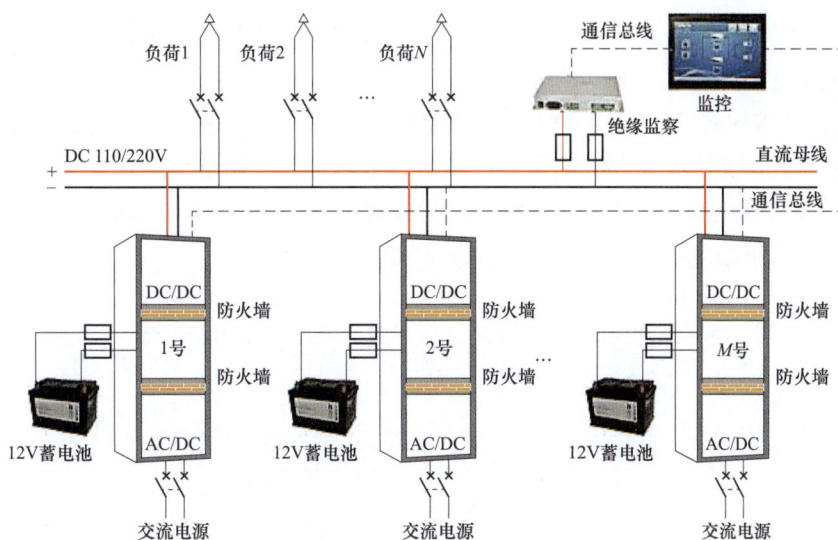

图 1-46 并联直流电源系统

（二）并联型直流电源系统配置与组成

并联型直流电源系统组成如图 1-47 所示，主要由交流输入及切换单元、并联型电源变换模块、蓄电池、直流馈线开关、绝缘监测系统、直流监控系统组成。

并联智能电源系统相比串联型的变化：

（1）充电模块功能由"并联电池变换模块"承担；

（2）串联型蓄电池组被多个并联冗余配置的"并联电池组件"取代；

（3）蓄电池组巡检装置功能由"并联电池变换模块"承担；

（4）无需配置蓄电池组核容假负载。

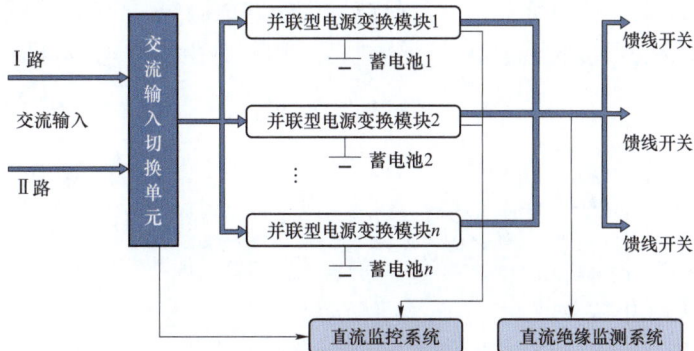

图 1-47 并联直流电源系统组成

（三）并联型直流电源系统关键技术

1. 馈线短路隔离技术

并联直流电源系统中蓄电池通过 DC/DC 电路间接并联于母线上，馈线短路时，直流系统需要提供足够的短路电流保证馈线保护能够动作跳闸。要求并联电池模块有一定的过负荷能力，并能够实现馈线短路隔离。目前主要通过并联电源变换模块过负荷输出特性、增加设计续流电路来实现。

（1）优化并联电源变换模块过负荷输出特性。优化后的输出限流特性曲线如图 1-48 所示，横坐标 I'/I_e 表示过载电流的倍数，随着倍数越大，模块达到限流保护的时间越短，同时电池输出电流也越大，并联电池模块能够在馈线故障发生时，短时间内提供过负荷电流，实现断路器可靠脱扣，达到馈线故障隔离效果。

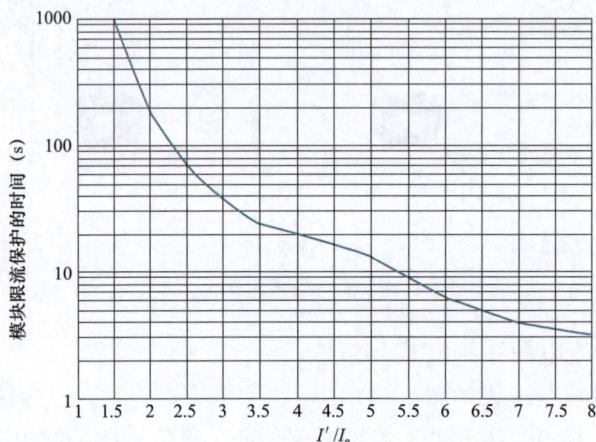

图 1-48　并联直流电源系统输出限流特性曲线

（2）基于并联型直流电源系统的串联电池组续流。如图 1-49 所示，利用并联型直流电源系统中各支路电池与交直流母线及其他支路电池完全隔离的结构，以低于直流母线电压的多支路 16 节或 8 节 12V 电池串联，通过放电二极管、保护熔断器与 DC220V/110V 直流母线连接，串联蓄电池组只具有对直流母线的放电通路，正常运行时，由具有稳压功能的并联电池模块带负荷；当系统过负荷或发生短路故障时，仍然由并联电池模块提供电流，如直流母线电压拉低至串联电池组电压，则同时由串联电池组提供续流。

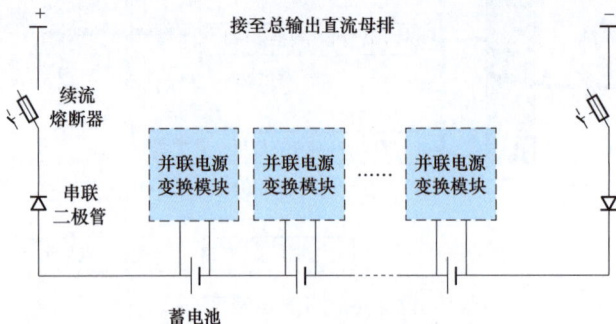

图 1-49　并联型直流电源系统串联电池组续流原理

2. 自动在线全容量核容技术

并联型智能直流电源系统在不停电情况下进行蓄电池一对一在线核容，在不影响直流系统安全的前提下有效监测蓄电池状态。在核容放电后有效进行均浮充管理，保证蓄电池安全性。直流电源系统在不停电的情况下，由直流微机监控装置远程控制将待核容模块进行全容量放电，其他模块在市电供电下正常工作。

3. 均流技术

并联电池采用数字化主从式平均电流法实现各模块分担相等的负载电流，通过数字化控制，调整各模块的输出电压，从而调整输出电流，达到电流均分目的。采用 $n+1$ 冗余，电源系统可靠性高，每个监控系统监控的模块数多，均流精度高且无振荡现象。

二、磷酸铁锂电池应用技术

（一）磷酸铁锂电池的工作原理与特点

锂离子电池近年来在国内得到了快速发展，以具有橄榄石形结构的磷酸铁锂电池因其具有较高的理论比能量、适中的电压平台、超长的循环寿命在电动汽车、储能等领域广泛应用。磷酸铁锂电池工作原理如图 1-50 所示。

正负极的集电极材料分别采用了铝箔和铜箔；中间的隔膜是采用聚合物材料，从而保障锂离子顺利通过，同时起到了阻断电子通过的作用。当给电池充电时，电池正极发生电解反应从而电解出锂离子和自由电子，锂离子通过隔膜流向负极，电子通过外电路作用流向正极。当给电池放电时，锂离子完成脱嵌过程返回正极。

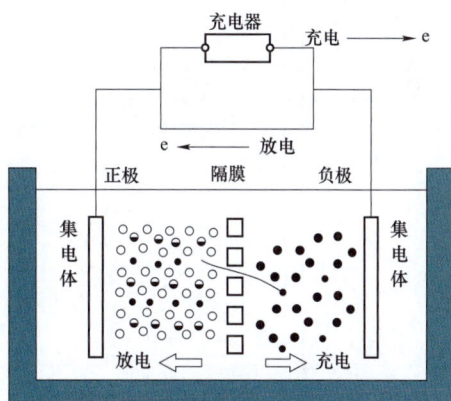

图 1-50　磷酸铁锂电池工作原理

磷酸铁锂电池主要有以下特点。

（1）能量密度高，体积小、质量轻。

（2）循环次数多，使用寿命长。

（3）工作温度范围宽，耐高温，对运行环境的要求低于阀控式铅酸蓄电池。

（4）无记忆效应，大倍率充、放电性能和效率高，运行维护方便。

（5）不含重金属，对环境和人身无污染。

（二）磷酸铁锂电池直流电源系统典型配置方案

1. 系统组成

结合磷酸铁锂的特点，近年基于磷酸铁锂电池的站用直流电源系统在电力系统进行了示范应用。站用磷酸铁锂电池及直流电源系统一般包括交流输入单元、充电装置、放电装置、直流馈电网络、磷酸铁锂蓄电池组及蓄电池管理系统（BMS），并配置电参量采集模块、开入量采集模块、充放电控制模块、开关操作模块及直流电源智能测控装置。

2. 典型接线及配置方案

变电站站用磷酸铁锂电池直流电源系统目前主要采用在线浮充方式和间歇充电方式两种典型配置方案。

（1）在线浮充方式。系统可采用一组或两组磷酸铁锂电池组并联的方式挂接于直流母线，如图 1-51 所示，蓄电池组的 BMS 与集中监控系统具备通信功能，直流电源智能测

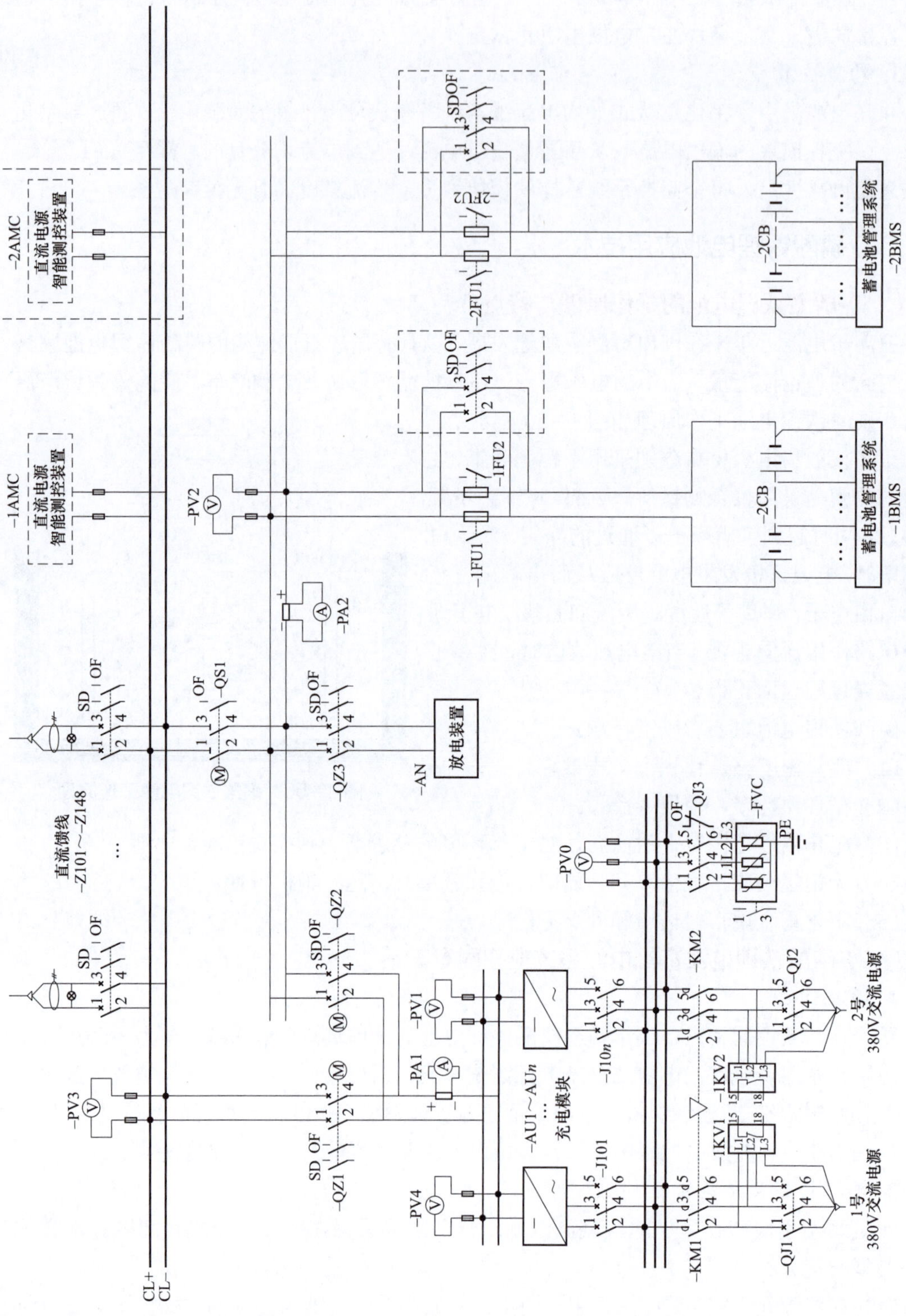

图1—51 在线浮充式磷酸铁锂电池直流电源系统

控装置应具备蓄电池组的管理功能。蓄电池组采用连续在线充电方式进行充电，充放电过程主要包括以下几个阶段。

1）恒流—限压充电阶段（T1）。此阶段中充电电流保持恒定，电压逐步升高，当单体电池最高电压或电池组端电压大于或等于规定的电压值后，结束此阶段充电。

2）恒压—限流充电阶段（T2）。此阶段中充电电压保持恒定，充电电流自动减小，最大充电电流限制在允许充电电流之内，当电池最高电压大于设置值或电池组充电电流下降到规定值后或恒压时间到规定值后，结束此阶段充电。

3）连续浮充阶段（T3）。此阶段中充电电压保持恒定，浮充电流在一定范围内，保持蓄电池组满容量状态。

4）电池组放电过程（T4）。电池组根据负荷情况提供能量。

（2）间歇充电方式。系统宜采用两组磷酸铁锂电池、BMS 系统及间歇式充电阀并联挂接于直流母线的方式，两组电池宜采用轮充同放运行方式，应避免两组蓄电池同充情况。如图 1–52 所示，每组蓄电池容量不应超过 100Ah，每组蓄电池组的 BMS 与直流电源智能测控装置具备通信功能，直流电源智能测控装置应具备蓄电池组的管理功能。当蓄电池容量大于 200Ah 时，可采用多组蓄电池并联的方式，当并联组数大于 3 时，宜采用充放电回路均可控的间歇式充电阀，保证至少 2 组电池放电回路畅通。蓄电池组采用间歇式充电方式进行充电，充放电过程主要包括以下几个阶段。

1）恒流—限压充电阶段（T1）。此阶段中充电电流保持恒定，电压逐步升高，当电池最高电压或电池组端电压大于或等于规定的电压值后，结束此阶段充电。

2）恒压—限流充电阶段（T2）。此阶段中充电电压保持恒定，充电电流自动减小，最大充电电流限制在允许充电电流之内，当电池最高电压大于设置值或充电电流下降到规定值后或恒压时间到规定值后，结束此阶段充电。

3）电池组开路静置阶段（T3）。电池组完成整个恒流—恒压充电过程后，电池组由 BMS 控制进入充电回路开路静置状态，随时监测电源系统直流输出端电压，确保放电回路连通，若交流电停电，BMS 应能控制电池组无延迟进入放电状态。

4）间歇式补充电阶段（T4）。电池组充电回路处于开路静置状态，直至容量减少到电池组充电限制电压初始容量的 95%SOC 或单只电池开路电压低于设置值（3.3V）或静置时间达到设置天数时，由 BMS 控制电池组重新进入补充电状态，补充电方式也遵循恒流—恒压充电方式。

5）电池组放电过程（T5）。电池组根据负荷情况提供能量。

（三）磷酸铁锂电池直流电源系统关键技术

1. 磷酸铁锂电池的特性数据与直流电源设计匹配性

针对不同特性的磷酸铁锂电池，需开展电池不同放电倍率的充放电特性曲线、温度特性曲线试验，完善蓄电池的内阻测试方法和数据，形成电池容量换算系数及电池短路耐受能力等完整的试验数据，为直流电源系统设备选择与设计提供数据参考。

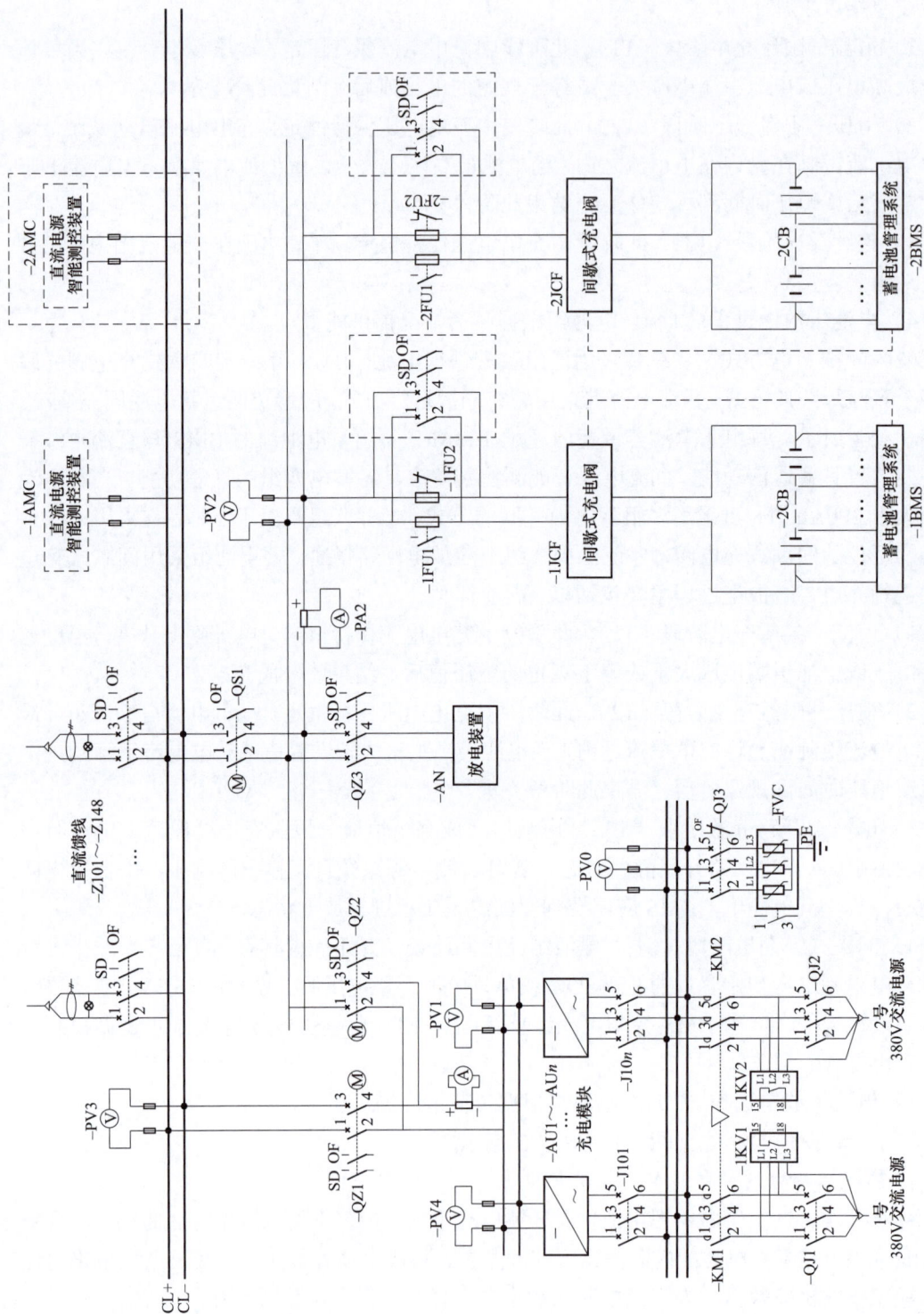

图1-52　间歇充电式磷酸铁锂电池直流电源系统

2. 磷酸铁锂电池充放电控制策略

结合直流电源供电要求和磷酸铁锂电池充放电不同阶段特性曲线，合理设置电池充放电策略，合理设置电池充放电电压、电流阈值，并通过锂电池管理系统（BMS）开展电池均衡性充电，使单体电池电压不均衡偏差在合适范围，防止电池过充电或欠充电。

3. 磷酸铁锂电池应用于直流电源的安全管控技术

锂离子电池火灾形成原因可归结为机械滥用、电滥用和热滥用，可采用的安全管控技术有以下 6 点。

（1）电池外壳采用钢壳或铝壳材料，具备防爆和散热性能，防机械变形和隔膜破裂。

（2）电池采用陶瓷隔膜和特殊阻燃电解液，提高电解液燃点，防止电池内部短路。

（3）在电解液中添加限压添加剂，使电池本体具有一定的防过充电能力。

（4）设置压力释放机构，防止电池因过充电导致外壳破裂、爆炸和自燃。

（5）电池模块外壳和保护盖采用高阻燃材料，在外部遇明火时电池不爆炸。

（6）电池模块设置防爆阀排气回路，防止电池排出气体在极柱附近聚集。

4. 磷酸铁锂电池直流电源系统保护电器配置可靠性

为满足直流系统供电可靠性要求，需要研究磷酸铁锂电池直流系统短路电流计算及容量选择方法，开展电缆截面选择和电缆耐热性校验，保护电器配置选取满足选择性、灵敏性、速动性和可靠性要求。

三、蓄电池远程放电技术

（一）蓄电池远程放电技术的原理

蓄电池组远程充放电技术是目前直流电源远程监控系统的一项重要功能。蓄电池组远程充放电技术可以远程控制直流电源系统运行充放电模式切换，进行核对性容量试验，无需人工到现场操作，提高作业效率和人力成本。但试验风险较大，需要建立完善、成熟的安全保护机制。

远程充放电技术的原理：通过对现有直流系统进行改造，在母联开关并联直流断路器，在蓄电池及充电机出口串联直流断路器，在每个母线联络开关、母线投切（母线进线）开关、充电开关、放电开关上加装电动操作机构，通过电动操作机构进行远程操作开关，远程放电时不动原有直流设备。通过远程在线监控后台控制放电装置进行放电，并对充电装置进行调压及均充、浮充转换。

（二）蓄电池远程放电的接线方式

蓄电池远程充放电系统接线原理如图 1-53 所示。

站用直流电源配置蓄电池放电装置可采用高频开关型有源逆变型放电装置或电热元件型放电装置。高频开关型有源逆变型放电装置分为三相逆变和单相模块并机逆变。

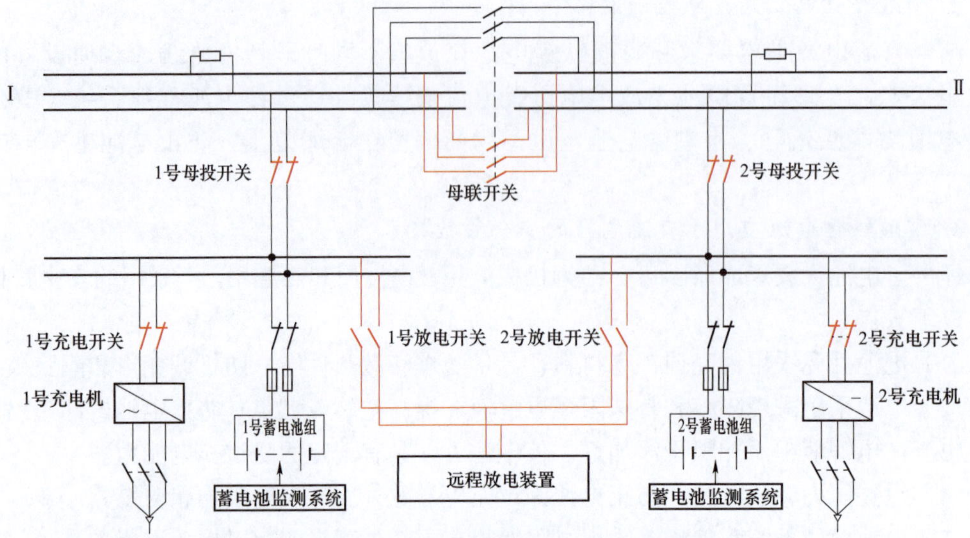

图1-53 蓄电池远程充放电接线原理

1. 电热元件型放电

采用 I_{10} 恒流放电方式，通过陶瓷电阻或其他电热元件作为放电负荷进行放电，蓄电池放电的电量通过热能的形式损耗掉，通过设定放电电流、放电启停条件、放电时间和放电容量对蓄电池进行核对性放电。

2. 有源逆变回馈式在线放电

有源逆变系统主要由 DC/DC 主电路、三相全桥逆变电路和控制拓扑电路构成，利用 SPWM 脉冲宽度调制技术实现，除此之外还有 EMI 滤波、辅助电源、输入输出检测保护、切换电路等，并通过采用主动与被动方式相结合的方式实现孤岛效应保护。

（三）蓄电池远程放电安全机制

（1）放电装置应能在与测控装置失去通信联络时，自动进行关机保护，并断开装置功率回路与直流系统的连接。

（2）放电装置应能在直流输入电压低于装置自身电路保护值时，自动进行关机保护，并断开装置功率回路与直流系统的连接。

（3）有源逆变型放电装置应能在并网交流电源电压超过装置自身设定值时，自动进行关机保护，并断开装置功率回路与直流系统的连接。

（4）有源逆变型放电装置应能在并网交流电源电压低于装置自身设定值或交流电源消失时，自动进行关机保护，并断开装置功率回路与直流系统的连接。

（5）放电装置应能在接收到外部开入停机信号时，自动进行关机保护，并断开装置功率回路与直流系统的连接。

（6）放电装置应能在模块内部过温、模块故障时，自动进行关机保护，并断开装置功率回路与直流系统的连接。

四、蓄电池在线监测与有效性评估技术

（一）直流电源系统在线监测技术

1. 直流在线监测系统组成

直流电源在线监测系统一般分为主站系统和站端设备。

主站系统包括数据服务器、高级分析终端、浏览终端，用于直流电源系统数据分析、故障统计和设备健康状态评价诊断；站端设备包括当地监控装置、电池管理单元、通信单元、恒流放电装置、开关量监测单元、充电机特性监测单元、规约转换单元及其他信息单元组成，用于直流电源设备的各种信号采集，运行方式的切换、电池组的测量和维护。

直流电源在线监测系统通信基于光纤以太网，通过 TCP/IP 方式与主站通信。直流电源在线监测系统组成如图 1-54 所示。

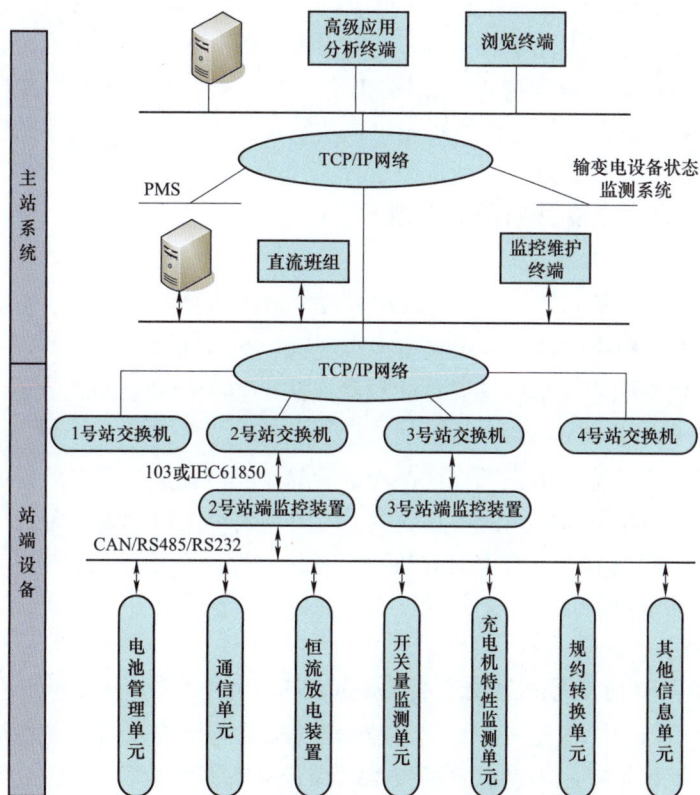

图1-54　直流电源在线监测系统组成

2. 直流在线监测系统的功能

（1）建立完善的直流设备运行状态数据集中管理平台，动态掌握电源系统运行状况，根据运行数据及时判断电源设备运行质量，满足电源系统日常维护需要。

（2）当直流系统发生异常时，及时发出智能告警，便于运行监控人员及时处理故障，

提高设备运行的安全可靠性。

（3）通过对直流系统的各种测量量、状态量、故障信息进行综合分析并运用专家诊断模型实现设备状态诊断、状态评价、缺陷预测指导运维人员对设备进行状态检修，缩短故障处理时间，减少维护工作量和工作强度，真正实现变电站无人值守，减人增效。

（4）交流进线状态监测。实时监测两路交流进线和双路切换装置输出是否正常，交流停电时立即报警。让运维人员实时掌握交流电是否正常，如果有一路交流电停电时双路切换装置是否正常切换，当交流停电时能够立即进行处理。

（5）蓄电池脱离母线运行监测。实时在线采集蓄电池的组压、浮充电流、出口熔断器及各开关的辅助触点状态，通过对采集的各状态数据统一整合分析，诊断当前系统的蓄电池是否处于正常工作状态，可实现对蓄电池脱离母线运行、蓄电池开路、开关位置错误等直流电源系统严重违反规程运行的故障的监测及告警。

（6）充电装置监测。通过对充电装置通信协议的解析，读取充电装置整定的输出特性参数，再通过采集单元对充电装置输出的电压、电流、纹波电压等模拟量进行实时的采样，在充电装置工作在均充或浮充状态下时，通过对整定值与采样值的对比分析，来实现对充电装置运行状态的实时在线监测，对充电程序进行验证，并对充电装置输出异常情况加以告警提示。通过对充电装置的通信控制充电模块智能投退，自动控制高频模块在最佳输出状态，防止部分高频模块长期空载或低载运行。

（二）直流电源系统在线监测关键技术

1. 蓄电池健康状况预测技术

在传统的基于开路电压、温度、内阻和充放电电流等参数对蓄电池容量进行简单预测估算的基础上，采用先进的蓄电池预测模型实现蓄电池健康状态的预测，主要方法有基于状态空间模型的预测法，基于模糊理论的预测方法，基于神经网络的预测方法。

2. 蓄电池内阻在线测试方法

单体电池的内阻不能直接表示电池准确的容量，但与容量及蓄电池健康状况具有一定的非线性关系，是判断电池性能的重要依据，内阻预测电池故障在一定程度上可以替代频繁放电的试验。同时电池内阻与电池的故障、老化程度、温度、充放电状态等均有关系，因此电池内阻的准确监测具有重要的意义。目前监测方法有小电流放电法、交流注入法和直流大电流放电法。

3. 基于多重判据的蓄电池组故障在线甄别技术

通过蓄电池出口保护电器压差与状态监测告警、蓄电池及母线浮充电流高精度监测与告警，蓄电池组远程带载能力动态测试技术，综合判断蓄电池脱离母线故障。

蓄电池单体异常的监测及治理方法。综合采用电压巡检、动态均衡和在线内阻测试技术，实时检测各单体电池的电压和内阻，在线诊断蓄电池单体性能和连接条的运行状态；蓄电池内阻异常、电压幅度降低甚至蓄电池开路故障后，自动接入故障蓄电池跨接模式，维持直流母线不间断供电。

4. 直流系统供电网络安全性监测与自愈技术

通过母联开关自动并列技术实现母线失压故障自动补偿，在传统直流系统监测数据的基础上,综合判断两段母线实际运行状态、压差及级绝缘状况,在直流母线失电或异常情况时通过母线失压自动补偿保证该段母线电压正常。

直流馈线网络回路交流窜入故障的监测及自愈方法。在交流窜入直流馈线支路时,实时测记和报警交流窜入直流极性、支路、幅值,根据直流馈线支路的重要性,有选择性地迫跳交流侵入故障支路,主动切除故障,提高直流系统抵御交流侵入的能力。

(三)蓄电池有效性评估技术

1. 蓄电池有效性在线评估原理

在充电模块、蓄电池组均不脱离系统的前提下,在不改变系统参数的基础上,完成对蓄电池有效性的检测以及蓄电池组应对冲击负荷的耐受性。该判别装置及检验方法可以实现蓄电池组有效性在线监测和带载能力动态测试。

具体实现如下:利用二极管单向导通和自动降压特性,在保证充机在线的前提下,对充电机上母线直流输出电压进行适当降低,从而使蓄电池组承担站用直流常规负荷,如果现场负荷太小,可投入模拟负荷,对蓄电池组进行放电测试,以快速验证蓄电池组的有效性和带负荷能力。

整个在线判别装置由二极管 D1、…、Dn、直流接触器 K1、电压传感器 TV1、TV2、电流传感器 TA、模拟负荷电阻 R1、…、Rn、IGBT M1、…、Mn、CPU 及接线端子 M+、M−、CD+组成。电气原理如图 1−55 所示。

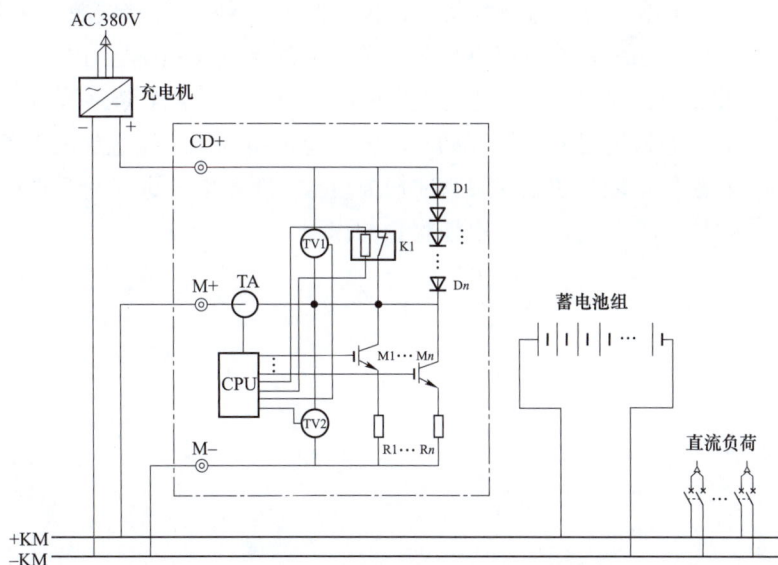

图 1−55　蓄电池有效性在线判别装置电气原理

检测方法如下。

(1)试验前直流系统状态检查。在测试蓄电池组性能前,直流接触器 K1 主触点处于闭合状态,二极管 D1、…、Dn 被短接不起作用,通过电压传感器 TV2 先检查充电机及直流母线电压,判断直流系统的运行状况是否正常,确认正常后,方可进行下一步操作。

（2）启动测试。CPU 驱动直流接触器 K1 线圈，使 K1 主触点处于断开状态，二极管 D1、…、Dn 投入运行，降低充电机上母线直流输出电压，从而使蓄电池组承担站用直流常规负荷，处于放电状态。

（3）投入模拟负荷电阻。如果站用直流负荷较小，CPU 驱动 IGBT M1、…、Mn，自动投入模拟负荷电阻 R1、…、Rn，以增大蓄电池组放电电流。

（4）放电过程监视。放电过程中，通过电压传感器 TV1、TV2，实时在线监视充电机输出直流电压和直流母线电压，一旦充电机或蓄电池组输出异常，立即结束放电，恢复到正常运行状态。

（5）结束放电。设定的放电时间到，CPU 驱动 IGBT M1、…、Mn 断开模拟负荷电阻 R1、…、Rn（如果已投入），再控制直流接触器 K1 线圈，使 K1 主触点处于闭合状态，短接二极管 D1、…、Dn，充电机自动向常规站用直流负荷供电及蓄电池组充电，直流电源系统恢复正常运行方式。

（6）试验结果判断。放电结束时，如果直流母线电压高于定值，表明蓄电池组性能基本良好，可满足变电站实际需要；如果直流母线电压低于定值，表明蓄电池组容量不足，蓄电池性能出现明显下降，应尽快进行标准放电核容试验予以准确验证。

2. 实施效果

（1）电池有效性检测功能。能够自动定期或手动启动全面检查蓄电池的有效性，及时发现单体电池开路、电池组开关故障或断开、电池组保险熔断、连接线脱落、跨层线断线、螺丝松动等情况，验证系统是否能够承担常态负荷，确保直流系统运行安全。

（2）电池抗冲击能力检测。可以智能投切内部负荷，模拟多个断路器同时保护跳闸或合闸动作电流，并动态检测母线电压波动和压降，验证蓄电池组抗叠加冲击负荷的能力。

（3）电池除硫活化功能。通过变频脉冲扫描技术，对蓄电池进行共振式扫频，可起到一定抑制、消除电池极板硫化，恢复电池容量的作用。

第二章

油中溶解气体在线监测装置
运维及数据分析

油色谱在线监测
装置运维及数据
分析操作示范

培训目标：通过学习本章内容，学员可以了解油中溶解气体在线监测技术原理，熟悉装置技术要求和数据分析方法，掌握现场运维工作流程。

第一节 基 础 知 识

油色谱在线监测装置
运维及数据分析基础知识

一、概述

变压器（高压电抗器）是电力系统最重要的设备之一，其内部结构缜密、运行工况复杂、成本高且易发生系统故障。电力系统的安全与稳定很大程度上与变压器（高压电抗器）的运行状态密不可分，变压器（高压电抗器）一旦发生故障，就会存在引发供电区域大面积停电的危险，对整个经济社会的发展产生较为严重的影响。因此，掌握变压器（高压电抗器）运行工况，对确保电网安全稳定运行具有十分重要的意义。

油中溶解气体分析是非停电状态下评估设备内部状态的关键手段。变压器（高压电抗器）在异常运行状态下会产生特征气体，对油中溶解气体种类和含量进行分析，可以感知变压器（高压电抗器）实时运行状态，判断缺陷类型，预判潜伏性故障的发生。

基于在线气体分析技术的监测方法弥补了离线气体分析技术无法实时监测的不足，该方法可实时获取运行中变压器（高压电抗器）油中溶解气体的含量值，利用分析软件对实时的数据进行分析并得出结论，进行远程传输和故障报警，避免事故的发生及恶化。长期的数据监测及大量的信息采集，为状态检修提供了重要参考依据，能够形成完善可靠的设备分析报告，为电网安全稳定运行提供有力技术支撑。

二、组成及功能

（一）装置介绍

国内在运油中溶解气体在线监测装置品牌主要有河南中分、武汉南瑞、SERVERON（华电云通）、宁波理工、上海思源、长园深瑞和杭州申昊等。上述品牌装置主要性能参数对比见表 2-1。

表2-1　国内在运主要在线监测装置主要性能参数对比

设备型号	检测对象	气体检测技术	油气分离技术
河南中分 4000	H_2、CO、CO_2、CH_4、C_2H_4、C_2H_6 和 C_2H_2 含量	气相色谱	动态顶空脱气
武汉南瑞 Transfix	H_2、CO、CO_2、CH_4、C_2H_4、C_2H_6、C_2H_2、O_2、N_2 和微水含量	光声光谱	动态顶空脱气
Serveron（华电云通）TM8	H_2、CO、CO_2、CH_4、C_2H_4、C_2H_6、C_2H_2 和 O_2 含量	气相色谱	薄膜透气
宁波理工 MGA2000	H_2、CO、CO_2、CH_4、C_2H_4、C_2H_6、C_2H_2、总可燃气和微水含量	气相色谱	真空脱气
上海思源 TROM-600	H_2、CO、CO_2、CH_4、C_2H_4、C_2H_6、C_2H_2、O_2 和微水含量	气相色谱	真空脱气
长园深瑞 SE3000	H_2、CO、CO_2、CH_4、C_2H_4、C_2H_6、C_2H_2 和微水含量	气相色谱	真空脱气
杭州申昊 STOM-3000	H_2、CO、CO_2、CH_4、C_2H_4、C_2H_6、C_2H_2 和微水含量	气相色谱	真空脱气

（二）装置构成

油中溶解气体在线监测装置现场监测主机包含油样采集与油气分离部分、气体检测部分、数据采集与控制部分、通信部分和辅助部分。

1. 油样采集与油气分离部分

油样采集部分与被监测设备的油箱阀门相连，完成对变压器（高压电抗器）油的取样。油气分离部分实现油中溶解气体与变压器（高压电抗器）油的分离。

2. 气体检测部分

完成油气分离后的混合气体组分含量检测。

3. 数据采集与控制部分

完成信号采集与数据处理，实现分析过程的自动控制等。

4. 通信部分

完成本装置与其他装置及系统的通信。

5. 辅助部分

用于保证装置正常工作的其他相关部件，例如恒温控制、载气瓶、管路等。

（三）工作原理

油中溶解气体在线监测装置工作流程如图 2-1 所示。变压器（高压电抗器）本体油在取油阀打开时经取油管路进入脱气装置，采用油气分离技术将油中气体脱出后，气体随载气流经检测器作定性和定量分析，经模数转换后将特征气体信息存储并传输至后台主机。油中溶解气体在线监测装置核心技术包括油气分离和气体检测。

图2-1　油中溶解气体在线监测装置工作流程

1. 油气分离技术

油中溶解气体在线监测装置油气分离技术主要有薄膜透气法、真空脱气法和动态顶空脱气法三种。

（1）薄膜透气法。薄膜透气法利用扩散原理，使用一种只能渗透气体分子而不能渗透液态油的高分子膜，利用膜两侧气体压力的不平衡性，使气体自动从油向气室扩散，实现油气分离，其原理如图2-2所示。

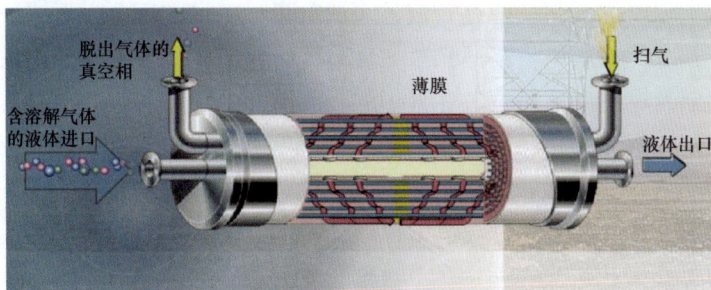

图2-2　薄膜透气原理图

（2）真空脱气法。真空脱气法是基于气体的分压与该气体溶在溶液内的摩尔浓度成正比的原理，在一定温度的密封容器内，利用波纹管或者真空泵抽真空的方式，实现油中溶解气体的析出。

（3）动态顶空脱气法。动态顶空脱气法是采用流动气体反复吹扫的方式，使油表面上某种气体的浓度与油中气体的浓度逐渐达到平衡，将溶解于油中的气体萃取替换出来，通过吸附装置（捕集器）将气体样品收集，实现油气的分离，如图2-3所示。

2. 气体检测技术

油中溶解气体在线监测技术主要包括气相色谱法、光声光谱法、红外光谱法和传感器阵列法，目前市场上占有率较高的装置主要采用前两种技术。

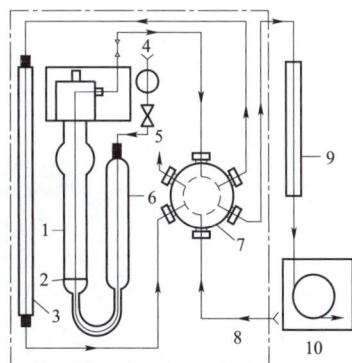

图2-3　动态顶空脱气示意图

1—样品管；2—玻璃筛板；3—吸附补集器；
4—吹扫气入口；5—放空；6—储液瓶；
7—六通阀；8—GC（气相色谱仪）载气；
9—可选择的除水装置；10—GC

（1）气相色谱法。该法是目前使用最广泛和最有效的气体分析法。基于色谱柱中固定相对不同气体组分的亲和力不同，混合气体在载气推动下流经色谱柱，经过充分的交换，不同组分气体得到了分离，分离后的气体通过检测器转换成电信号，并将各组分及其浓度的变化依次记录下来，得到色谱图，其工作原理如图 2-4 所示。

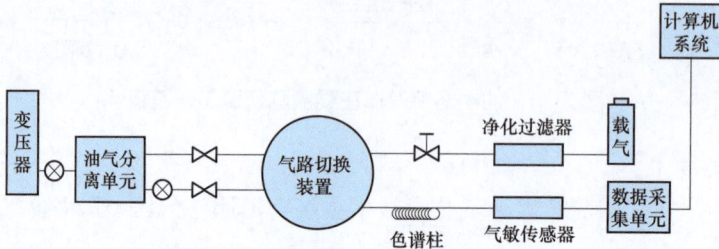

图2-4 气相色谱分析技术工作原理图

（2）光声光谱法。光声光谱是基于光声效应的一种光谱分析技术，其原理如图 2-5 所示。根据测量气体的不同，采用相应吸收光谱的光源，光源发射出的光线经由透镜积聚后，光强得到较大程度的增强。通过斩波器（调制盘）上均匀间隔的透光孔将入射光线调制为闪烁的交变信号。然后由一组滤光片实现分光，各滤光片仅允许透过某一特定波长的红外线，其对应于光声室内某特定气体分子的吸收波长。经波长调制的红外线进入光声室后以调制频率反复激发某特定气体分子，特定气体吸收特定波长的红外线后，温度升高，但随即以释放热能的方式退激，释放出的热能使气体产生成比例的压力波。压力波的频率与光源的斩波频率一致，并可通过高灵敏微音器检测其强度，压力波的强度与气体的浓度成比例关系，即可准确计量光声室中各气体组分的浓度。

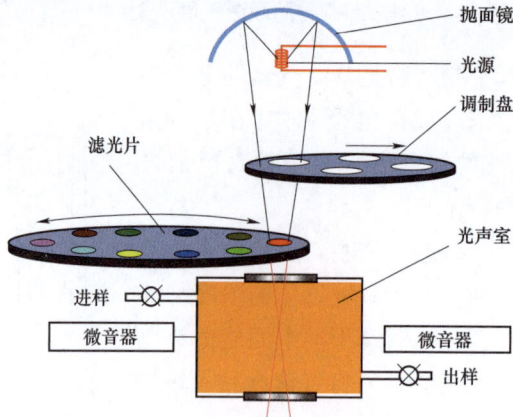

图2-5 光声光谱分析技术原理

（3）红外光谱法。红外光谱气体检测原理是基于比耳定律，气体分子吸收红外光的吸光度与气体浓度成正比，吸光度 A 与气体浓度 C 以及光程 L 的关系见式（2-1）。

$$A(\lambda) = \alpha(\lambda)CL \tag{2-1}$$

式中　$A(\lambda)$——被测气体的吸光度；

　　　L——光通过气室的长度（光程）；

　　　C——被测气体的浓度；

　　$\alpha(\lambda)$——每克被测气体的吸收系数。

因此由红外光谱扫描被测气体获得吸光度 A，光程 L 为仪器固定值，通过式（2-1）计算可得到被测气体浓度 C。

3. 典型装置工作流程

（1）中分 4000。中分 4000 由河南中分公司生产，采用气相色谱分析技术。核心部件包括应用动态顶空脱气技术的脱气模块、组分分离模块和采用微桥式检测器的测量模块，其系统结构示意如图 2-6 所示。装置开机自检完成后，启动环境、柱箱、脱气温控系统，整机稳定后，采集变压器（高压电抗器）本体油样进入脱气装置，实现油气分离；脱出的样品气体组分经色谱柱分离，依次进入检测器；检测计算后的各组分浓度数据传输到后台监控工作站，可自动生成浓度变化趋势图，并通过专家智能诊断系统进行综合分析诊断，实现变压器（高压电抗器）故障的在线监测功能。

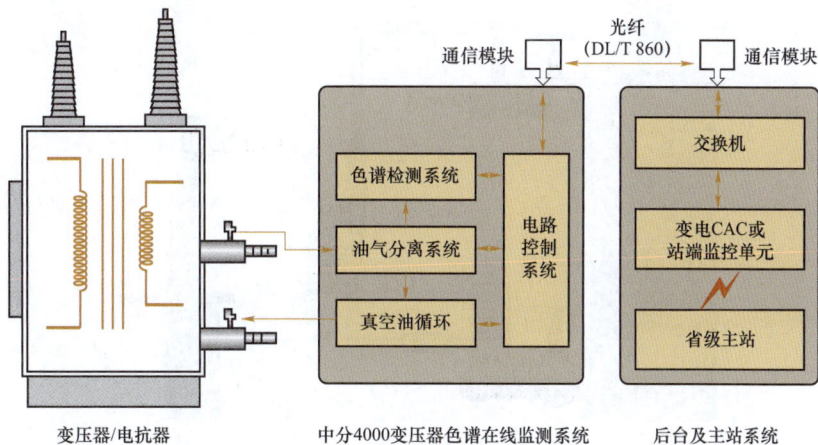

图 2-6　中分 4000 系统结构示意

（2）武汉南瑞 Transfix。Transfix 由南瑞通用公司生产，采用光声光谱分析技术。核心部件包括采用动态顶空法的脱气模块和采用 PAS 原理的光声光谱测量模块，不需要载气和标气，其系统结构如图 2-7 所示。装置从变压器（高压电抗器）中采集油样并进行顶空脱气，气样进入光声光谱检测室进行光声测量，计算处理单元对光声信号进行计算得出各气体组分浓度，同步在人机界面中展示并传输到后台监控工作站。

（3）Serveron（华电云通）TM8。TM8 由美国 Serveron 公司生产，采用气相色谱分析技术。装置核心部件包括应用膜渗透技术的脱气模块、组分（色谱）分离模块和采用热导检测器的 GC 测量模块，其系统结构示意如图 2-8 所示。装置从变压器（高压电抗器）中采集油样，利用薄膜透气技术进行油气分离，提取出的油中气体被适当压缩到一个容积一

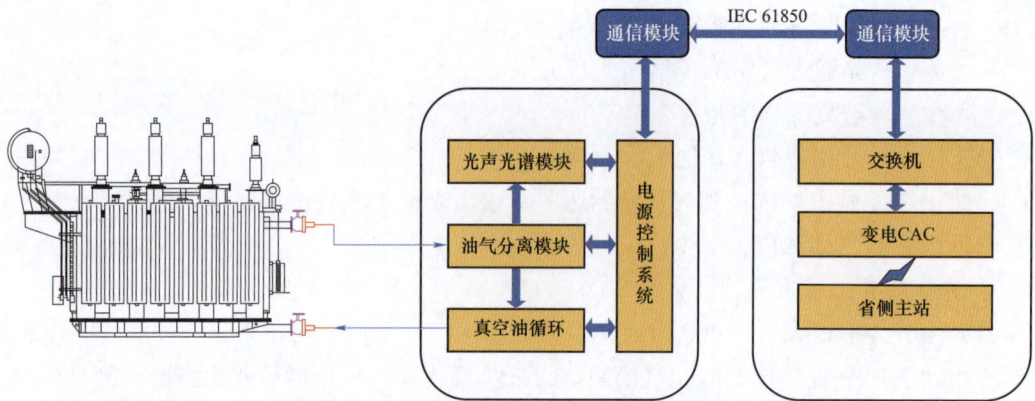

图 2-7　武汉南瑞 Transfix 系统结构示意

定的取样环，压力调节到一固定值，以实现定量测量。气体检测时，阀门开启并将压缩后的混合气在高纯氢气推动下注入色谱柱中。分离后的气体进入检测单元，采用热导检测器，利用各被测组分的化学和物理性质将流出组分浓度转化为可测量的电信号。

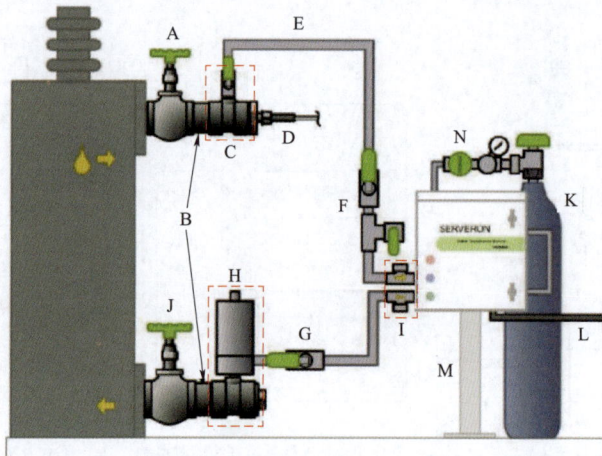

图 2-8　Serveron TM8 结构示意

A—已有的变压器阀门；B—用户提供－2″NPT 外丝；C—Serveron 出油阀；D—Serveron 水分温度传感器；E—用户提供－1/4″不锈钢管 316，035 壁厚；F—Serveron 第二关断/采样阀；G—Serveron 回油阀组件；H—Serveron 放气装置；I—Serveron 油过滤器；J—已有的变压器阀门；K—用户提供－氮气；L—用户提供－120/230VAC，10A；M—Serveron 安装支架；N—Serveron 氮气减压阀

（4）上海思源 TROM-600。TROM-600 装置由上海思源生产，采用气相色谱分析技术。核心部件包括应用真空脱气技术的油气分离模块和气体检测模块，其系统结构示意如图 2-9 所示。系统通过油循环的方式从变压器（高压电抗器）中获取油样，采用真空脱气方式，通过真空脱气分离出来的特征气体在载气的推动下经过色谱柱，混合气体中不同组分的气体经色谱柱分离，分离出的各组分气体依次经过传感器，即可得到各组分气体的

含量。数据采集和信号控制单元的功能是控制系统工作流程、采集有效信号、信号处理和简单的故障诊断。

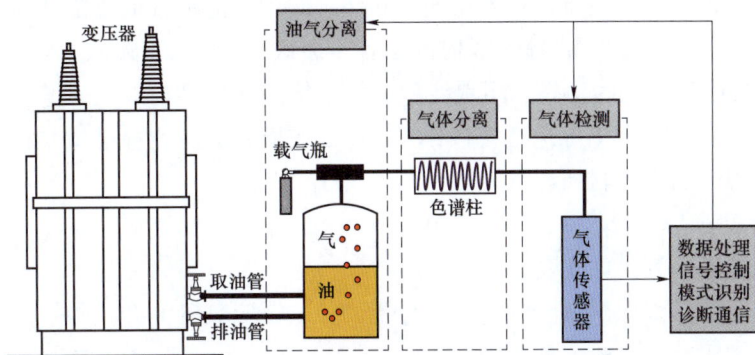

图2-9　上海思源TROM-600结构示意

三、技术标准要求

（一）油中溶解气体在线监测装置主要标准体系

1. 产品类标准

DL/T 1498.2—2016《变电设备在线监测装置技术规范　第2部分：变压器油中溶解气体在线检测装置》；

Q/GDW 10536—2017《变压器油中溶解气体在线监测装置技术规范》；

Q/GDW 1535—2015《变电设备在线监测装置通用技术规范》。

2. 检测方法类标准

GB/T 7597—2007《电力用油（变压器油、汽轮机油）取样方法》；

GB/T 17623—2017《绝缘油中溶解气体组分含量的气相色谱测定法》；

DL/T 722—2014《变压器油中溶解气体分析和判断导则》；

DL/T 1432.2—2016《变电设备在线监测装置检验规范　第2部分：变压器油中溶解气体在线检测装置》；

DL/T 2145.1—2020《变电设备在线监测装置现场测试导则　第1部分：变压器油中溶解气体在线监测装置》；

T/CEC 141—2017《变压器油中溶解气体在线监测装置现场安装及验收规范》。

3. 管理类标准

T/CEC 142—2017《变压器油中溶解气体在线监测装置运行维护导则》；

国网（运检/3）828—2017《国家电网公司变电运维管理规定（试行）》；

国家电网设备〔2018〕979号《国家电网有限公司十八项电网重大反事故措施（修订版）》。

（二）油中溶解气体在线监测装置技术要求

1. 通用技术要求

变压器（高压电抗器）油中溶解气体在线监测装置的基本功能、绝缘性能、电磁兼容性能、环境适应性能、机械性能、外壳防护性能、连续通电性能、可靠性及外观和结构等通用技术要求应符合 Q/GDW 1535 的规定。

装置与变压器（高压电抗器）连接的密封垫、阀门、油路管道等部件须密封严密，材质有良好的耐油性，低温性和弹性，长时间运行不会破损断裂；管路法兰对接面宜使用"凹面＋平面"方式；密封胶圈优先选用双线型密封结构，并严格与法兰凹槽匹配，胶圈压缩受力均匀且压缩量应按照国标进行校核计算；密封胶圈优先选用氟硅橡胶材质，低温高海拔地区禁止选用丁腈橡胶材质。

2. 功能性要求

在线监测装置应满足如下功能。

（1）在线监测装置应具备长期稳定工作能力，装置应具备油样校验接口，生产厂家应提供校验用连接管路及校验方法。

（2）在线监测装置检测周期可通过现场及远程方式进行设定和调整。

（3）具有故障报警功能（如数据超标报警、装置功能异常报警等），应监测气源中气体余量并对气量过低、无载气等异常进行现场及远程报警。

（4）应具有独立的油路循环功能，用于清洗装置内部管路；应具有恒温、除湿等功能。

（5）应能对检测结果进行分析，并具有相应的常规综合辅助诊断功能。应提供绝对产气速率、相对产气速率数据，并给出产气速率趋势图、实时数据直方图、检测结果原始谱图，应给出基于改良三比值法、大卫三角法、援例分析法等方法的辅助诊断分析结果。

3. 安全性要求

在线监测装置的安全性能要求如下。

（1）变压器（高压电抗器）油中溶解气体在线监测装置的接入不应使被监测设备或邻近设备出现安全隐患。

（2）油样采集与油气分离部件应能承受油箱的正常压力，对变压器（高压电抗器）油进行处理时产生的正压与负压不应引起油渗漏。

（3）不应破坏被监测设备的密封性，采样部分不应引起外界水分和空气的渗入。

4. 性能要求

（1）检测范围与测量误差。在线监测装置从高到低将测量误差性能定义为 A、B 级和 C 级，合格产品的要求应不低于 C 级，其误差计算见式（2-2）和式（2-3），误差要求见表 2-2。

$$E_a = C_o - C_l \qquad\qquad (2-2)$$

$$E_r = \frac{C_o - C_l}{C_l} \times 100\% \qquad\qquad (2-3)$$

式中　E_a——绝对误差；

　　　C_o——在线监测装置的检测数据；

　　　C_l——实验室气相色谱仪检测数据；

　　　E_r——相对误差。

表 2-2　　　　　　　　　　　　在线监测装置测量误差要求

检测参量	检测范围（μL/L）	测量误差限值（A 级）*	测量误差限值（B 级）	测量误差限值（C 级）
氢气（H_2）	2～20	±2μL/L 或±30%	±6μL/L	±8μL/L
	20～2000	±30%	±30%	±40%
乙炔（C_2H_2）	0.5～5	±0.5μL/L 或±30%	±1.5μL/L	±3μL/L
	5～1000	±30%	±30%	±40%
甲烷（CH_4）、乙烷（C_2H_6）、乙烯（C_2H_4）	0.5～10	±0.5μL/L 或±30%	±3μL/L	±4μL/L
	10～1000	±30%	±30%	±40%
一氧化碳（CO）	25～100	±25μL/L 或±30%	±30μL/L	±40μL/L
	100～5000	±30%	±30%	±40%
二氧化碳（CO_2）	25～100	±25μL/L 或±30%	±30μL/L	±40μL/L
	100～15 000	±30%	±30%	±40%
总烃	2～20	±2μL/L 或±30%	±6μL/L	±8μL/L
	20～4000	±30%	±30%	±40%

* 低浓度范围内，测量误差限值取两者较大值。

（2）重复性。配制总烃≥50μL/L 的油样，对同一油样连续进行 6 次在线监测装置油中气体分析，重复性以总烃测量结果的相对标准偏差 RSD 表示。合格判据：RSD 应不大于 5%，计算公式见式（2-4）。

$$RSD = \sqrt{\frac{\sum_{i=1}^{n}[C_i - \bar{C}]^2}{n-1}} \times \frac{1}{\bar{C}} \times 100\% \qquad (2-4)$$

式中　RSD——相对标准偏差；

　　　n——测量次数；

　　　C_i——第 i 次测量结果；

　　　$\bar{C}$——n 次测量结果的算数平均值；

　　　i——测量序号。

（3）最小检测周期。装置应能按照所设定的最小检测周期工作，不超过 2h。

（4）交叉敏感性要求。在线监测装置从高到低将交叉敏感性能定义为 A、B 级和 C级，合格产品的要求应不低于 C 级，其误差计算公式见式（2-2）和式（2-3），误差要求如表 2-2 所示。

（5）油样采集部分要求。油样采集部分需进行严格控制，应满足不污染油、循环取样不消耗油等条件。所取油样应能代表变压器（高压电抗器）中油的真实情况，取样方式和回油不影响被监测设备的安全运行。

（6）取样管路要求。油管应采用不含催化元素的不锈钢或紫铜等材质，油管外可加装管路伴热带、保温管等保温部件及防护部件，以保证变压器（高压电抗器）油在管路中流动顺畅。

（7）其他要求。载气瓶使用时间≥400 次，取油口耐受压力≥0.6MPa。

第二节 运 行 与 维 护

油色谱在线监测装置运维
及数据分析运行与维护

一、巡视检查

为规范变压器（高压电抗器）油中溶解气体在线监测装置的运维管理，提高运行可靠性，更好地发挥其对变压器（高压电抗器）设备状态监测、运行评估、缺陷报警及故障分析等作用，需定期开展现场巡视检查，巡视周期与被监测主设备的巡视周期应保持一致。

（一）例行巡视

（1）装置外观有无锈蚀、管路连接密封有无渗漏、封堵是否完好。

（2）装置带有屏幕的显示有无异常。

（3）装置箱内运行指示灯是否正常，有无故障灯亮起。

（4）装置箱内载气瓶内气体是否欠压，抄录压力数据。

（5）装置运行有无异响。

（6）后台主机屏柜外观是否完好，显示屏是否显示正常，有无系统死机、蓝屏等异常现象。

（7）后台主机通信指示灯是否正常。

（8）装置监测数据是否异常。

（二）全面巡视

1. 在线监测装置巡视

（1）装置命名、编号，警示标志等是否完好、正确、清晰。

（2）装置外观有无锈蚀、连接是否紧固、接地是否良好、管路连接密封有无渗漏、封堵是否完好。

（3）装置带有屏幕的显示有无异常。

（4）装置箱内运行指示灯是否正常，有无故障灯亮起。

（5）装置载气阀门是否正常打开。

（6）装置箱内载气瓶内气体是否欠压，抄录压力数据。

（7）装置通信接口有无松动和断裂。

（8）装置光电转换器指示灯是否显示正常。

（9）装置运行有无异响。

（10）现场如有备品备件，是否完好。

（11）电源、温控加热器、风扇等是否工作正常。

2. 在线监测装置后台主机巡视

（1）后台主机屏柜外观是否完好。

（2）柜门关闭是否良好，有无锈蚀、积灰，封堵是否完好。

（3）主机铭牌及各种标志是否齐全、清晰。

（4）后台主机显示屏是否显示正常，有无系统死机、蓝屏等异常现象。

（5）后台主机系统磁盘空间是否充足，有无空间不足等异常现象。

（6）后台厂家软件是否能正常登录，软件运行工况是否正常，信息显示有无异常现象。

（7）后台主机通信网线接口是否完好无松动，网线通信指示灯是否正常。

（8）装置监测数据是否异常。

3. 在线监测装置检测数据巡视

（1）现场监测设备基线累积漂移是否超过规定值。

（2）检查采样周期内检测数据更新是否正常。

（3）特征气体数据是否有明显增长趋势，超过注意值时应根据 DL/T 722 进行分析判断并及时上报。

（三）特殊巡视

在被监测设备遭受雷击、短路等大扰动后，或监测数据异常，以及在大负荷、异常气候等情况时应开展特殊巡视，巡视内容参照全面巡视。

二、数据日常管理

（一）日常监视要求

（1）监视在线监测系统实时数据，当发现预警、告警等异常信息时，通知相关人员进行核查。

（2）核查在线监测系统中监测装置是否出现装置故障、数据中断等异常现象，并通知相关人员进行处理。

（3）重点检查主变压器、高压电抗器乙炔含量，各类设备是否出现数据中断或监测数据为零的异常现象。

（4）对于网络通信故障，应及时上报处理。

（二）主站运行管理

在线监测系统主站账号权限应集中管理，账号按照不同岗位进行授权，严禁非权限人员随意变更各项运行参数。

（三）数据跟踪分析

不同类型设备油中溶解气体含量达到或超过注意值时应关注设备健康状态，溶解气体含量增长速度快时（特别是乙炔从无到有）不受注意值的约束。充油电气设备有无故障（异常）的判断主要采用产气速率比较的方法。

1. 注意值比较

《国家电网公司变电检测管理规定（试行）》规定了各种充油设备油中气体组分含量的注意值。不论气体组分是否超过注意值，都应与历史数据比较。当油中溶解气体含量接近或超过注意值、或产气速率超过 DL/T 722《变压器油中溶解气体分析和判断导则》的规定值时，应进行异常分析诊断、并结合电气试验综合判断处理。

（1）油浸式变压器、电抗器、消弧线圈。

1）乙炔≤0.5μL/L（1000kV）、乙炔≤1μL/L（330～750kV）、乙炔≤5μL/L（其他）；

2）氢气≤150μL/L；

3）总烃≤150μL/L；

4）绝对产气速率：≤12mL/d（隔膜式）或≤6mL/d（开放式）；

5）相对产气速率：≤10%/月。

（2）电流互感器。

1）乙炔≤2μL/L［110（66）kV］、乙炔≤1μL/L（220kV及以上）；

2）氢气≤150μL/L；

3）总烃≤100μL/L。

（3）电磁式电压互感器［110（66）kV及以上］、直流分压器。

1）乙炔≤2μL/L；

2）氢气≤150μL/L；

3）总烃≤100μL/L。

（4）直流分压器。

1）乙炔≤2μL/L；

2）氢气≤150μL/L；

3）总烃≤150μL/L。

（5）套管。

1）氢气≤140μL/L；

2）甲烷≤40μL/L；

3）乙炔≤1μL/L（220～750kV）、乙炔≤2μL/L（其他）。

GB/T 24846—2018《1000kV交流电气设备预防性试验规程》规定1000kV油浸电容式套管油中溶解气体组分含量（μL/L）超过下列任一值时应引起注意。

（1）H_2含量：100；

（2）C_2H_2含量：0.5；

（3）总烃含量：100。

2. 产气速率比较

（1）绝对产气速率。即每运行日产生某种气体的平均值，按式（2-5）计算。

$$\gamma_\alpha = \frac{C_{i2} - C_{i1}}{\Delta t} \times \frac{m}{\rho} \qquad (2-5)$$

式中 γ_α ——绝对产气速率，mL/d；

    C_{i2} ——第二次取样测得油中组分 i 气体浓度，μL/L；

    C_{i1} ——第一次取样测得油中组分 i 气体浓度，μL/L；

    Δt ——二次取样时间间隔中的实际运行时间，d；

    m ——设备总油量，t；

    ρ ——油的密度，t/m^3。

导则推荐变压器（高压电抗器）和电抗器的绝对产气速率的注意值见表2-3。

表 2-3　　　导则推荐变压器（高压电抗器）和电抗器的绝对产气速率的注意值　　　（mL/d）

气体组分	开放式	隔膜式	气体组分	开放式	隔膜式
总烃	6	12	一氧化碳	50	100
乙炔	0.1	0.2	二氧化碳	100	200
氢	5	10			

注　当产气速率达到注意值时，应缩短检测周期，进行追踪分析。

（2）相对产气速率。即每运行月（或折算到月）某种气体含量增加值相对于原有值的百分数，按式（2-6）计算。

$$\gamma_\gamma(\%) = \frac{C_{i2} - C_{i1}}{C_{i1}} \times \frac{1}{\Delta t} \times 100\%　　　　（2-6）$$

式中　γ_γ——相对产气速率，%/月；

　　　C_{i2}——第二次取样测得油中组分 i 气体浓度，μL/L；

　　　C_{i1}——第一次取样测得油中组分 i 气体浓度，μL/L；

　　　Δt——二次取样时间间隔中的实际运行时间，月。

相对产气速率也可以用来判断充油电气设备内部状况，总烃的相对产气速率大于10%时应引起注意。对总烃起始含量很低的设备不宜采用此判据。

3. 特征气体法

根据变压器（高压电抗器）设备发生故障时产生特征气体的种类和含量的变化，初步判断设备故障类型，不同故障类型产生的气体如表 2-4 所示。

表 2-4　　　　　　　　　不同故障类型产生的气体

故障类型	主要特征气体	次要特征气体
油过热	CH_4、C_2H_4	H_2、C_2H_6
油和纸过热	CH_4、C_2H_4、CO	H_2、C_2H_6、CO_2
油纸绝缘中局部放电	CH_4、C_2H_4、CO	C_2H_4、C_2H_6、C_2H_2
油中火花放电	H_2、C_2H_2	
油中电弧放电	H_2、C_2H_2、C_2H_4	CH_4、C_2H_6
油和纸中电弧放电	H_2、C_2H_2、C_2H_4、CO	CH_4、C_2H_6、CO_2

注　1　油过热：至少分为两种情况，即中低温过热（低于700℃）和高温（高于700℃）以上过热。如温度较低（低于300℃），烃类气体组分中 CH_4、C_2H_6 含量较多，C_2H_4 较 C_2H_6 少甚至没有；随着温度增高，C_2H_4 含量增加明显。

　　2　油和纸过热：固体绝缘材料过热会生成大量的 CO、CO_2，过热部位达到一定温度，纤维素逐渐碳化并使过热部位油温升高，才使 CH_4、C_2H_6 和 C_2H_4 等气体增加。因此，涉及固体绝缘材料的低温过热在初期烃类气体组分的增加并不明显。

　　3　油纸绝缘中局部放电：主要产生 H_2、CH_4。当涉及固体绝缘时产生CO，并与油中原有 CO、CO_2 含量有关，以没有或极少产生 C_2H_4 为主要特征。

　　4　油中火花放电：一般是间歇性的，以 C_2H_2 含量的增长相对其他组分较快，而总烃不高为明显特征。

　　5　电弧放电：高能量放电，产生大量的 H_2 和 C_2H_2 以及相当数量的 CH_4 和 C_2H_4。涉及固体绝缘时，CO 显著增加，纸和油可能被炭化。

4. 三比值法

根据充油设备内油、绝缘纸在故障（异常）下裂解产生气体组分含量的相对浓度与温度的依赖关系，从 5 种特征气体中选用两种溶解度和扩散系数相近的气体组分组成三对比值，以不同的编码表示；根据表 2-5 的编码规则和表 2-6 的故障（异常）类型判断方法作为诊断故障（异常）性质的依据。这种方法是判断充油电气设备故障（异常）类型的主要方法，并可以得出对故障（异常）状态较为可靠的诊断。

表 2-5　　　　　　　　　　　DL/T 722—2014 的三比值编码规则

特征气体的比值	比值范围编码			说明
	$\dfrac{C_2H_2}{C_2H_4}$	$\dfrac{CH_4}{H_2}$	$\dfrac{C_2H_4}{C_2H_6}$	
<0.1	0	1	0	例如：$\dfrac{C_2H_2}{C_2H_4}=1\sim3$ 时，编码为 1；
[0.1，1)	1	0	0	$\dfrac{CH_4}{H_2}=1\sim3$ 时，编号为 2；
[1，3)	1	2	1	$\dfrac{C_2H_4}{C_2H_6}=1\sim3$ 时，编号为 1
≥3	2	2	2	

表 2-6　　　　　　　　　　　故障（异常）类型判断方法

编码组合			故障类型判断	故障事例（参考）
C_2H_2/C_2H_4	CH_4/H_2	C_2H_4/C_2H_6		
0	0	0	低温过热（低于 150℃）	纸包绝缘导线过热，注意 CO 和 CO_2 的增量和 CO_2/CO 值
0	2	0	低温过热（150～300℃）	分接开关接触不良；引线连接不良；导线接头焊接不良，股间短路引起过热；铁心多点接地，矽钢片间局部短路等
0	2	1	中温过热（300～700℃）	
0	0，1，2	2	高温过热（高于 700℃）	
0	1	0	局部放电	高湿、气隙、毛刺、漆瘤、杂质等引起的低能量密度的放电
2	0，1	0，1，2	低能放电	不同电位之间的火花放电，引线与穿缆套管（或引线屏蔽管）之间的环流
2	2	0，1，2	低能放电兼过热	
1	0，1	0，1，2	电弧放电	线圈匝间、层间放电，相间闪络；分接引线间油隙闪络，选择开关拉弧；引线对箱壳或其他接地体放电
1	2	0，1，2	电弧放电兼过热	

三、典型现场作业内容

（一）阈值设定

根据相关标准或要求，设置不同等级阈值，装置需具备阈值修改功能。

（二）更换载气

应定期检查油中溶解气在线监测装置的载气情况，对载气更换周期异常装置，应及时通知相关人员检查处理载气消耗异常的原因。

更换在线监测装置的载气，确保载气量充足。更换步骤包括以下6点。

（1）装置断电。

（2）拆卸旧气瓶，释放出减压阀与装置内部间连接气路中的残留气体。

（3）检查新气瓶（气瓶规格、气体类型），并清洁新气瓶瓶口。

（4）安装新气瓶，调整合适压力值。

（5）保压试验、检漏。

（6）装置恢复。

（三）数据监控

对在线监测装置的实时数据进行巡检，当发现数据异常时，结合装置的历史数据和数据采集周期进行数据分析和趋势预判工作，同时开展离线分析、缩短在线监测周期，加强数据监控。

（四）稳定性校核

对在运在线监测装置近 3 个月监测数据进行稳定性校核，两天内连续 6 组在线监测数据为一批，分析近 3 个月内共 45 批数据，稳定性以总烃和 H_2 监测结果的相对标准偏差 RSD 表示。

（五）性能校验

根据 Q/GDW 10536—2017《变压器油中溶解气体在线监测装置技术规范》对装置进行准确性校验、最小检测周期、重复性和交叉敏感性检测；根据校验结果，判断装置准确级别，对不符合要求的装置进行整改提升，并对整改后装置进行复检。

1. 准确性校验

在同一样本中取两份油样，分别采用在线监测装置和实验室气相色谱仪进行检测分析，将两者检测数据进行比对。油样的采集、脱气，油中溶解气体的分离、检测等步骤，应按照 GB/T 7597 和 GB/T 17623 的方法执行。

2. 最小检测周期检测

按照厂家提供的装置技术说明书所给出的最小检测周期，设定为连续工作方式，参数设置应与"测量误差试验"和"测量重复性试验"保持一致。启动装置开始工作，待在线监测数据平稳后，记录仪器从本次检测进样到下次检测进样所需的时间，记录 3 次试验时间，计算平均值，作为最小检测周期。

合格判据为：装置应能按照所设定的最小检测周期工作，不超过 2h。

3. 重复性检测

配制总烃≥50μL/L 的油样，对同一油样连续进行 6 次在线监测装置油中气体分析，重复性以总烃测量结果的相对标准偏差 RSD 表示。合格判据：RSD 应不大于 5%。

4. 交叉敏感性检测

配制一油样，其中 CO＞1000μL/L、CO_2 含量＞10 000μL/L，H_2 含量＜50μL/L，在线监测装置进行油中气体含量检测。合格判据为：H_2 测量结果应满足 Q/GDW 10536 的要求。

配制一油样，其中 C_2H_4 或 C_2H_6 含量＞500μL/L，其他烃类含量＜10μL/L，在线监测装置进行油中气体含量检测。合格判据为：烃类气体的测量结果应满足 Q/GDW 10536 的要求。

第三节　典型异常及缺陷处理

一、处理原则

（1）收到在线色谱监测装置的异常信息后，应先通过设备遥测数据、遥信信号、带电检测数据等信息复查现场设备，了解现场设备工况、监测装置状态等信息。

（2）装置发生告警时，应结合装置最小检测周期，在站端远程控制在线监测装置重新进行一次分析检测并进行离线检测，以验证是否为误告警。如遇真实告警，应组织初步分析和处置并报技术备案，如遇监测装置故障造成的误告警，应第一时间修复故障的监测装置，确保监测装置良好运行。

二、异常及缺陷

（1）硬件缺陷。硬件缺陷主要包括主板损坏、色谱柱老化、载气不足、传感器缺陷、电路缺陷、气路缺陷和油路缺陷等。

（2）软件缺陷。软件缺陷主要包括数据采集错误、通信故障、采集数据缺失和不刷新、后台主机蓝屏、死机等。

三、缺陷分析及处理过程

在线监测装置缺陷分析与处理流程包括排查、分析和处理 3 个步骤。

（1）缺陷排查指专业维保人员实时监测设备运行状态，并结合电科院在线监测日报，及时发现故障，生成工单并分别故障跟踪处理人员，提高故障处理效率。

（2）缺陷分析指分析人员结合实时监测数据以及装置技术资料排查现场设备，了解现场监测装置状态等信息，进行综合分析。

（3）缺陷处理指在排查后确认为在线监测装置故障的，根据有关消缺规定进行处理，复查后确认在线监测装置无故障的，应考虑变电设备本身出现故障，应及时解决设备故障。在线监测装置缺陷分析与处理流程详见表 2-7。

表 2-7　　　　　　　　　　在线监测装置缺陷分析与处理流程

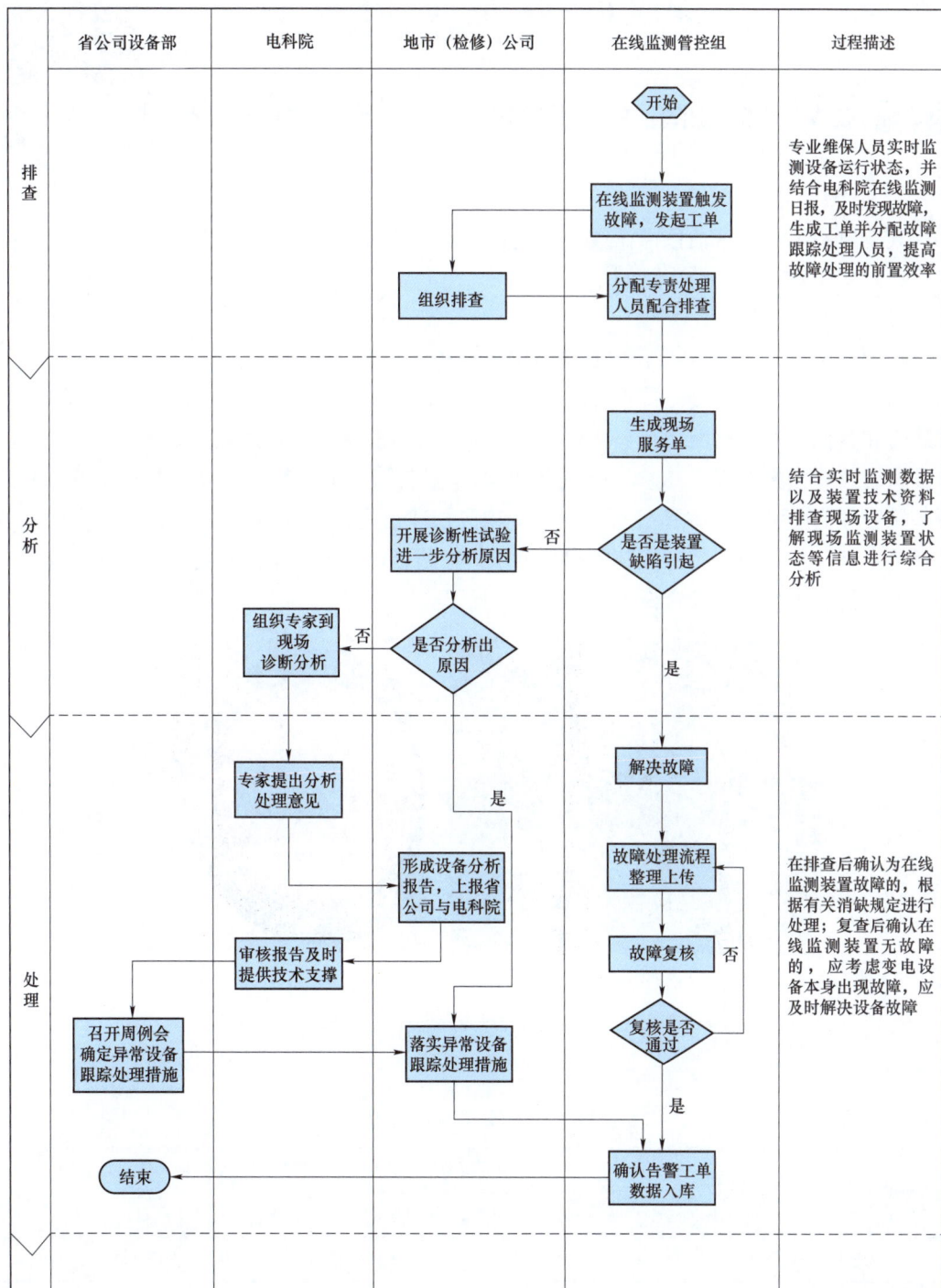

	省公司设备部	电科院	地市（检修）公司	在线监测管控组	过程描述
排查				开始	专业维保人员实时监测设备运行状态，并结合电科院在线监测日报，及时发现故障，生成工单并分配故障跟踪处理人员，提高故障处理的前置效率
			组织排查	在线监测装置触发故障，发起工单	
				分配专责处理人员配合排查	
分析			开展诊断性试验进一步分析原因	生成现场服务单	结合实时监测数据以及装置技术资料排查现场设备，了解现场监测装置状态等信息进行综合分析
		组织专家到现场诊断分析	是否分析出原因	是否是装置缺陷引起	
处理		专家提出分析处理意见		解决故障	在排查后确认为在线监测装置故障的，根据有关消缺规定进行处理；复查后确认在线监测装置无故障的，应考虑变电设备本身出现故障，应及时解决设备故障
		形成设备分析报告，上报省公司与电科院		故障处理流程整理上传	
		审核报告及时提供技术支撑		故障复核	
	召开周例会确定异常设备跟踪处理措施		落实异常设备跟踪处理措施	复核是否通过	
	结束			确认告警工单数据入库	

第四节　典型案例分析

油色谱在线监测装置
运维及数据分析典型
异常及事故案例

案例一 在线监测装置油管法兰密封胶圈设计选型不当导致主变压器轻
瓦斯动作

（一）故障现象

某变电站因某厂家油色谱在线监测装置油管法兰密封胶圈设计选型不当，空气进入，
最后导致变压器轻瓦斯动作跳闸。

（二）故障原因

1. 装置法兰对接面密封胶圈材质不满足要求

本体油色谱在线监测装置下部油管法兰漏油，经检查发现对应密封胶圈老化断裂，上
部油管和其他两相密封圈均存在老化现象。现场密封胶圈老化、龟裂图如图 2-10 所示，
橡胶材质性能指标见表 2-8。本次运行 3 年的密封胶圈发生脆断导致渗油进气说明：① 丁
腈基橡胶 1 不适用于该站所处环境，造成橡胶加速老化、龟裂；② 材质管控不到位，该
密封垫不满足行标中丁腈基橡胶的相关要求，在线监测厂家对于外购密封垫的管控不严，
采购的密封垫无相关检验合格报告。

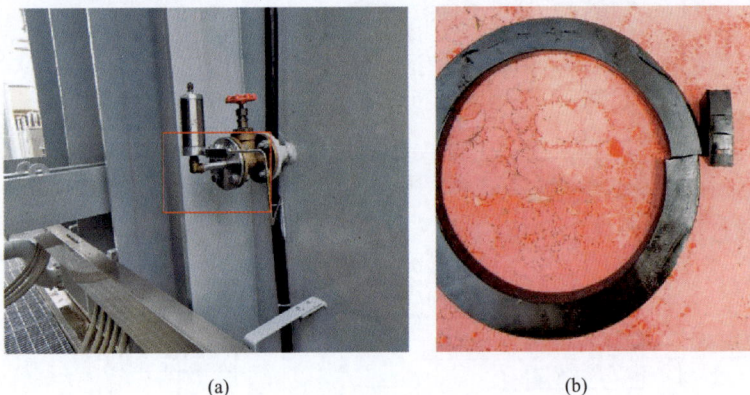

（a）　　　　　　　　　　　　　　　　　（b）

图 2-10　现场密封胶圈老化、龟裂图

（a）整体图；（b）细节图

表 2-8　　　　　　　　　　　橡 胶 材 质 性 能 指 标

项目	丁腈基橡胶		氟硅橡胶
	丁腈基橡胶 1	丁腈基橡胶 2	
适用温度范围（℃）	−30～105	−45～105	−30～200
邵氏硬度（A）度	70±5	70±5	70±5
拉伸强度（MPa）	≥15	≥12	≥7

项目	丁腈基橡胶		氟硅橡胶
	丁腈基橡胶1	丁腈基橡胶2	
撕裂强度（kN/m）	≥30	≥25	≥12
拉断伸长率（%）	≥250	≥200	≥200
脆性温度（℃）	−30	−45	−60
耐臭氧龟裂静态拉伸（伸长20%，16h，40℃），臭氧浓度在50×10⁻⁸及以下	无龟裂	无龟裂	无龟裂（臭氧浓度在500×10⁻⁸及以下）

2. 密封垫规格尺寸存在严重问题

根据现场检查、试验检测情况综合分析，判断 A 相主变压器轻瓦斯动作原因为本体在线监测装置油管法兰密封胶圈设计选型不当，A 相胶圈比 B、C 相窄，且未设计安装凹槽，随胶圈老化变形断裂后漏油并导致空气进入，其法兰密胶圈如图 2−11 所示。由于该在线监测装置采用 24 小时不间断油循环膜渗透连续脱气原理，空气随油循环进入本体油箱后，逐步在气体继电器上部集聚，最终达到轻瓦斯动作定值（250～350mL）后动作，在线监测装置循环油路如图 2−12 所示。

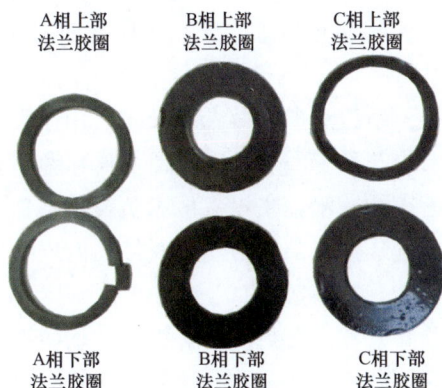

图 2−11　拆下来的法兰密胶圈　　　图 2−12　在线监测装置循环油路

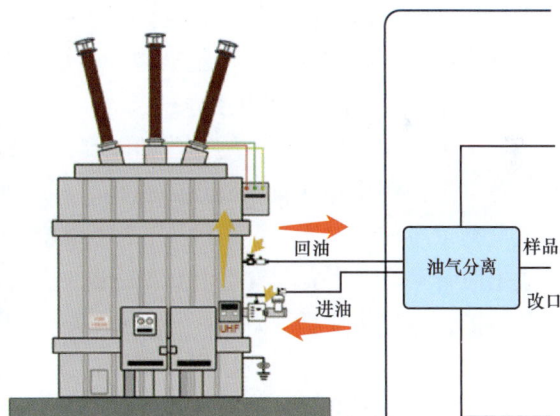

3. 主设备厂家对外购设备现场施工管控不严

主设备厂家对其外购产品的密封材质没有进行技术管控，造成劣质产品入网，施工过程中未对在线监测装置施工工艺质量严格把关，安装施工完毕后未对在线监测设备进行整体密封性试验。

经调研华电云通、河南中分、福建和盛、宁波理工、武汉南瑞在运设备生产厂家，法兰对接面为"凹面＋平面"和"平面＋平面"两种方式。"凹面＋平面"方式在凹面法兰密封槽中安装密封胶垫，通常采用丁腈橡胶材质，压缩率一般控制在 15%～30%。"平面＋平面"方式法兰密封采用金属石墨缠绕密封垫，安装时压缩1～2mm，但从该变电站异常分析看，在线监测装置厂家对法兰密封认识不到位，出现了"平面＋平面"使用丁腈橡胶的情况。

（三）防范措施

1. 油色谱在线监测装置油管路密封排查

（1）结合例行巡视开展常规外观检查。对油色谱在线监测装置油管路密封情况开展巡视检查，重点关注进出油管路是否存在渗漏，华电云通装置管路法兰密封面是否属于"平面＋平面"方式，如为"平面＋平面"对接需仔细检查密封胶圈是否存在老化、龟裂现象；利用高倍望远镜或高清摄像头观察气体继电器观察窗是否存在积气，如有积气应综合变压器、在线、离线油色谱判断结果，在保证安全的前提下利用集气盒取气样进行检测，如主要成分为空气，应尽快查明原因并处理。

（2）开展油管路密封隐患拆卸检查、治理。组织变压器（高压电抗器）生产厂家开展油色谱在线监测装置油管路密封隐患专项排查，优先对气体继电器存在空气积聚、进出油管路存在渗漏、低温高海拔地区投运3年以上的装置进行油管路拆卸检查、治理；其他设备结合年度检修开展排查整改。现场排查前应落实法兰对接面、密封胶圈（一旦打开必须更换）等备品储备。管路法兰对接面应使用"凹面＋平面"方式，"平面＋平面"的法兰面应进行整改；密封胶圈优先选用双线型密封结构，并严格与法兰凹槽匹配，胶圈压缩受力均匀且压缩量应按照国标进行校核计算，变压器（高压电抗器）厂家应提供计算报告并经密封胶圈厂家确认；密封胶圈优先选用氟硅橡胶材质，低温高海拔地区禁止选用丁腈橡胶材质。

2. 新投在线监测设备提升要求

（1）明确厂家责任界面。随变压器（高压电抗器）新投运的在线监测装置，由主设备厂家负责整个在线监测装置管路密封结构、材质以及施工质量管控，在线监测厂家负责把控在线监测设备的调试质量；对改造、加装的油色谱在线监测，主设备厂家负责与本体连接的进出油管路法兰密封质量管控，在线监测厂家负责装置内部管道法兰对接面的安装质量，负责提供安装作业指导书。

（2）严格厂内预制和现场质量管理。在线监测装置管路、密封胶圈等组部件均应在厂内预制，禁止在现场进行管道及法兰的焊接、开槽改造和密封垫制作。油色谱在线监测装置验收阶段应增加管路正负压整体密封性试验，确认无渗漏后方可与变压器（高压电抗器）进行油路连通。

（3）加强验收环节关键点管控。加强现场到货验收和监督管理，运维单位应检查装置厂家提供的法兰和密封件的合格证、检验报告是否齐全，开展密封材质抽样送检抽查，将法兰连接面检查纳入关键环节验收，隐蔽环节要留存必要的影像资料。

案例二　在线监测装置定值错误导致轻瓦斯告警

（一）故障现象

2020年11月6日9时08分，某500kV变电站发"4号主变轻瓦斯告警"信号，现场申请 4 号主变压器紧急停运；13 时 15 分，主变压器转检修。经现场判断为油色谱在线装置异常导致。

（二）故障原因

1. 油色谱在线监测装置检查

现场对油色谱在线监测装置检查发现装置运行参数有误（控制参数 1 中"排油低液位到排空时间"及控制参数 3 中"智能排油压力调整%"参数），影响压力保护系数与排油时间参数。启动油色谱装置运行完整的采集分析流程，在排油过程中最后阶段回油管内出现大量气泡（见图 2-13），推测是由于压力保护系数与排油时间参数错误所导致，控制参数对比如图 2-14 所示。

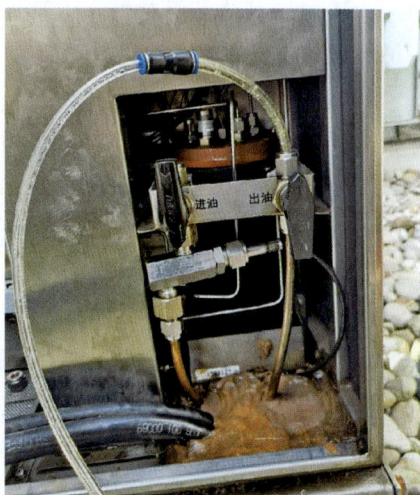

图 2-13　现场实拍回油管内有气泡

图 2-14　控制参数对比（左图为正确参数）

2. 轻瓦斯告警分析

正常排油过程中，油位持续下降，同时罐内压力也持续下降，当液位达到传感器下液位动作点后持续排油 5s，停止排油，油罐内部液位动作点示意如图 2-15 所示。持续排油期间罐内压力一旦达到保护值（正常保护系数93%）时，立即触发报警锁停装置。当"压力保护系数为0"时，压力保护功能被关闭，另"排油低液位到排光时间"参数由5s变成60s，实际运行排油至下液位动作点后仍持续排油 60s 才停止（正常运行排油至下液位后仅持续排油 5s），引起排油过程中最后阶段回油管内存在大气泡。

4号主变压器B相油色谱在线监测装置可能由于主板或软件故障导致系统复归，进而改变压力保护系数和排油时间参数，且装置未针对上述参数异常设置相应的报警、闭锁措施。在此异常工况下，装置持续运行，每次排油产生少量气体，积累导致轻瓦斯报警。

（三）消缺验证

通过配置工具软件修改压力保护系数与排油低液位到排空时间为正常值（93%、5s）后重复实验，此时检查回油管路，回油管内无气泡存在（见图2-16），证实了之前回油管内气泡的确是由于压力保护系数与排油时间参数错误导致的。

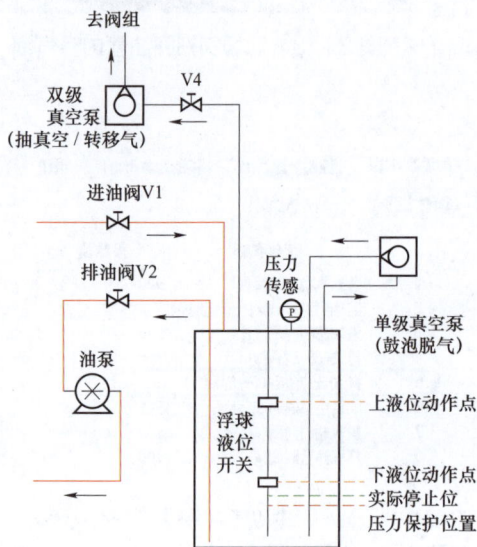

图2-15 油罐内部液位动作点示意

图2-16 正常值参数排油验证无气泡

（四）防范措施

（1）将原油色谱在线监测装置进行返厂，进一步分析和排查故障原因，研究整改方案。

（2）油色谱监测装置厂家对该变电站同类出厂批次所有油色谱装置进行排查。

（3）对主流油色谱在线监测装置厂家进行深入技术调研，了解装置是否存在类似隐患，明确相关的故障保护措施。

案例三 在线监测装置压缩机故障

（一）故障现象

在线监测数据相比往常逐渐变小，持续观察一段时间后数据几乎为0，数据离线。

（二）故障原因

当装置进行油气分离时，压缩机若不能提供装置所需压力，待检测气体不能完全脱出进入色谱单元进行检测，这使数据偏小；当压缩机完全不提供足够压力时，装置气体检测流程无法进行，就会导致数据离线（个别厂家生产的油色谱装置会有流程中断报警）。连接缺陷装置查看装置运行日志，手动启动流程，观察装置的每一步运行状况，发现脱气时所需要的压力达不到装置所需压力，观察压缩机压力表发现压力为0，重启装置，再次手动启动流程，压力仍旧无法达到装置所需压力，用万用表测量压缩机接线处，电压都符合装置设定电压，判断此缺陷是由于压缩机内部故障导致，故障压缩机如图2-17所示。

更换压缩机后启动流程，观察装置每一步运行状况均正常，整个流程结束后观察数据，数据正常。一小时后再次启动流程，待整个流程结束后观察数据，数据正常，缺陷消除，压缩机更换过程如图2-18所示。

图2-17　故障压缩机　　　　图2-18　压缩机更换过程

案例四　在线监测装置主板故障

（一）故障现象

在线监测数据离线或数据全为0。

（二）故障原因

装置主板承担数据计算、流程控制、指令发送等作用，主板出现故障后，指令无法发送，数据无法计算。连接缺陷装置查看装置运行日志（见图2-19），手动启动流程，发现装置无法启动，重启装置后手动启动流程，仍无法启动装置。从相邻同一厂家的装置拆下主板安装在缺陷装置上，手动启动流程装置正常启动，待整个流程结束后观察数据，数据均正常，将缺陷装置主板安装在相邻同一厂家装置，手动启动流程，装置无法启动，此时确定该缺陷是由装置主板故障导致，故障主板如图2-20所示。

更换新主板后手动启动流程装置正常启动，待整个流程结束后观察数据，数据均正常。一小时后再次启动流程，待整个流程结束后观察数据，数据正常，缺陷消除。

图2-19 查看运行日志

图2-20 故障主板

案例五 在线监测装置检测器模块故障

（一）故障现象

在线监测数据不准确、数据为0。

（二）故障原因

检测器是检测七组分气体的重要部件，装置运行时间过长后检测器易故障，检测器模块如图2-21所示。读取装置运行日志查看装置运行无异常情况，手动启动采样流程，观察装置每一步的运行情况，均无异常，流程结束后数据仍为0，此时从装置数据库调取以往数据的谱图，查看谱图发现没有峰值出现，查看装置设定出峰时间以及电压均正常，手动启动装置模拟峰值，发现谱图七组分气体的曲线均为直线且与x轴（时间）重合，没有峰值出现，此时判断是检测器故障，无法检测到气体。

更换新检测器模块后手动启动流程，装置运行正常，流程结束后数据正常，一小时后再次启动采样流程，待流程结束后观察数据，前后对比谱图出峰时间进行校准，校准后观察数据无异常，缺陷消除，更换检测器模块如图2-22所示。

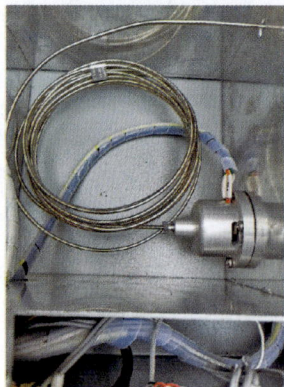

图2-21 检测器模块

图2-22 更换检测器模块

案例六　在线监测装置 PLC 控制器故障

（一）故障现象

在线监测数据离线。

（二）故障原因

PLC 控制器是控制装置各个元器件的通断，若 PLC 控制器发生故障，则装置设定的指令将无效，无法控制元器件，装置采集流程无法继续，导致装置无任何数据。用笔记本连缺陷装置，测试各种电磁阀、六通阀等元器件的通断，发现从电脑发送指令（电脑通过串口及 485 转接连接装置内部 PLC）电磁阀无动作且装置没有声音，重启装置后测试电磁阀等元件器件依旧无动作，检查 PLC 各个接线处均无异常，用万用表测量电压均正常，判断是 PLC 控制器故障，故障 PLC 控制器如图 2-23 所示。

更换新 PLC 控制器后发送指令控制元器件，元器件均动作且在指令发送后装置有明显的声音，缺陷消除，更换 PLC 控制器如图 2-24 所示。

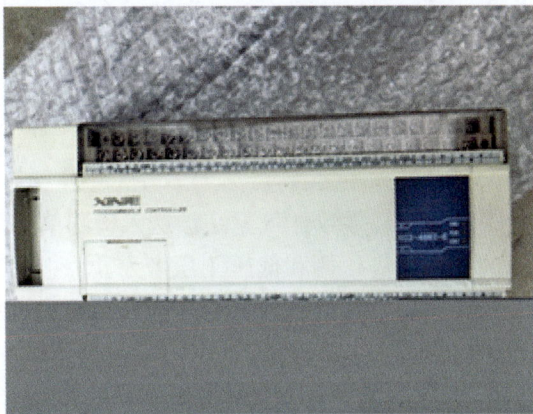

图 2-23　故障 PLC 控制器

图 2-24　更换 PLC 控制器

案例七　在线监测装置脱气单元模块故障

（一）故障现象

在线监测数据离线。

（二）故障原因

在线监测装置脱气单元控制油气分离过程，脱气单元故障会导致装置无法运转，采集流程无法进行，进而数据离线。连接故障装置，查看工作日志及设备采集流程，查看装置告警报文，报文显示采集流程到油泵运转发生故障，导致采集流程中断，此时判断为脱气单元故障，脱气单元模块如图 2-25 所示。

图 2-25　脱气单元模块

对脱气单元进行更换后，手动采集数据，装置运行正常。说明此装置已恢复正常。

案例八　在线监测装置制冷器故障

（一）故障现象

在线监测数据离线。

（二）故障原因

制冷器的作用是控制温度，制冷器故障会导致装置无法顺利升温至 60℃，从而采集流程无法进行，进而数据离线。查看工作日志及设备采集流程，查看装置告警报文，报文显示升温异常，导致采集流程中断，此时判定为制冷器故障。

对制冷器进行更换后，手动采集数据，装置恢复正常，更换制冷器如图 2-26 所示。

图 2-26　更换制冷器

案例九　载气压力不足

（一）故障现象

在线监测数据离线数据出现 -9999 等情况。

（二）故障原因

载气是推送样气的主要载体，载气压力欠压会导致样气无法被送入检测单元，装置无法进行采集流程。现场查看连接载气瓶的减压阀高压侧和低压侧压力为 0（见图 2-27）。经确认载气瓶阀门在打开位置，判断载气欠压导致数据离线。更换载气后装置恢复正常，更换载气如图 2-28 所示。

图 2-27　减压阀压力

图 2-28　更换载气

案例十　**后台服务器及光纤收发器故障**

（一）故障现象

在线监测数据无法上传。

（二）故障原因

装置采集数据后上传后台服务器，后台服务器卡死会或者光纤收发器故障导致装置采集的数据无法上传，从而出现数据离线。连接故障装置，查看工作日志及设备采集流程，查看装置告警报文，发现装置采集正常，装置对下位机通信正常，此时判定为后台服务器问题。

对后台服务器重启后，更换光纤收发器后，手动采集数据，数据上传恢复正常，后台服务器及光纤收发器如图 2-29 所示。

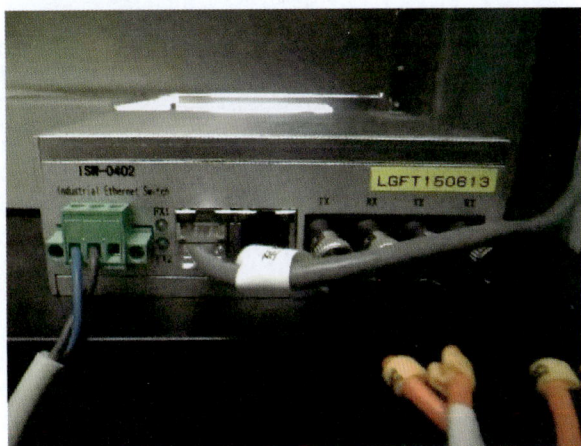

图 2-29　后台服务器及光纤收发器

第三章

防误操作与管理

培训目标：通过学习本章内容，学员熟练掌握变电防误装置管理要求、功能定义、运行维护、技术原则，做到"四懂三会"，了解变电防误新技术，加强防止电气误操作安全管理和装置管理，防止电气误操作事故发生，保障人身、电网和设备安全。

变电站防误
操作与管理

第一节　概　　述

一、引用依据

1. DL/T 687—2010《微机型防止电气误操作装置通用技术条件》
2. DL/T 1404—2015《变电站监控系统防止电气误操作技术规范》
3. Q/GDW 1799.1—2013《电力安全工作规程》
4. Q/GDW 10678—2018《智能变电站一体化监控系统技术规范》
5. Q/GDW 10427—2017《变电站测控装置技术规范》
6. 国家电网设备〔2018〕979号《国家电网有限公司十八项电网重大反事故措施》
7. 运检一〔2018〕63号《变电站一键顺控改造技术规范（试行）》
8. 国家电网安监〔2018〕1119号《防止电气误操作安全管理规定》
9. 国家电网生〔2003〕243号《防止电气误操作装置管理规定》
10. 设备变电（2018）51《关于切实加强防止变电站电气误操作运维管理工作的通知》

二、一次电气设备"五防"和二次设备防误

1. 一次电气设备"五防"

（1）防止误分、误合断路器。

（2）防止带负荷拉、合隔离开关或进、出手车。

（3）防止带电挂（合）接地线（接地开关）。

（4）防止带接地线（接地开关）合断路器、隔离开关或进手车。

（5）防止误入带电间隔。

2. 二次设备防误

（1）防止误碰、误动运行的二次设备。

（2）防止误（漏）投或停继电保护及安全自动装置。

（3）防止误整定、误设置继电保护及安全自动装置的定值。

（4）防止继电保护及安全自动装置操作顺序错误。

第二节　防　误　逻　辑

一、总体要求

防误逻辑规则应满足变电站不同运行方式下倒闸操作的"五防"要求。

二、通用技术原则

（一）断路器

（1）断路器分闸无联锁条件限制。

（2）断路器合闸时，与其直连的接地开关（接地线）应在分位（拆除状态）。若该接地开关与相邻的隔离开关有联锁，可以防止带接地开关（地线）送电时，其接地开关可在合位。

（二）隔离开关

（1）隔离开关操作时，本间隔断路器应在分位。双母接线方式倒母线时，本间隔断路器可在合位，且母联断路器及其两侧隔离开关应在合位。

（2）隔离开关合闸时，两侧接地开关应在分位、接地线应在拆除状态，包括经断路器、主变压器、接地变压器、站用变压器、电容器、母线、电缆等连接的接地开关及接地线。

（3）旁路隔离开关合闸时，旁路断路器应在分位，其他间隔旁路隔离开关应在分位。

（4）旁路隔离开关分闸时，旁路断路器应在分位。

（三）断路器手车（隔离手车）

（1）断路器手车（隔离手车）"工作""试验""检修"位置转换时，本间隔断路器应在分位。

（2）断路器手车（隔离手车）转"工作"位置时，两侧接地开关应在分位、接地线应在拆除状态，包括经主变压器、接地变压器、站用变压器、电容器、母线、电缆等连接的接地开关及接地线，后柜门应关闭。

（四）接地开关（接地线）

（1）接地开关（接地线）合闸（挂接）时，与接地开关（接地线）直接相连或经断路器、主变压器、接地变压器、站用变压器、电容器、母线、电缆等连接的隔离开关（断路器手车、隔离手车）应在分位。

（2）接地开关（接地线）合闸（挂接）时，应先验明无电。

（3）接地开关分闸时，若有关联的网（柜）门，该网（柜）门应关闭。

（4）主变压器中性点接地开关分合闸无条件。

（5）接地线拆除无条件。

（五）网（柜）门

（1）高压设备网（柜）门打开时，所有可能来电侧的隔离开关（断路器手车、隔离手车）应在分位，若有关联的接地开关，该接地开关应在合位。

（2）高压设备网（柜）门关闭时，若有关联的接地开关，该接地开关应在合位。

三、典型防误逻辑

（一）3/2断路器接线单串典型逻辑关系

3/2接线单串接线示意如图3-1所示。

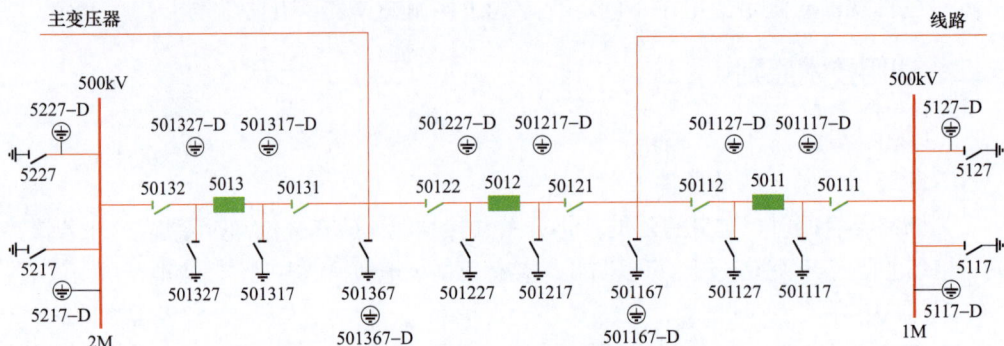

图3-1　3/2接线单串接线示意

注：█为断路器符号。

（1）断路器5011、5012、5013闭锁逻辑：分闸合闸无条件。

（2）隔离开关50111闭锁逻辑。

1）合闸条件：断路器5011分，接地开关5117、5127、501117、501127分，接地桩5117-D、5127-D、501117-D、501127-D分。

2）分闸条件：断路器5011分。

（3）隔离开关50112闭锁逻辑。

1）合闸条件：断路器5011分，接地开关501117、501127、501167分，接地桩501117-D、501127-D、501167-D分。

2）分闸条件：断路器5011分。

（4）隔离开关50121闭锁逻辑。

1）合闸条件：断路器5012分，接地开关501217、501227、501167分，接地桩501217-D、501227-D、501167-D分。

2）分闸条件：断路器5012分。

（5）隔离开关 50122 闭锁逻辑。

1）合闸条件：断路器 5012 分，接地开关 501217、501227、501367 分，接地桩 501217−D、501227−D、501367−D 分，主变压器其余侧接地开关、接地桩分。

2）分闸条件：断路器 5012 分。

（6）隔离开关 50131 闭锁逻辑。

1）合闸条件：断路器 5013 分，接地开关 501317、501327、501367 分，接地桩 501317−D、501327−D、501367−D 分，主变压器其余侧接地开关、接地桩分。

2）分闸条件：断路器 5013 分。

（7）隔离开关 50132 闭锁逻辑。

1）合闸条件：断路器 5013 分，接地开关 5217、5227、501317、501327 分，接地桩 5217−D、5227−D、501317−D、501327−D 分。

2）分闸条件：断路器 5013 分。

（8）接地开关 501167 闭锁逻辑。

1）合闸条件：隔离开关 50112、50121 分，线路无压。

2）分闸条件：无。

（9）接地开关 501367 闭锁逻辑。

1）合闸条件：隔离开关 50122、50131 分，主变压器其余侧隔离开关分。

2）分闸条件：无。

（10）接地开关 501117、501127 闭锁逻辑。

1）合闸条件：隔离开关 50111、50112 分。

2）分闸条件：无。

（11）接地开关 501217、501227 闭锁逻辑。

1）合闸条件：隔离开关 50121、50122 分。

2）分闸条件：无。

（12）接地开关 501317、501327 闭锁逻辑。

1）合闸条件：隔离开关 50131、50132 分。

2）分闸条件：无。

（13）接地开关 5117、5127 闭锁逻辑。

1）合闸条件：1M 母线上所有 1M 侧隔离开关分。

2）分闸条件：无。

（14）接地开关 5217、5227 闭锁逻辑。

1）合闸条件：2M 母线上所有 2M 侧隔离开关分。

2）分闸条件：无。

注：接地桩的分合规则与相应位置处的接地开关分合通用闭锁逻辑相同。

（二）500kV 主变压器三侧典型逻辑关系

500kV 主变压器三侧接线示意如图 3−2 所示。

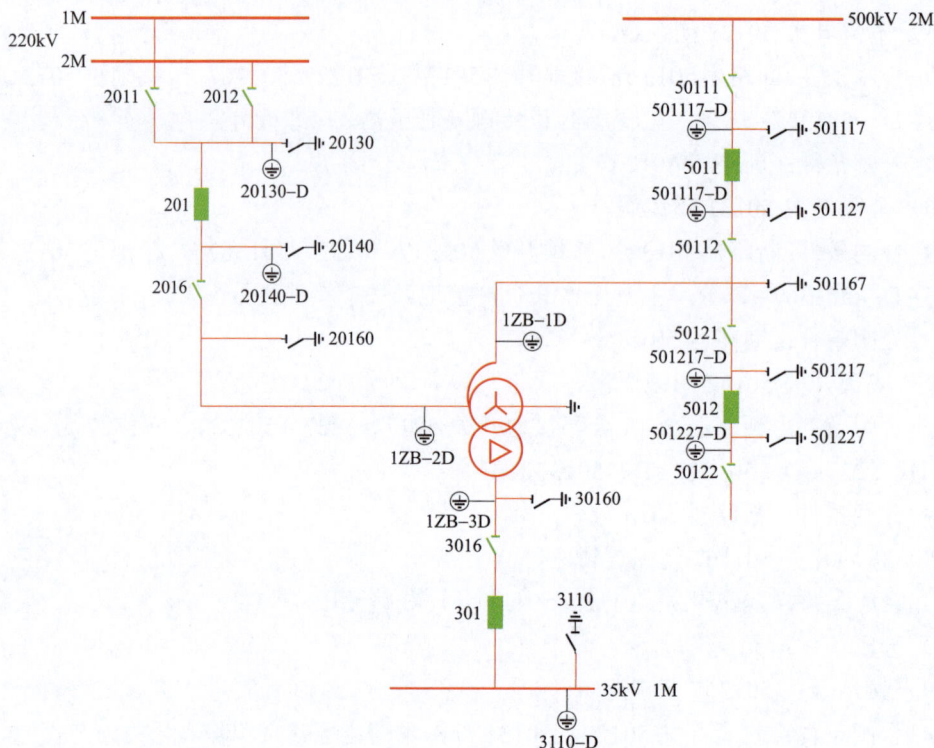

图 3-2　500kV 主变压器三侧接线示意

（1）隔离开关 50112 闭锁逻辑。

1）合闸条件：断路器 5011 分，接地开关 501117、501127、501167、20160、30160 分，接地桩 501117-D、501127-D、1ZB-1D、1ZB-2D、1ZB-3D 分。

2）分闸条件：断路器 5011 分。

（2）隔离开关 50121 闭锁逻辑。

1）合闸条件：断路器 5012 分，接地开关 501217、501227、501167、20160、30160 分，接地桩 501217-D、501227-D、1ZB-1D、1ZB-2D、1ZB-3D 分。

2）分闸条件：断路器 5012 分。

（3）接地开关 501167 闭锁逻辑。

1）合闸条件：隔离开关 50112、50121、2016、3016 分。

2）分闸条件：无。

（4）隔离开关 2016 闭锁逻辑。

1）合闸条件：断路器 201 分，接地开关 501167、20130、20140、20160、30160 分，接地开关 20130-D、20140-D、1ZB-1D、1ZB-2D、1ZB-3D 分。

2）分闸条件：断路器 201 分。

（5）接地开关 20160 闭锁逻辑。

1）合闸条件：隔离开关 50112、50121、2016、3016 分。

2）分闸条件：无。

（6）隔离开关 3016 闭锁逻辑。

1）合闸条件：断路器 301 分，接地开关 501167、20160、3110、30160 分，接地桩 1ZB-1D、1ZB-2D、1ZB-3D、3110-D 分。

2）分闸条件：断路器 301 分。

（7）接地开关 30160 闭锁逻辑。

1）合闸条件：隔离开关 50112、50121、2016、3016 分。

2）分闸条件：无。

注：接地桩的分合规则与相应位置处的接地开关分合通用闭锁逻辑相同。

（三）双母接线线路典型逻辑关系

双母线线路接线示意如图 3-3 所示。

（1）断路器 261 闭锁逻辑：分闸、合闸无条件。

（2）隔离开关 2611、2612 闭锁逻辑。

1）合闸条件：① 断路器 261 分、2612（2611）分，接地开关 26130、26140 分，接地桩 26130-D、26140-D 分，1M（或 2M）所有接地开关、接地桩分；② 隔离开关 2612（2611）合，母联断路器及其两侧隔离开关合。

2）分闸条件：① 断路器 261 分，隔离开关 2612（或 2611）分；② 隔离开关 2612（或 2611）合，母联（分段）断路器及其两侧隔离开关合。

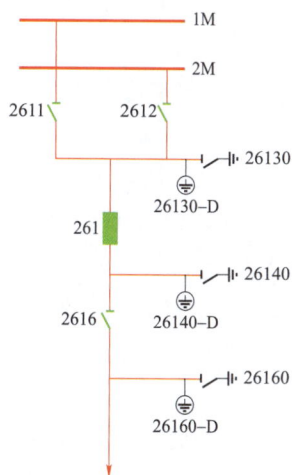

图 3-3 双母线线路接线示意

（3）隔离开关 2616 闭锁逻辑。

1）合闸条件：断路器 261 分，接地开关 26130、26140、26160 分，接地桩 26130-D、26140-D、26160-D 分。

2）分闸条件：断路器 261 分。

（4）接地开关 26130、26140 闭锁逻辑。

1）合闸条件：隔离开关 2611、2612、2616 分。

2）分闸条件：无。

（5）接地开关 26160 闭锁逻辑。

1）合闸条件：隔离开关 2616 分，线路无压。

2）分闸条件：无。

注：接地桩的分合规则与相应位置处的接地开关分合通用闭锁逻辑相同。

（四）双母带旁路接线线路典型逻辑关系

双母线带旁路线路接线示意如图 3-4 所示。

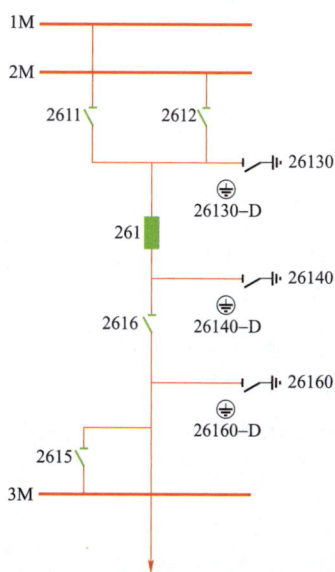

图 3-4 双母线带旁路线路接线示意

（1）断路器261闭锁逻辑：分闸、合闸无条件。

（2）隔离开关2611、2612闭锁逻辑。

1）合闸条件：① 断路器261、2612（2611）分，接地开关26130、26140分，接地桩26130-D、26140-D分，1M（或2M）所有接地开关、接地桩分；② 2612（2611）隔离开关合，母联断路器及其两侧隔离开关合。

2）分闸条件：① 断路器261分，隔离开关2612（或2611）分；② 隔离开关2612（或2611）合，母联（分段）断路器及其两侧隔离开关合。

（3）隔离开关2615闭锁逻辑。

1）合闸条件：旁路断路器分，接地开关26160分，接地桩26160-D分，3M所有接地开关、接地桩分，其他旁路隔离开关分。

2）分闸条件：旁路断路器分。

（4）隔离开关2616闭锁逻辑。

1）合闸条件：断路器261分，接地开关26130、26140、26160分，接地桩26130-D、26140-D、26160-D分。

2）分闸条件：断路器261分。

（5）接地开关26130、26140闭锁逻辑。

1）合闸条件：隔离开关2611、2612、2616分。

2）分闸条件：无。

（6）接地开关26160闭锁逻辑。

1）合闸条件：隔离开关2616、2615分，线路无压。

2）分闸条件：无。

注：接地桩的分合逻辑与相应位置处的接地开关分合闭锁逻辑相同。

（五）单母分段接线典型逻辑关系

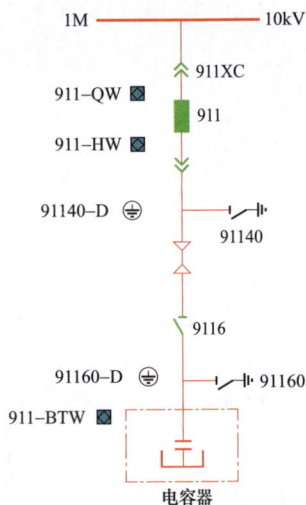

图3-5 单母分段接线示意

单母分段接线示意如图3-5所示。

（1）断路器911闭锁逻辑：分闸、合闸无条件。

（2）断路器小车911-XC闭锁逻辑。

1）推入工作位置条件：断路器911分，接地开关91140分，接地桩91140-D分，1M所有接地开关、接地桩分，开关柜前柜门911-QW、开关柜后柜门911-HW关闭。

2）拉至非工作位置条件：断路器911分。

（3）接地开关91140闭锁逻辑。

1）合闸条件：911断路器小车在非工作位置，隔离开关9116分。

2）分闸条件：无条件。

（4）隔离开关9116闭锁逻辑。

1）合闸条件：断路器911分，接地开关91140、91160分，接地桩 91140 – D、91160 – D 分，电容器本体网门 911 – BTW 关闭。

2）分闸条件：断路器 911 分。

（5）接地开关 91160 闭锁逻辑。

1）合闸条件：隔离开关 9116 分。

2）分闸条件：无条件。

（6）开关柜前柜门 911 – QW 闭锁逻辑。

1）打开条件：911 断路器小车在非工作位置。

2）关闭条件：无条件。

（7）开关柜后柜门 911 – HW 闭锁逻辑。

1）打开条件：接地开关 91140 合。

2）关闭条件：接地开关 91140 合，接地桩 91140 – D 分。

（8）电容器本体网门 911 – BTW 闭锁逻辑。

1）打开条件：接地开关 91160 合或接地桩 91160 – D 合。

2）关闭条件：接地开关 91160 合或接地桩 91160 – D 合。

注：接地桩的分合规则与相应位置处的接地开关分合通用闭锁逻辑相同。

（六）110kV 桥型接线典型逻辑关系

110kV 桥型接线示意如图 3 – 6 所示。

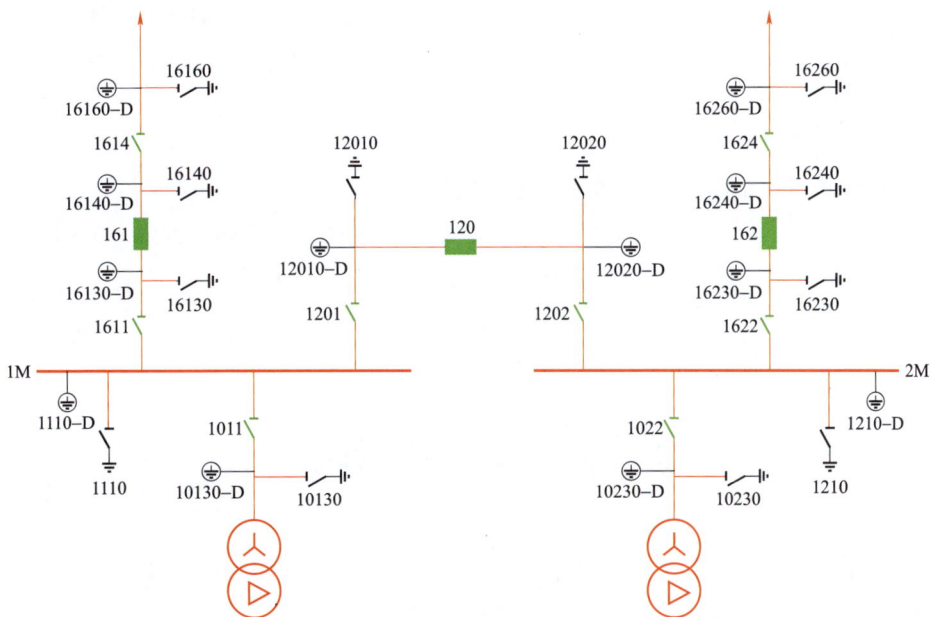

图 3 – 6　110kV 桥型接线示意

（1）断路器 120、161、162 闭锁逻辑：分闸、合闸无条件。

（2）接地开关 16160（16260）闭锁逻辑。

1）合闸条件：隔离开关 1614（1624）刀闸分，线路无压。

2）分闸条件：无条件。

（3）隔离开关 1611（1622）闭锁逻辑。

1）合闸条件：断路器 161（162）分，接地开关 16130、16140（16230、16240）分，接地桩 16130-D、16140-D（16230-D、16240-D）分，1M（或 2M）所有接地刀闸、接地桩分。

2）分闸条件：断路器 161（162）分。

（4）隔离开关 1614（1624）闭锁逻辑。

1）合闸条件：断路器 161（162）分，接地开关 16130、16140（16230、16240）、16160（16260）分，接地桩 16130-D、16140-D（16230-D、16240-D）、16160-D（16260-D）分。

2）分闸条件：断路器 161（162）分。

（5）接地开关 16130、16140（16230、16240）闭锁逻辑。

1）合闸条件：隔离开关 1611、1614（1622、1624）分。

2）分闸条件：无条件。

（6）接地开关 1110（1210）闭锁逻辑。

1）合闸条件：隔离开关 1011、1611、1201（1022、1622、1202）分。

2）分闸条件：无条件。

（7）隔离开关 1011（1022）闭锁逻辑。

1）合闸条件：断路器 161（162）、120 分，接地开关 10130（10230）、1110（1210）分，接地桩 10130-D（10230-D）、1110-D（1210-D）分，主变压器其余侧接地开关、接地桩分。

2）分闸条件：断路器 161（162）、120 分。

（8）母联开关 1201（1202）刀闸闭锁逻辑。

1）合闸条件：断路器 120 分，接地开关 1110（1210），接地桩 1110-D（1210-D）分，接地开关 12010、12020 分，接地桩 12010-D、12020-D 分。

2）分闸条件：断路器 120 分。

注：接地桩的分合规则与相应位置处的接地开关分合通用闭锁逻辑相同。

第三节 防 误 装 置

一、总体要求

（1）防止电气误操作的"五防"功能除"防止误分、误合断路器"可采取提示性措施外，其余"四防"功能必须采取强制性防止电气误操作措施。

（2）强制性防止电气误操作措施是指在设备的电动操作控制回路中串联可以闭锁控制回路的接点，在设备的手动操控部件上加装受闭锁回路控制的锁具，防误锁具的操作不得有走空程现象。

（3）防误系统应具有覆盖全站电气设备及各类操作的"五防"闭锁功能，且同时满足"远方"和"就地"（包括就地手动）操作防误闭锁功能。

（4）电气设备操作控制功能可按远方操作、站控层、间隔层、设备层的分层操作原则考虑。无论设备处在哪一层操作控制，都应具备防误闭锁功能。

（5）成套高压断路器设备应具有机械联锁或电气闭锁；电气设备的电动或手动操作闸刀必须具有防止电气误操作的强制闭锁功能。

（6）防误装置应满足多个设备同时操作的要求，具备多任务并行操作功能。

（7）在调控端配置防误装置时，应实现对受控站及关联站间的强制性闭锁。

（8）防误装置不得影响所配设备的操作要求，并与所配设备的操作位置相对应；防误装置使用的直流电源应与继电保护、控制回路的电源分开；交流电源应是不间断供电电源。

（9）高压电气设备的防误装置应有专用的解锁工具（钥匙），微机防误装置对专用的解锁钥匙应具有管理与解锁监控功能。

（10）防误装置应选用符合产品标准，并经国家电网有限公司公司授权机构或行业内权威机构检测、鉴定的产品。新型防误装置须经试运行考核后方可推广使用，试运行应经国家电网有限公司公司、省（自治区、直辖市）电力公司或国家电网有限公司直属单位同意。

（11）高压电气设备应安装完善的防误闭锁装置，装置的性能、质量、检修周期和维护等应符合防误装置技术标准规定。

（12）调控中心、运维中心、变电站各层级操作都应具备完善的防误闭锁功能，并确保操作权的唯一性。

（13）防误装置（系统）应满足国家或行业关于电力监控系统安全防护规定的要求，严禁与外部网络互联，并严格限制移动存储介质等外部设备的使用。

二、典型的防误装置

（一）微机防误系统

独立微机防误系统主要由防误主机、电脑钥匙、防误锁具及安装附件、遥控闭锁装置、解锁钥匙、高压带电显示闭锁装置等部件组成。对就地操作的电气设备、接地线及网门等采用编码锁实现强制闭锁功能，对遥控操作的设备采用遥控闭锁装置的闭锁接点串接在电气回路中实现强制闭锁功能。

微机防误闭锁系统基本结构如图 3-7 所示。

1. 主要部件

（1）防误主机。防误主机是微机型防误系统的主控单元，操作界面上具有与现场设备状态一致的主接线模拟图，变电站设备的状态可通过监控系统获取遥信量或接收电脑钥匙操作过程信息实现与现场设备状态对位。在防误主机内存储有防误系统应用软件和所有一次设备的防误闭锁逻辑规则库，用于模拟预演和设备操作的防误逻辑判断，防误主机将模拟预演生成的正确操作序列，传输给电脑钥匙或顺序控制遥控闭锁装置解锁。

（2）电脑钥匙。电脑钥匙具有接收操作票、正常开锁、虚遥信状态位置采集和上传三

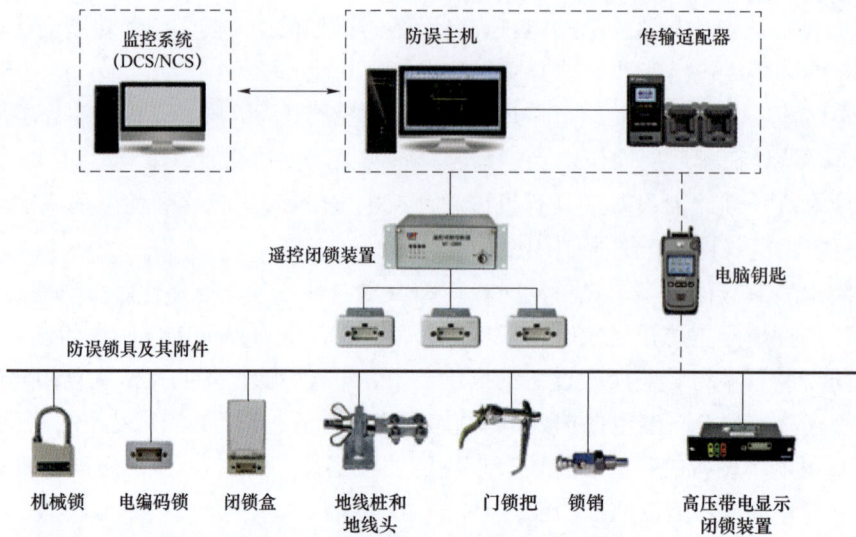

图 3-7　微机防误闭锁系统基本结构

个功能。当操作模拟预演结束，防误主机便将正确的操作票（含二次提示项）转化为操作序列传到电脑钥匙中，然后运维人员拿着该电脑钥匙到现场进行操作。运维人员操作时依据电脑钥匙上显示的设备号，将电脑钥匙插入相应的编码锁内，通过其探头检测编码锁编码是否正确，若正确则开放其闭锁回路或机构，则可以对该设备进行电动操作或打开机械编码锁进行手动操作。若走错间隔操作，电脑钥匙检测出的编码锁编码与实际操作序列的编码不符，闭锁回路或机构不能解除闭锁，同时电脑钥匙会发出持续的报警声以提醒操作人员，从而达到强制闭锁的目的。电脑钥匙在操作的同时就记录了设备的变位信息，当所有操作都完成，电脑钥匙便将记录的设备变位信息上传到防误主机。

（3）防误锁具及安装附件。防误锁具用于闭锁高压电气设备的电气控制回路和操作机构。防误锁具内部均装有可被电脑钥匙识别的码片，编码具备唯一性。常见的有机械编码锁、电编码锁、闭锁盒等，以及地线桩（地线头）、门锁把手、锁销等安装附件。

1）机械编码锁。机械编码锁是用于对手动操作的高压电气设备（如隔离开关、接地开关、网门/柜门、临时接地线等）实施强制闭锁的机械锁具。手动操作的高压电气设备闭锁实物如图 3-8 所示。

图 3-8　手动操作的高压电气设备闭锁实物

（a）机械编码锁；（b）户外隔离开关闭锁；（c）网门闭锁

2）电编码锁。电编码锁主要用于对电动操作的高压电气设备（如断路器、电动隔离开关、电动地刀等）实施强制闭锁的电气锁具。电动操作的高压电气设备闭锁原理如图3-9所示。

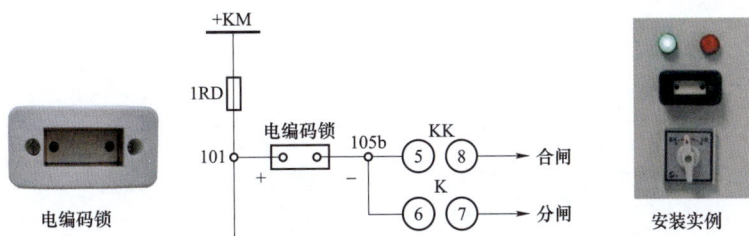

图3-9　电动操作的高压电气设备闭锁原理

3）地线桩（地线头）。地线头、地线桩是配合机械编码锁对接地线实施强制闭锁的安装附件。地线桩（地线头）闭锁实物如图3-10所示。

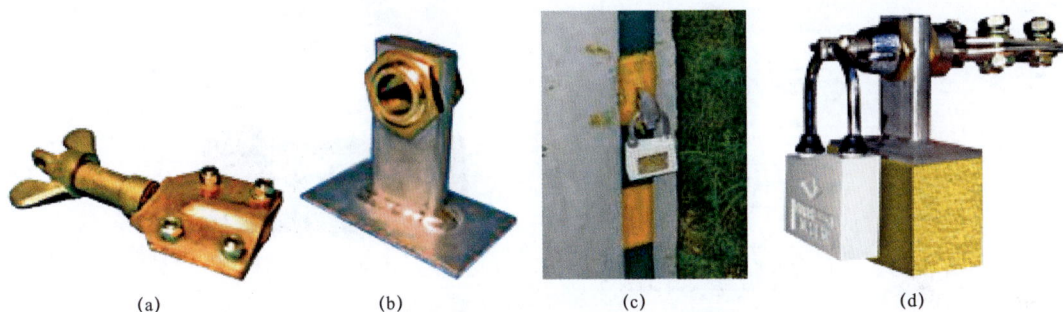

图3-10　地线桩（地线头）闭锁实物
（a）地线头；（b）地线桩；（c）地线桩闭锁示意；（d）地线头闭锁示意

（4）遥控闭锁装置。遥控闭锁装置用于对遥控操作的高压电气设备（如断路器、电动隔离开关、电动接地开关等）实施强制闭锁的装置。电动操作隔离开关遥控闭锁回路原理如图3-11所示。

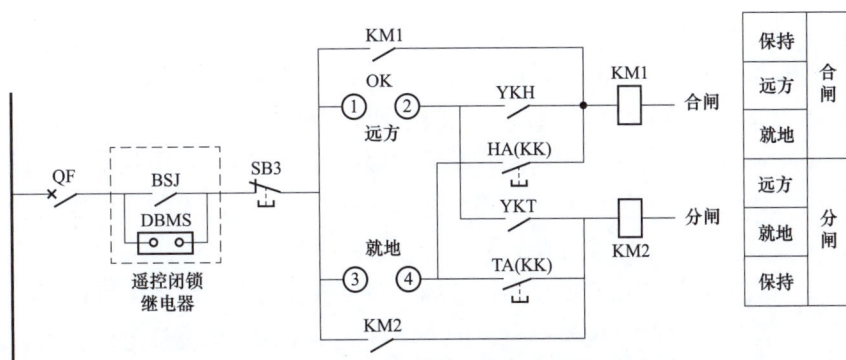

图3-11　电动操作隔离开关遥控闭锁回路原理

115

（5）解锁钥匙。微机防误闭锁系统设置解锁钥匙，以应对当微机防误闭锁系统出现故障或在特殊情况下实施解锁的要求，一般包括电气解锁钥匙和机械解锁钥匙。

2. 操作步骤

操作步骤如图 3-12 所示。

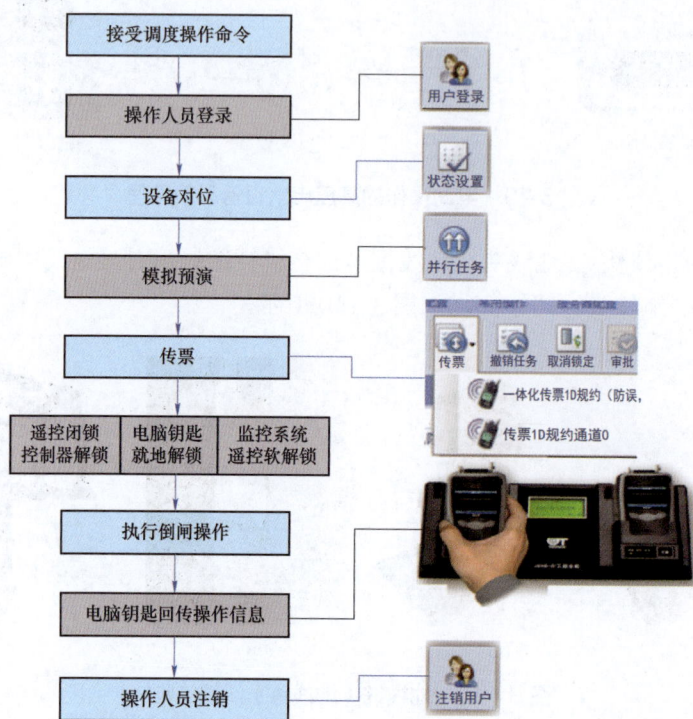

图 3-12　操作步骤

（二）监控防误系统

监控防误系统是一种利用测控装置及监控系统内置的防误逻辑规则，实时采集断路器、隔离开关、接地开关、接地线、网门、压板等一、二次设备状态信息，并结合电压、电流等模拟量进行判别的防误闭锁系统。

监控防误系统由站控层防误、间隔层防误、设备层防误三层构成。站控层防误由监控主机实现面向全变电站的防误闭锁功能。间隔层防误由测控装置实现本测控单元所控制设备的防误闭锁功能，可以实现本间隔闭锁和跨间隔闭锁。设备层防误包括一次设备配置的机械闭锁及电气闭锁，同时由智能终端接收间隔层网络报文，输出防误闭锁接点实现遥控操作的防误闭锁。智能变电站监控防误系统如图 3-13 所示。

监控防误系统防误校核功能是由监控主机、测控装置内嵌的防误闭锁逻辑在后台程序自主实现的，其逻辑校验的过程是不可见的，不需人工干预。但需注意装置的"联锁"硬压板投入或防误解锁开关在联锁位置，测控装置才会校核自身的防误逻辑。变电站监控系统在正常运行阶段不得解除防误校验功能。

（三）智能防误系统

智能防误系统是一种具备顺控操作不同源防误校核功能,与监控主机内置防误逻辑形成双校核机制,并具备解锁钥匙定向授权及管理监测、接地线状态实时采集等功能的防误操作系统。

顺控操作（程序化操作）是变电站倒闸操作的一种操作模式,可实现操作项目软件预制、操作任务模块式搭建、设备状态自动判别、防误联锁智能校核、操作步骤一键启动、操作过程自动顺序执行。

模拟预演和指令执行过程中采用双套防误校核,一套为监控主机内置的防误逻辑闭锁,另一套为独立智能防误主机的防误逻辑校验,模拟预演和指令执行过程中双套防误校核应并行进行,双套系统均校验通过才可继续执行;若校核不一致应终止操作,并提示错误信息。智能防误系统架构如图3-14所示。

顺控操作过程中,监控主机和防误主机的整

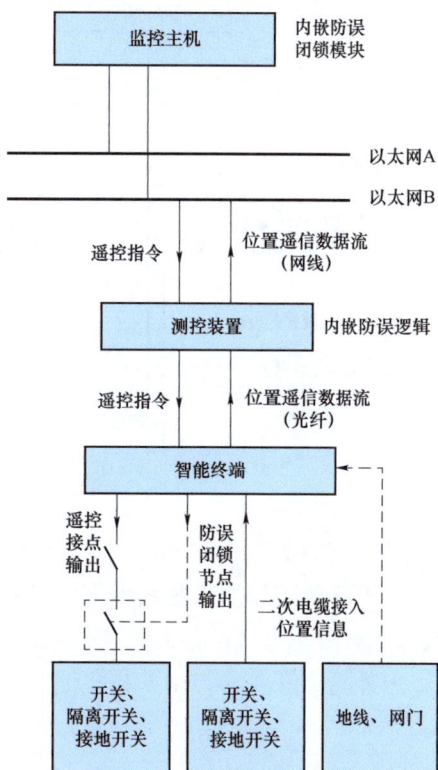

图 3-13 智能变电站监控防误系统

个模拟预演、防误校核、指令执行过程均自动执行,无需人工干预。监控主机与智能防误主机交互流程如图3-15所示。

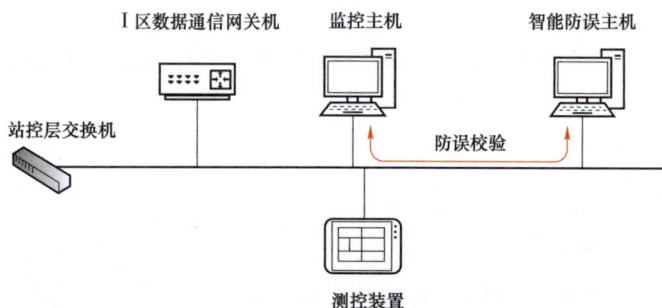

图 3-14 变电站智能防误系统架构

监控主机模拟预演时,智能防误主机根据监控主机预演指令执行顺控操作票全过程防误校核,并将校核结果返回至监控主机;顺控操作执行时,智能防误主机对监控主机发送的每步控制指令进行单步防误校核,并将校验结果返回至监控主机。

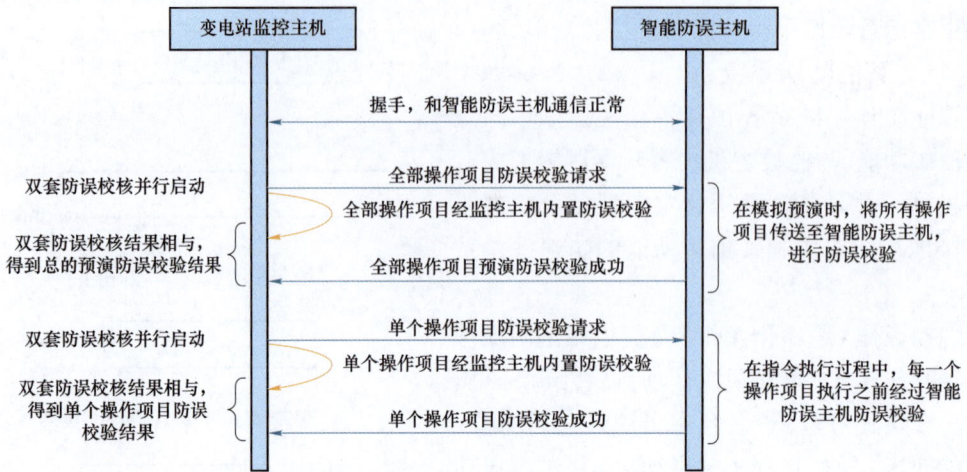

图 3-15 监控主机与智能防误主机交互流程

（四）机械联锁防误

机械联锁防误原理是利用电气设备操作机构的机械联动部件（如传动轴上的异型限位挡板），对相关电气设备机械操作机构的动作进行限制，实现对电气设备操作的防误闭锁。

户外隔离开关（刀闸）与接地开关（地刀）之间的机械联锁如图 3-16 所示。

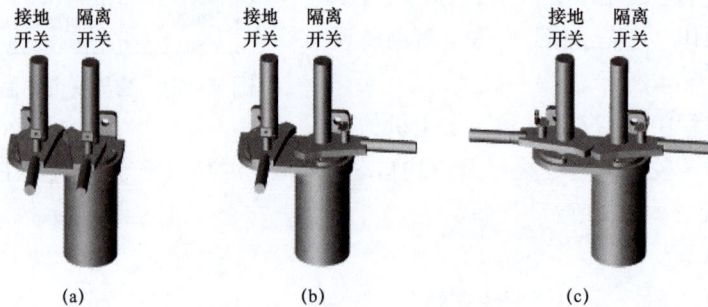

图 3-16 户外隔离开关（刀闸）与接地开关（地刀）之间的机械联锁
（a）刀闸在合位，地刀不能合；（b）刀闸在分位，地刀可以合；（c）地刀在合位，刀闸不能合

机械联锁装置与高压电气设备一体化，具有强制闭锁功能，可以实现正/反向的防误闭锁要求，具有机械结构简单、闭锁直观，不易损坏，操作方便，运行可靠等优点。机械联锁只能用高压电气设备本体之间的防误闭锁，如在户外一体化的隔离开关与接地刀闸之间的闭锁、开关柜内部机械操作机构电气设备之间的闭锁。对两柜之间或户外隔离开关与断路器之间无法实现闭锁，还需辅以其他闭锁装置，才能满足全站的闭锁要求。

（五）电气闭锁防误

电气闭锁防误原理是利用一次设备（断路器、隔离开关、接地开关等）的位置辅助接点组成电气闭锁逻辑控制回路，接入需闭锁的电动操作设备的控制回路中，实现对电气设备操作的防误闭锁。

典型的电气闭锁原理如图 3-17 所示。

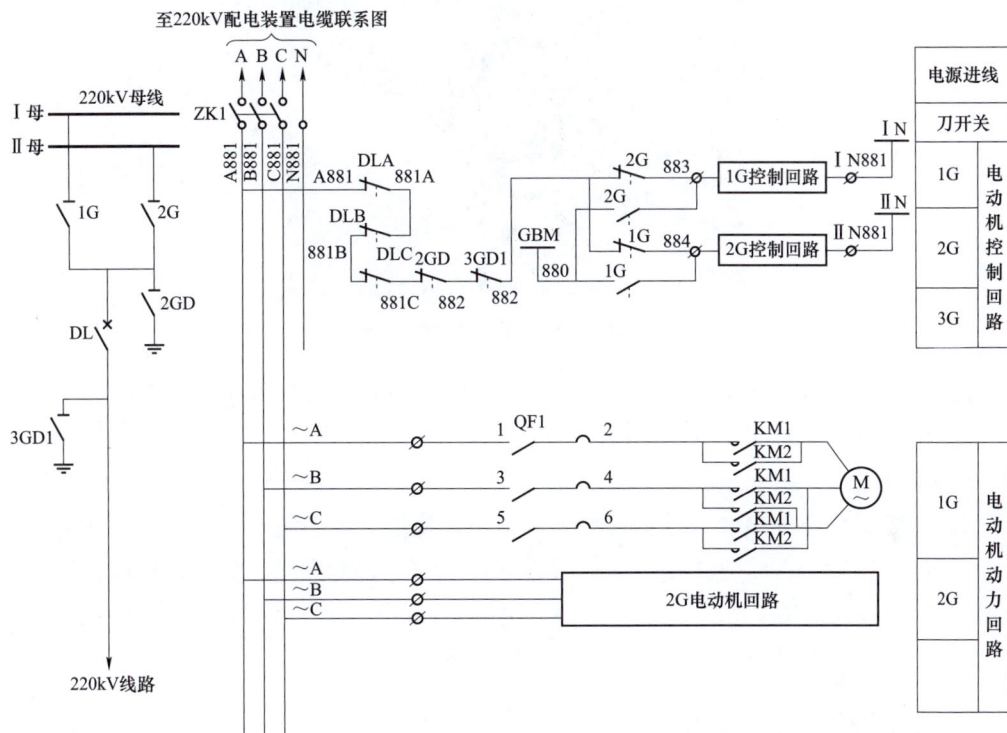

图 3-17 典型的电气闭锁原理

电气闭锁直接将反映设备状态的电气量接入电动操作设备控制回路中，对电动操作设备具有强制闭锁功能，不需要额外安装锁具，且不增加额外的操作，操作简便。适用于闭锁逻辑较为简单的单元间隔内电动操作设备和组合开关柜的防误闭锁，特别是对 GIS 组合电气设备尤为适用。

电气闭锁存在的主要问题包括以下 4 点。

（1）电气防误闭锁无法防止误分、误合断路器。

（2）对手动操作的电气设备、接地线和网门等缺乏有效的闭锁手段，无法防止带地线合隔离开关、防止带电挂接地线、防止误入带电间隔（该类设备的防误闭锁需和带电检测装置、电磁锁配套使用才能实现）。

（3）以电气闭锁方式实现复杂的跨间隔闭锁逻辑时，接线过于复杂。

（4）电气防误闭锁功能缺乏提示性。

（六）机械程序锁

机械程序锁是一种开锁钥匙的程序可随操作进程置换，从而达到开锁顺序控制的机械锁具，对电气设备的手动操作机构实施闭锁。机械程序锁如图 3-18 所示。

防误闭锁原理是：第一步操作完成，设备的操作机构位置到位后，才能取出下一步操作的钥匙，进行下一步开锁操作，从而实现对电气设备间的防误闭锁。故又称连环锁。

图 3-18　机械程序锁

机械程序锁对手动操作的电气设备具有强制闭锁功能，操作简便，工程造价低。

机械程序锁存在的主要问题包括以下内容。

（1）机械结构复杂，室外使用锁具易锈蚀，操作时常出现卡滞现象，开启不灵活。

（2）安装精度要求高，调试和维护工作量大，使用可靠性差。

（3）不适应复杂接线方式变电站的所有运行方式（如倒母线、旁代、检修等操作）。

该闭锁方式仅适用于线路简单的小型变电站。不能满足电气设备远方操作的强制性闭锁功能，不适用无人值守变电站、综自站和集控站。

三、防误装置技术要求

（一）电气闭锁

（1）断路器、隔离开关和接地开关电气闭锁回路应直接使用断路器和隔离开关、接地开关等设备的辅助接点，严禁使用重动继电器。

（2）接入电气闭锁回路中设备的辅助接点应满足可靠通断的要求，辅助开关应满足响应一次设备状态转换的要求，电气接线应满足防止电气误操作的要求。

（3）成套 SF_6 组合电器、成套高压开关柜防误功能应齐全、性能良好；新投开关柜应装设具有自检功能的带电显示装置，并与接地开关及柜门实现强制闭锁；配电装置有倒送电源时，间隔网门应装有带电显示装置的强制闭锁。

（二）微机防误系统

（1）微机防误装置主机应具有实时对位功能，通过对受控站电气设备位置信号采集，实现防误装置主机与现场设备状态的一致性。

（2）远方操作中使用的微机防误系统遥控闭锁控制装置必须具有远方遥控开锁和就地电脑钥匙开锁的双重功能。

（3）微机防误系统应接入变电站不间断电源。

（三）监控防误系统

（1）监控防误系统应具有完善的全站性防误闭锁功能，接入监控防误系统进行防误判别的断路器、隔离开关及接地开关等一次设备位置信号，宜采用常开、常闭双位置触点接入。

（2）监控防误系统应实现对受控站电气设备位置信号的实时采集,确保防误装置主机与现场设备状态一致。当这些功能发生故障时应发出告警信息。

（3）监控防误系统应具有操作监护功能,允许监护人员在操作员工作站上对操作实施监护,应满足对同一设备操作权的唯一性要求。

（4）利用计算机监控系统实现防误闭锁功能时,应有符合现场实际并经运维管理单位审批的防误规则,防误规则判别依据可包含断路器、隔离开关、接地开关、网门、压板、接地线及就地锁具等一、二次设备状态信息,以及电压、电流等模拟量信息。若防误规则通过拓扑生成,则应加强校核。

（四）智能防误系统

智能防误系统应单独设置,与监控系统内置防误逻辑实现双套防误校核。智能防误系统应具备顺控操作防误和就地操作防误功能,当遥控、顺控操作因故中止,切换到就地操作防误,顺控操作应具备人工急停功能。

第四节　防　误　管　理

一、防误管理责任制

（1）切实落实防误操作工作责任制,各单位应设专人负责防误装置的运行、维护、检修、管理工作。定期开展防误闭锁装置专项隐患排查,分析防误操作工作存在的问题,及时消除缺陷和隐患,确保其正常运行。

（2）各单位应设置防止电气误操作装置管理专责人（简称"防误专责人"）,归口部门负责本单位防止电气误操作装置管理工作,应定期发文明确防误专责人员名单。

二、防误运行管理

（一）日常管理

（1）应制订完备的解锁工具（钥匙）管理规定,严格执行防误闭锁装置解锁流程。防误装置管理应纳入现场专用运行规程,明确技术要求、使用方法、定期检查、维护检修和巡视等内容。运维和检修单位（部门）应做好防误装置的基础管理工作,建立健全防误装置的基础资料、台账和图纸,做好防误装置的管理与统计分析,及时解决防误装置出现的问题。

（2）应有符合现场实际并经运维单位审批的防误规则表,防误系统应能将防误规则表或闭锁规则导出,打印核对并保存。

（3）防误操作闭锁装置不能随意退出运行,停用防误操作闭锁装置应经设备运维管理单位批准；短时间退出防误操作闭锁装置,应经变电站站长或发电厂当班值长批准,并应按程序尽快投入。

（4）造成防误装置失去闭锁功能的缺陷应按照危急缺陷管理。防误装置因缺陷不能及时消除，防误功能暂时不能恢复时，执行审批手续后，可以通过加挂机械锁作为临时措施，此时机械锁的钥匙也应纳入解锁工具（钥匙）管理，禁止随意取用。

（5）涉及防止电气误操作逻辑闭锁软件的更新升级（修改），应经运维管理单位批准。升级应在该间隔停运或遥控操作出口压板退出时进行，升级后应详细记录及备份。

（6）加强调控、运维和检修人员的防误操作专业培训，调控、运维及检修等相关人员应按其职责熟悉掌握防误装置，做到"四懂三会"（懂防误装置的原理、性能、结构和操作程序，会熟练操作、会处理缺陷和会维护）。

（二）验收管理

（1）防误装置新投和改造后的验收应由运维单位防误专责人组织，有运维部门相关人员参加验收，严格按照《国家电网有限公司变电验收管理规定（试行）第 26 分册 辅助设施验收细则》中关于防误闭锁装置验收要求开展验收工作，严格执行《防误闭锁装置竣工（预）验收标准卡》。

（2）应对电气闭锁回路每个闭锁条件进行逐一实操检验，以检验回路接线的正确性。

（3）应检查机械闭锁机构能可靠闭锁误操作，并能承受误操作的机械强度而不损坏。

（4）应检查微机五防的一次接线、名称、编号与站内现场情况一致，图中各元件名称正确，编码锁、接地桩设置位置正确。

（5）应对微机"五防"进行正逻辑和反逻辑模拟操作，以验证逻辑正确。顺控操作应采用监控主机内置防误逻辑和独立智能防误主机双校核机制，验收时应分别对监控主机和独立智能防误主机进行逻辑验证。

（6）防误闭锁装置应与相应主设备统一管理，做到同时设计、同时安装、同时验收投运，并制订和完善防误装置的运行、检修规程。对于未安装防误装置或防误装置验收不合格的设备，运维单位或有关部门有权拒绝该设备投入运行。新建、改（扩）建变电工程或主设备经技术改造后，防误闭锁装置应与主设备同时投运。

（7）防误装置（系统）应满足国家或行业关于电力监控系统安全防护规定的要求。安全防护要求等同于电网实时监控系统。

（三）巡视维护

（1）微机防误装置及其附属设备（电脑钥匙、锁具、电源灯）维护、除尘、逻辑校验每半年 1 次。每年春季、秋季检修预试前，对防误装置进行普查，保证防误装置正常运行。

（2）检查电脑钥匙（含备用电脑钥匙）电量充足、运行正常，无"调试解锁""密码跳步"功能。

（3）检查锁具闭锁全面可靠，符合现场设备"五防"要求，锁具无生锈、卡涩、损坏现象，锁具标识正确清晰，并与现场设备一致。

（四）防误逻辑管理

（1）新投或改造后，应对全站防误装置闭锁逻辑进行一次核对检查，闭锁逻辑应备份存档。

（2）每年春检、秋检前，应进行微机"五防"接线图、防误逻辑的核对检查。

（五）防误权限管理

（1）防误装置（含解锁钥匙管理机）操作人员、防误专责人和厂家人员权限密码（授权卡）不得使用同一密码，密码（授权卡）应由本人严密保管，不得交由其他人员使用。

（2）操作人员仅具备正常操作权限，不应具备"设备强制对位""修改防误闭锁逻辑""修改电气接线图及设备编号"等权限；防误专责人具备"设备强制对位""修改防误闭锁逻辑""修改电气接线图及设备编号"权限。"设备强制对位"应履行防误装置解锁审批流程，并纳入缺陷管理；"修改防误闭锁逻辑""修改电气接线图及设备编号"等工作应经防误装置专责人批准。

（3）防误逻辑闭锁软件的更新升级（修改）、修改防误闭锁逻辑、修改电气接线图及设备编号的工作应经防误专责人书面批准。

（六）接地线管理

（1）变电站接地线应定置管理，每组接地线及其存放位置应编号并一一对应，非运维人员不得将任何形式的接地线带入站内。

（2）工作中需要加装接地线，应使用变、配电站（运维班）提供的接地线，装、拆接地线应做好记录，并在交接班日志交待清楚。运维人员对本站内装拆的接地线的地点和数量正确性负责。

（3）带入变电站现场的个人保安线应在工作票内做好记录，工作结束时工作负责人检查个人保安线全部收回，个人保安线带入及带出由运维人员和工作负责人共同核对签名。

（4）固定接地桩应预设，变电站所有接地桩应全部加锁并纳入防误闭锁系统，变电站应预设足够的固定接地桩，大型检修工作应提前做好现场查勘工作。接地线的挂、拆状态宜实时采集监控，并实施强制性闭锁。

（七）解锁管理

对防误装置的解锁操作分为电气解锁、机械解锁和逻辑解锁。以任何形式部分或全部解除防误装置功能的操作，均视为解锁并填写《解锁钥匙使用记录》。任何人不得随意解除闭锁装置，禁止擅自使用解锁工具（钥匙）或扩大解锁范围，造成防误装置失去闭锁功能的缺陷应按照危急缺陷管理。解锁情况具体如下：

1. 倒闸操作解锁

倒闸操作过程中，防误装置及电气设备出现异常需要解锁操作，应由防误装置专业人员核实防误装置确已故障并出具解锁意见，报本单位分管领导许可，经防误装置专责人或运维管理部门指定并经书面公布的人员到现场核实无误并签字后，由变电站运维人员报告当值调控人员后，方可解锁操作。

2. 配合检修解锁

电气设备因运行维护或配合检修工作需要解锁，应经防误装置专责人或运维管理部门指定并经书面公布的人员现场批准，并在值班负责人监护下由运维人员经防误闭锁系统进行操作，不得使用解锁钥匙解锁。严禁检修调试人员使用非常规方法解锁。

3. 紧急（事故）解锁

若遇危及人身、电网和设备安全等紧急情况需要解锁操作，可由变电运维班当值负责人下令紧急使用解锁工具（钥匙）。

4. 解锁钥匙管理

（1）防误装置授权卡、解锁工具（钥匙）应使用专用的装置封存，任何人员不得擅自保留解锁钥匙。

（2）解锁钥匙采用普通钥匙盒封存的，应采用一次性封条，封条应有唯一编号并加盖单位公章。封条由防误专责人签字后发放，应有发放记录。封条应填写封存日期、时间和封存人，并与解锁钥匙使用记录一致。解锁钥匙采用普通钥匙盒封存的宜逐步更换为智能钥匙管理机，智能钥匙管理机应具备自动记录、钥匙定置管理、强制管控（通过授权开启）等功能。智能钥匙管理机宜接变电站不间断电源，应具有紧急开门功能。

（八）检修传动防误管理

（1）检修、试验等工作，需要对设备进行传动操作时，工作班组应事先提出要求，由运维人员经防误系统进行操作，严禁检修调试人员使用短接、按压接触器等非常规方法解锁操作。具备条件的单位，宜采用专用的检修防误电脑钥匙，加强检修传动防误管理。

（2）设备检修时，回路中的各来电侧隔离开关操作手柄和电动操作隔离开关机构箱的箱门应加挂机械锁。

（3）检修设备停电，应把各方面的电源完全断开（任何运行中的星形接线设备的中性点，应视为带电设备）。禁止在只经断路器（开关）断开电源或只经换流器闭锁隔离电源的设备上工作。应拉开隔离开关（刀闸），手车开关应拉至试验或检修位置，应使各方面有一个明显的断开点，若无法观察到停电设备的断开点，应有能够反映设备运行状态的电气和机械等指示。与停电设备有关的变压器和电压互感器，应将设备各侧断开，防止向停电检修设备反送电。

（4）检修设备和可能来电侧的断路器、隔离开关应断开控制电源和合闸能源，隔离开关操作把手应锁住，确保不会误送电。

三、顺控（程序）操作防误管理

（1）顺控操作（程序化操作）应具备完善的防误闭锁功能，模拟预演和指令执行过程中应采用监控主机内置防误逻辑和独立智能防误主机双校核机制，且两套系统宜采用不同厂家配置。顺控操作因故停止，转常规倒闸操作时，仍应有完善的防误闭锁功能。

（2）实施顺控操作的变电站应明确自动判断设备状态的具体检查要求；现场专用运行规程还应明确顺控操作过程中出现异常时的处置方法（步骤）和安全管理要求。

（3）顺控操作的预制操作票和常规典型操作票应尽可能保持操作步骤的一致性，以方便两种操作模式的转换。

（4）顺控操作应具备人工急停功能。

四、二次设备防误管理

（1）二次设备屏柜及屏柜上装置、压板、切换端子、控制开关、信号指示等的命名和标识应规范，与运行规程和典型操作票一致。二次屏柜内不同单元的设备（包括继电器、接触器、端子排、压板、控制开关等）应合理分区，区别明显，不同单元之间宜采用醒目线条、终端端子等予以隔离。

（2）二次设备的重要按钮（装置重启、复位、电源等）在正常运行中，应做好防误碰的安全措施，并在按钮旁贴有醒目标签加以说明。

（3）根据调度规程对设备状态的定义，在运行规程上明确不同运行状态下各二次设备及相关交直流控制电源的投停状态，说明各压板、切换开关等的位置。

（4）现场专用运行规程对压板操作、电流端子操作、切换开关操作、插拔操作、二次开关操作、按钮操作、定值更改等继电保护操作，应制定正确操作要求和防止电气误操作措施。

（5）新设备投产前，应在现场专用运行规程中明确二次操作步骤和顺序，或拟定典型操作票，并经审核发布。出现运行规程中没有的特殊运行方式调整或非典型操作任务操作时，使用的操作票应经运行专责人员（班长或专职工程师）审核。

（6）继电保护及安全自动装置（包括直流控保软件）的定值或 SCD、CID 文件等其他设定值的修改应按规定流程办理，不得擅自修改。现场应对不同类型保护制定二次设备定值更改的安全操作规定，定值调整后检修、运维人员双方应核对确认签字，并做好记录。

（7）对继电保护、安全自动装置等二次设备操作，应制订正确操作方法和防误操作措施。智能变电站保护装置投退应严格遵循规定的投退顺序。

第五节 防 误 新 技 术

一、变电站新一代智能防误管理系统

变电站新一代智能防误管理系统主要由智能防误主机、就地防误单元（兼传输适配器）、电脑钥匙、防误锁具、高压带电显示闭锁装置等设备，以及智能钥匙管理机、二次设备采集管理机、智能地线管理机等部件组成。变电站新一代智能防误管理系统结构示意如图 3-19 所示。

变电站新一代智能防误管理系统在实现一次设备防误操作功能基础上，拓展了防误逻辑智能校核、检修防误、二次防误、解锁钥匙智能管理、接地线智能管理等业务功能模块，覆盖运检作业各主要环节。智能防误系统业务功能结构及主要模块部件组成如图 3-20所示：

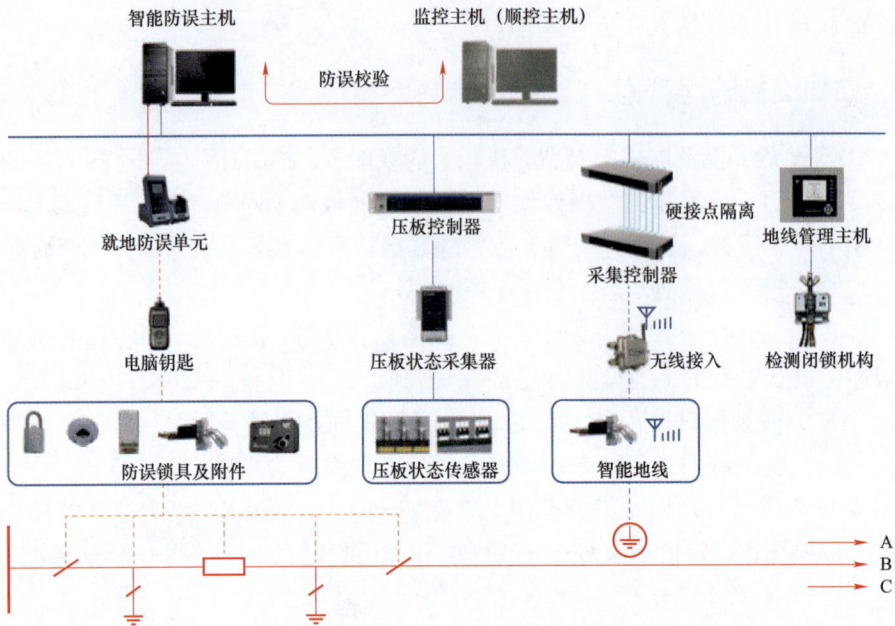

图 3-19 变电站新一代智能防误管理系统结构示意

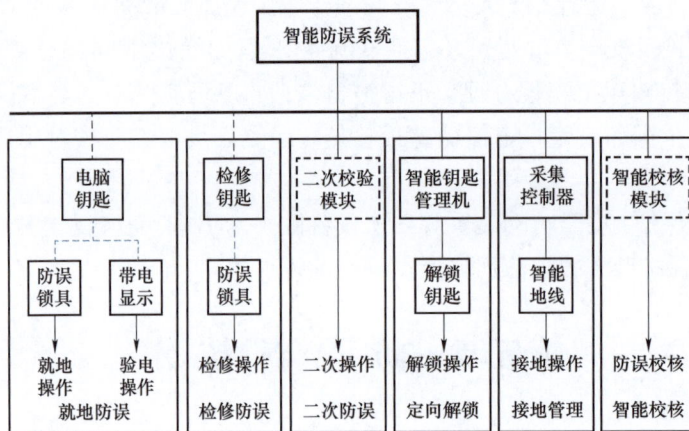

图 3-20 智能防误系统业务功能结构及主要模块部件组成

（一）防误逻辑智能校核

针对传统手写防误逻辑规则易错漏的问题，汇总典型接线方式下的倒闸操作防误逻辑规则，利用 CIM 模型、图模匹配、拓扑分析等技术基础，实现防误逻辑规则的深度学习和智能校核，可支持对不同变电站接线形式、不同倒闸操作下的自适应防误逻辑校核。智能校核功能集成在智能防误系统中，不依赖现场人工编写防误逻辑规则，智能防误逻辑规则统一、配置全面，可有效消除人工编写防误逻辑规则错漏导致的风险隐患。防误逻辑智能校核示意如图 3-21 所示。

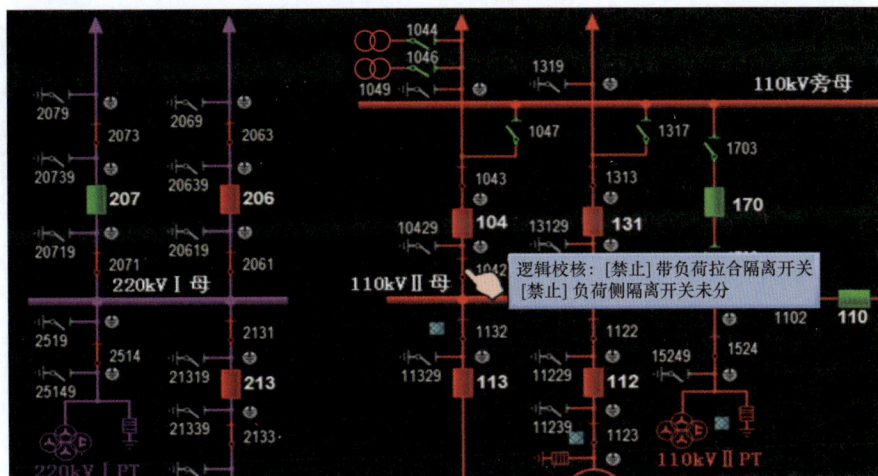

逻辑校核：[禁止]带负荷拉合隔离开关
[禁止]负荷侧隔离开关未分

图 3-21　防误逻辑智能校核示意

（二）检修防误功能

针对检修传动工作中防误闭锁功能不足的问题，在目前变电站微机防误普及应用的基础上，基于"分区管理，强制闭锁"的思路采用检修作业区域智能化判别技术，实现变电站运行设备闭锁管控、隔离点设备操作权管控、检修作业面设备防误操作管控等功能，可防止检修期间误入带电间隔、误传动等问题，并提高检修作业效率、保障人身和设备安全。检修防误示意如图 3-22 所示。

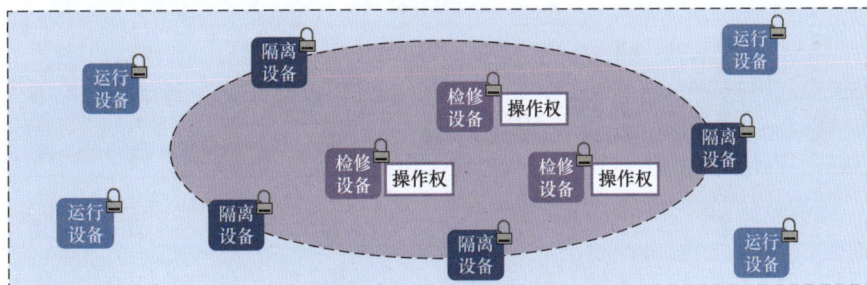

图 3-22　检修防误示意

（三）二次压板防误

1. 系统组成

二次压板防误系统主要包含硬、软压板智能防误。

硬压板智能防误主要包含压板状态采集控制器、压板状态采集器、压板状态传感器。压板状态采集控制器与所有压板状态采集器进行通信，集中读取全站压板状态，并上送至智能防误主机；压板状态采集器实现一面屏柜上压板状态的集中采集，含有电脑钥匙接口，读取电脑钥匙的操作序列，下发操作提示信息给压板状态传感器；压板状态传感器包括导轨模块和感应附件，采用非电量感应原理采集压板状态，并可给出操作提示。压板状态传感器安装示意图如图 3-23 所示，压板状态采集器外观示意如图 3-24 所示。

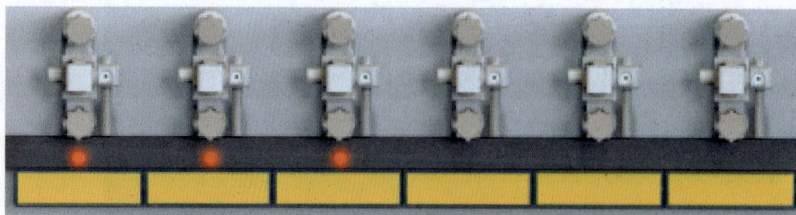

图 3-23　压板状态传感器安装示意

图 3-24　压板状态
采集器外观示意

软压板智能防误系统没有单独的硬件，是通过监控系统以遥信方式采集。

2. 系统功能

（1）压板状态实时监视。智能防误主机与压板状态采集控制器通信获取所有硬压板状态，与监控主机通信获取所有软压板状态，在智能防误主机界面以图形化方式实时监视压板的投、退状态，同时根据一次设备的运行方式自动与预设的二次压板投退表进行比对，不一致或异常变位时则告警提示。在防误系统与监控系统通信点表中增加软压板状态信号，关联相关防误逻辑，与一次设备相互闭锁，达到二次防误的目的。压板状态如图 3-25 所示。

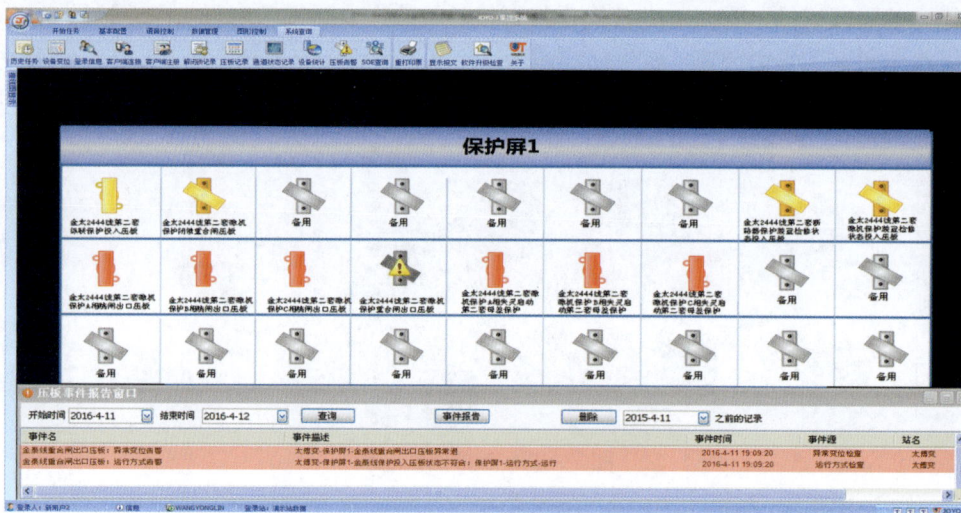

图 3-25　压板状态

（2）压板防误操作。二次压板防误系统嵌入到智能防误系统中，制订压板与一次设备、压板与压板之间的防误规则，实现相互间的融合和闭锁，达到设备全方位防误。压板的操作通过智能防误系统进行开票、模拟预演，将校核通过的操作序列传输到电脑钥匙。运维人员手持电脑钥匙到现场，将电脑钥匙插入对应的压板状态采集器钥匙接口中，压板状态采集器将根据操作序列逐一点亮需要操作的压板，提示运维人员操作；如果未按提示操作，系统将会进行报警提示；二次防误软件模块对软压板的跟踪执行仅根据操作步骤逐一提示，用户只需在电脑钥匙上确认每一个操作步骤已执行完成即可，执行过程中系统对于未按操作步骤变位的压板和其他异常压板信息进行告警提示。压板防误操作流程如图 3-26 所示。

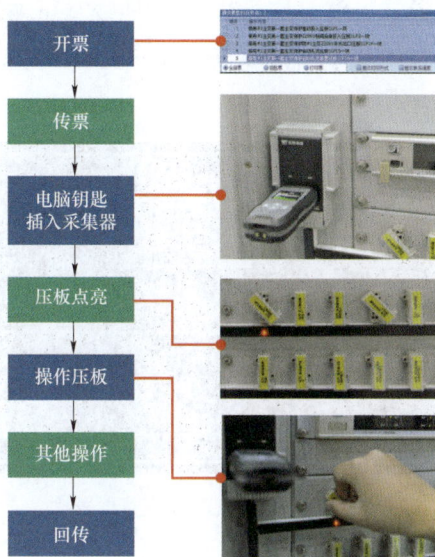

图 3-26 压板防误操作流程

（3）压板智能巡检。

智能防误系统可根据一次设备的运行方式自动与预设的二次压板投退表进行比对，不一致时，提示告警。

（四）解锁钥匙智能管理

针对解锁钥匙管控不足的问题，基于定向解锁、分级授权原则，通过分层可视化选择解锁设备，实现解锁操作范围严格限定，同时对解锁操作过程和解锁内容进行信息化记录。智能钥匙管理机开启密码或者授权卡应由防误装置专责人保管，且密码不得外泄。解锁钥匙智能管理示意如图 3-27 所示。

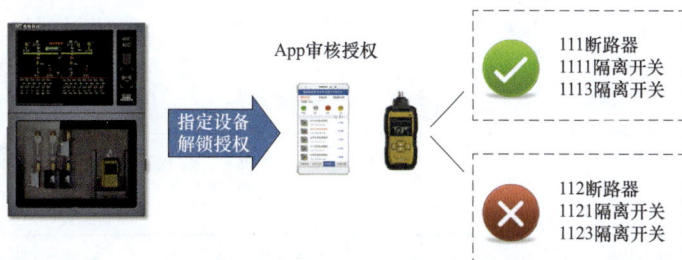

图 3-27 解锁钥匙智能管理示意

（五）接地线智能管理

针对现有接地线管理不足的问题，通过智能地线桩和智能地线头的配合使用，以及无线通信技术的运用，实时采集临时接地线状态，实现临时接地线的在线监控、实时防误、规范使用等。通过智能地线管理机与微机防误闭锁装置互联，地线管理主机接收微机防误闭锁装置的解锁/闭锁等命令，并向微机防误闭锁装置转发当前地线实时状态（包括地线存放位置、装设位置、位置异常告警等信息），将接地线真正纳入微机防误系统进行管理，避免了带电装设接地线、带接地线合隔离开关等恶性误操作事故的发生。地线状态采集监视界面如图 3-28 所示。

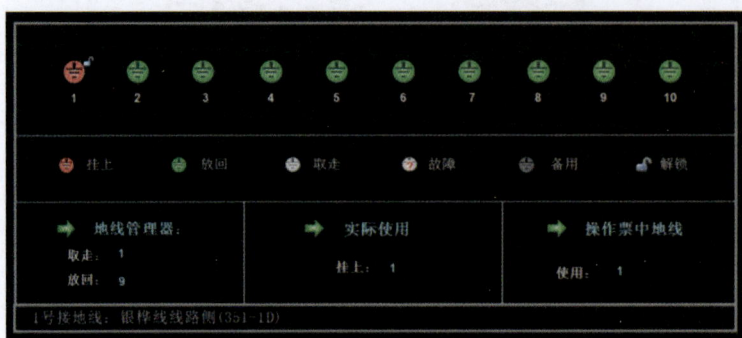

图 3-28　地线状态采集监视界面

二、新一代集控站监控系统防误

新一代集控站监控系统是在现有调度系统、辅控系统等建设经验和成果的基础上，通过"一体监控、全景展示、数据穿透、一键顺控、综合防误、智能告警"等关键技术，采集无人值班变电站设备信息，对无人值班变电站进行远程监视和控制，全面实行变电站"无人值守＋集中监控"的变电运维管理新模式。集控站监控系统防误架构如图 3-29 所示。

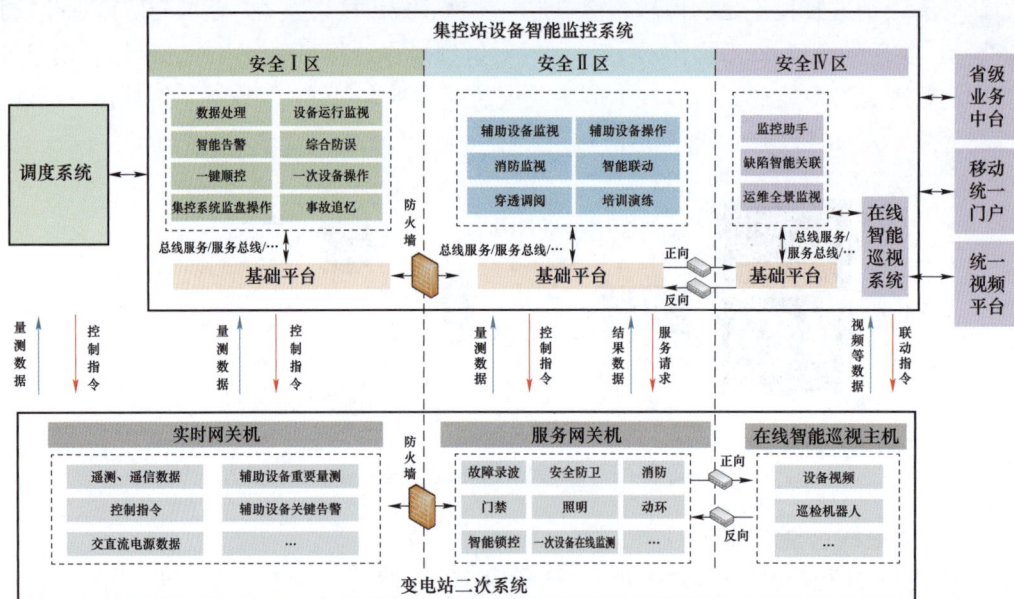

图 3-29　集控站监控系统防误架构

综合防误以变电站"五防"规则防误为核心，站间操作防误以集控系统拓扑防误为基础，结合信号闭锁防误、潮流校核等功能，提升集控站远方操作防误水平。集控站监控系统防误拓扑如图3-30所示。

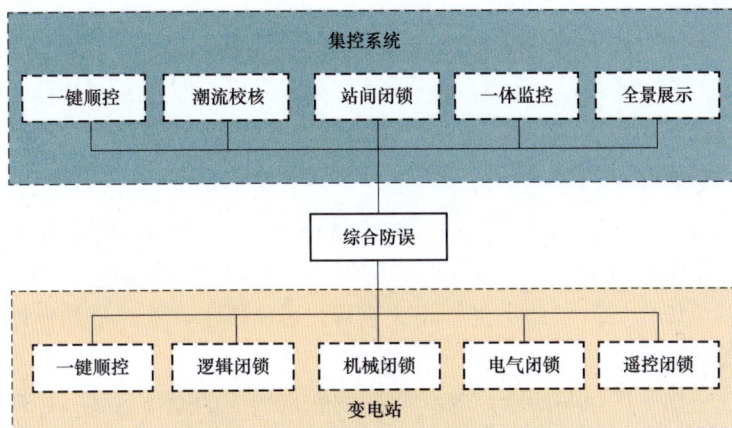

图3-30　集控站监控系统防误拓扑

（1）拓扑防误。集控站监控系统主站具备网络拓扑防误功能，即将集控系统所辖变电站电网拓扑和站内设备"五防"规则结合起来实现操作闭锁，具有良好的通用性和免维护性，能准确地识别站内、站间的防误闭锁关系，以及基于全网模型的防误闭锁。

（2）信号闭锁防误。在远方操作、远方顺控等监控操作过程中，如出现一、二次设备异常信号，可闭锁操作并提示告警。

（3）潮流校核。在监控操作过程中，对当前操作进行定量分析（潮流计算），根据潮流计算结果进行电气岛拓扑着色，同时使用潮流校核当前操作对电网潮流、系统运行等的影响，如电压越限、线路或主变压器超载导致校核不成功，则提示用户越限的支路和越限比，为监控员准确、安全操作提供定量的辅助手段。

第六节　防误典型案例

一、技术规范方面

案例一　综自和微机防误系统串口通信不规范，导致综自系统无法遥控操作

（一）案例描述

独立微机防误系统与综自系统的其中一台操作员站采用串口通信，当该操作员站系统崩溃或死机，将造成微机防误系统与综自系统断开。如 220kV ××变电站监控后台冗余配置两台操作员站，当其中一台操作员站死机，另一台操作员站运行可不受影响，配置独立微机防误系统通过串口与操作员站一通信。微机防误系统运行良好，但监控后台操作员

站基于 Windows 系统，持续长时间运行后容易发生死机或系统崩溃、导致的后果是微机防误系统与综自系统断开，微机防误系统无法实时采集设备状态，综自系统无法进行设备遥控操作。

（二）原因分析

独立微机防误系统仅与综自系统的其中一台操作员站采用串口通信，当该操作员站系统崩溃或死机，将造成微机防误系统与综自系统断开，微机防误系统无法实时采集设备状态，综自系统无法进行设备遥控操作。

（三）措施及建议

（1）重启该操作员站一，如重启后该操作员站正常，则缺陷消缺，如重启失败，填报自动化缺陷启动缺陷流程处理。因独立微机防误系统与综自系统串口通信需要设置，仅将其串口通信线接至操作员站二而不进行相关设置，通信不上，此时全站操作采用独立微机防误系统的离线运行模式。

（2）建议"五防"厂家与后台厂家共同开发能自适应的通信方式，任意接一台操作员站均可实现独立微机防误系统与综自系统的通信。

案例二　接地开关未预留电编码锁位置，存在安全隐患

（一）案例描述

220kV ××变电站于 2010 年投入运行，防误系统为独立微机防误系统。从投运以来，一直存在 220kV、110kV GIS 所有间隔汇控柜内隔离开关、接地开关未预留电编码锁位置的问题，导致无法安装隔离开关、接地开关电编码锁。正常操作无法用微机"五防"模拟及执行相关操作步骤，完全依靠间隔内单元电气闭锁实现防误功能，存在一定安全隐患。

（二）原因分析

设计单位未考虑相关防误系统安装要求，未在技术协议内明确相关要求，GIS 生产厂家只设计了断路器电编码锁位置，未预留隔离开关、接地开关电编码锁位置。

（三）措施及建议

（1）无法在运行设备上进行改造，且柜内位置有限，无法整改。

（2）新改扩建变电站设计时应提出相关要求，杜绝此问题的出现。

（3）明确规范，GIS 类设备汇控柜内断路器、隔离开关、接地开关应设置电编码锁。

案例三　"五防"一体机防误功能简单，存在安全隐患

（一）案例描述

35kV××变电站于 2015 年投运，采用"五防"装置为综自"五防"一体机，存在"五防"装置防误功能简单：① 无锁码核对检查功能，如果需要检查"五防"编码锁是否与实际一致只能模拟演后开锁才能检查，存在着锁牌丢失"五防"锁很难识别的隐患；② 存在重复开锁隐患，该"五防"装置开完此把锁具后"五防"钥匙不会自动跳转到下一步，需要人为按"下一步"方可进入下一步，如果不按"下一步"，可以重复将此把锁开无数次。

（二）原因分析

厂家防误装置设计缺陷，不具备锁码检查等功能，不具备防误装置维护功能。

（三）措施及建议

对防误装置技术协议进行统一规范，规范防误装置基本参数，避免不具备基本维护功能、存在安全隐患的防误装置进入系统运行。

二、技术设计方面

案例一 线路低电压继电器采用电磁型，长期通电损坏影响线路转检修操作

（一）案例描述

微机防误系统检线路无压采用线路电压互感器低电压继电器接点，但线路电压互感器低电压继电器为电磁型继电器，长期通电易损坏，无压接点不通造成微机防误系统认为线路有电，不允许改线路检修操作。220kV××变电站为智能变电站，220kV、110kV 为 GIS 设备，使用综自系统内置防误系统，出线检无压采用线路电压互感器低电压继电器触点，改线路检修操作中，预演失败，提示线路有电，间隔"线路无压"光字牌不亮，实际线路带电显示器显示无电，线路避雷器泄漏电流为 0，用验电笔对线路验电，线路无电。

（二）原因分析

微机防误系统检线路无压采用线路电压互感器低电压继电器触点，但线路电压互感器低电压继电器为电磁型继电器，长期通电易损坏，无压触点不通造成微机防误系统认为线路有电，不允许改线路检修操作。

（三）措施及建议

（1）立即填报缺陷及时对该线路电压互感器低电压继电器进行更换处理。

（2）后期将电磁型继电器更换为其他更可靠的继电器，或采用带电显示器的检线路无压触点串入线路接地开关控制回路，后台防误逻辑取消线路电压互感器低电压继电器判据。

案例二 带电显示及闭锁功能设计不完善，有带电误合线路侧接地开关的风险

（一）案例描述

110kV××变电站 110kV 设备为 GIS 设备，110kV××线进线间隔未设计线路 TV、带电显示装置，线路侧接地开关不能实现有电强制闭锁，同时 110kV××线为电缆进线又不能进行直接验电，存在带电误合线路侧接地开关的风险。

（二）原因分析

早期产品和设计原因，未考虑线路侧接地开关有电强制闭锁。

（三）措施及建议

（1）早期采取的管控措施：① 合线路接地开关前要有明确的调度指令；② 在合线路侧接地开关前，电话联系或通过监控或调度实时平台系统核对线路对侧线路侧隔离开关确在分位，确保不发生带电误合接地开关事件。

（2）现阶段采取的管控措施：结合设备停电完成带电显示及闭锁功能完善，在进线间隔加装带电显示装置，实现线路侧接地开关有电强制闭锁。

案例三　防误闭锁回路设计不完善，接地开关操作回路失去闭锁功能

（一）案例描述

500kV××变电站采用监控系统内置微机防误系统，现场无电编码锁，"五防"分合闸命令逻辑由监控系统内置防误发送至现场智能终端进行开放。该站 500kV 母线接地开关在未过监控系统"五防"时，现场就地可以直接操作分合闸，即 500kV 母线接地开关就地操作没有防误闭锁。

（二）原因分析

设计原因接地开关控制回路直接跳过"五防"节点，导致闭锁节点未接入接地开关控制回路中。500kV 母线接地开关在现场端子箱及机构箱操作时无有效的闭锁，可能造成误合接地开关的事故。

（三）措施及建议

（1）整改前 500kV 母线接地开关必须采取远方分合闸的方式进行，禁止采用在智能柜、端子箱或机构箱内进行就地分合操作。

（2）组织相关单位更改设计图纸，并现场进行接线改接，消除隐患。

三、产品缺陷方面

案例一　110kV GIS 开关柜联锁/解锁开关解锁钥匙设计缺陷，联锁/解锁开关钥匙在解锁状态才能拔出

1. 案例描述

110kV××变电站扩仓工程验收时发现，GIS 开关柜上的联锁/解锁开关钥匙在联锁状态下不能拔出，只能在解锁状态才能拔出，不满足变电站解锁钥匙管理规定，钥匙无法正常退出存管；解锁钥匙无法退出，保留在现场，存在极大安全隐患。

2. 原因分析

钥匙型式不满足安全运行要求。

3. 措施及建议

厂家调换钥匙型式，满足安全运行要求。

案例二　35kV 开关柜紧急分合闸设计不合理，易引起误操作断路器安全风险

1. 案例描述

35kV××变电站全站技改验收时发现，35kV 开关柜断路器的紧急分合闸安装位置不合理，且没有保护措施，工作中容易误碰紧急分合闸装置，导致断路器误动的严重后果。

2. 原因分析

断路器紧急分合闸按钮安装位置不合理,在工作中容易误碰,且该按钮没有保护措施,万一误碰将导致断路器误动的严重后果。

3. 措施及建议

对开关柜紧急分合闸按钮进行反措整改,加装防误碰保护罩,消除误操作隐患。断路器紧急分合闸按钮整改前如图 3-31 所示,断路器紧急分合闸按钮整改后如图 3-32 所示。

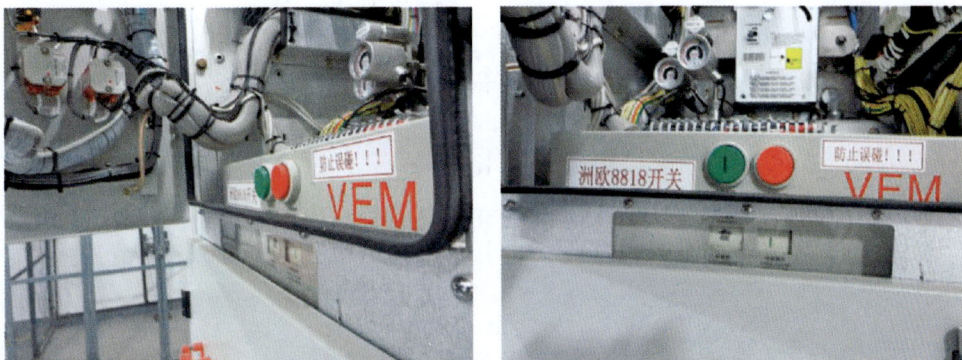

图 3-31 断路器紧急分合闸按钮整改前

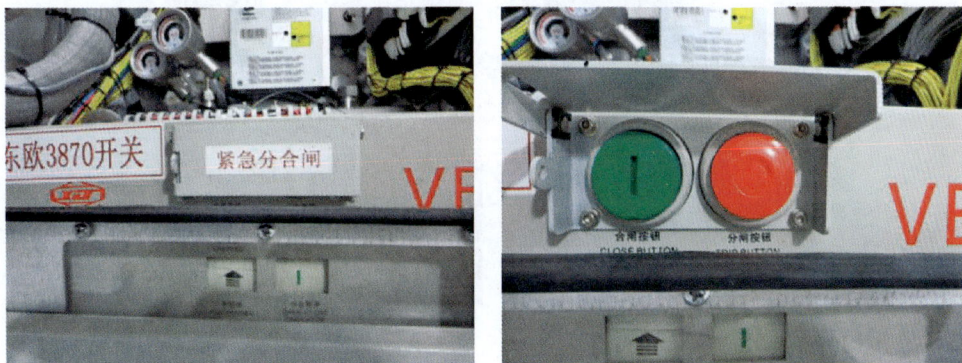

图 3-32 断路器紧急分合闸按钮整改后

案例三 微机防误装置系统极不稳定,有误操作风险

1. 案例描述

110kV××变电站 1988 年 9 月投运,是户外 AIS 站;110kV××变电站 2007 年 12 月投运,是户内 GIS 站。2015 年通过技改对变电站防误系统进行了改造,更换后该产品型号微机防误装置系统极不稳定,主要有以下问题。

(1)通信适配器频繁死机,导致电脑钥匙长期欠充,电脑钥匙也经常死机无法使用。

(2)电脑钥匙与通信适配器之间通信经常无故中断,致使倒闸操作票无法传送至电脑钥匙。

（3）软件中"五防"逻辑数据无故丢失，导致的后果是倒闸操作模拟预演时微机防误装置无"五防"判据。

2. 原因分析

产品不成熟，微机防误装置适配器、电脑钥匙质量严重不过关，系统软件存在设计缺陷。

3. 措施及建议

（1）更换防误系统，确保防误系统能够正常使用。

（2）建立防误系统产品评估机制，杜绝不合格产品引入系统。

案例四　电脑钥匙变成解锁钥匙，使设备防误闭锁失去作用

1. 案例描述

110kV××变电站微机"五防"系统维护中发现："五防"电脑钥匙在关机和待机状态下，解锁推扭能够推动并打开"五防"锁，电脑钥匙变成万能钥匙，"五防"闭锁失去意义。电脑钥匙变成解锁钥匙如图3-33所示。

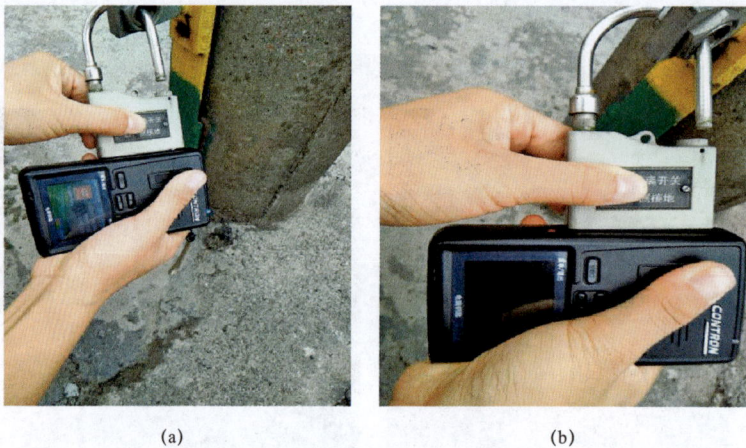

（a）　　　　　　　　　　　　（b）

图3-33　电脑钥匙变成解锁钥匙

（a）待机状态下解锁；（b）关机状态下解锁

2. 原因分析

（1）电脑钥匙使用时间过长，解锁推扭松动。

（2）厂家设计原因。

3. 措施及建议

（1）对使用该型号电脑钥匙的变电站，操作时加强监护，操作时仔细核对设备名称、编号和位置，严格执行"五防"操作流程。

（2）在"五防"闭锁装置未整改之前，加强对解锁钥匙的管理。

（3）对变电站使用的该厂家电脑钥匙进行更换。

四、不同设备配合方面

案例一　防误主机与电脑钥匙通信不可靠，导致倒闸操作无法顺利进行

1. 案例描述

220kV××变电站为无人值守智能变电站，2013 年 12 月投运，配置"五防"系统频繁出现问题，具体如下：① 操作票模拟结束后，无法下传至电脑钥匙中，电脑钥匙接收不到操作票，导致倒闸操作无法顺利进行；② 操作过程经常中发生电脑钥匙电池无电的情况，需更换电脑钥匙重新传票进行操作。

2. 原因分析

（1）"五防"软件系统与钥匙的通信存在问题，电脑钥匙与主机之间无法可靠通信，造成电脑钥匙接收不到操作票。

（2）电脑钥匙经常发生电量不足的现象，主要为：电脑钥匙配置的电池容量不足，无法满足倒闸操作时长需求；电脑钥匙电池质量存在缺陷，发生漏电现象，造成电池经常处于缺电状态；电脑钥匙充电底座存在问题，正常情况下无法给电池充电。

3. 措施及建议

（1）对现有"五防"软件系统进行升级改造，确保与电脑钥匙之间通信正常。

（2）配置质量可靠且大容量电池的电脑钥匙，满足长时间不间断倒闸操作的需求。

（3）更换可靠的防误系统。

案例二　机械挂锁与设备锁孔尺寸不匹配，导致闭锁失效

1. 案例描述

2018 年××变电站进行 322、323 扩建间隔验收时，间隔离开关使用某公司××型隔离开关，发现用机械锁锁住接地开关后，可以拉出接地开关闭锁"锁舌"，分合接地开关，机械挂锁与设备锁孔尺寸不匹配如图 3-34 所示。

2. 原因分析

（1）锁孔尺寸比机械挂锁锁钩大，导致在机械锁锁住后，接地开关闭锁"锁舌"有一定的"操作"空间，可以拉出。

（2）接地开关闭锁"锁舌"尺寸有点短，小于机械挂锁锁住后"锁舌"拉出的长度，从而导致闭锁失效。

机械挂锁与设备锁孔尺寸不匹配（二）

图 3-34　机械挂锁与设备锁孔尺寸不匹配（一）

如图 3 – 35 所示。

(a)   (b)

图 3 – 35　机械挂锁与设备锁孔尺寸不匹配（二）

（a）接地开关机械挂锁正常位置图，接地开关闭锁"锁舌"闭锁隔离开关；
（b）锁孔尺寸比挂锁锁钩大，接地开关闭锁"锁舌"能拉出，导致闭锁失去作用

3. 措施及建议

加强防误装置验收，更换不合格的锁具，确保锁具可靠闭锁设备。

案例三　防误系统锁具设置与隔离开关机构箱不匹配，未实现防误闭锁

1. 案例描述

500kV××变电站于 2007 年投运，属于常规敞开站，采用独立微机防误闭锁装置，运行工况良好。存在站内隔离开关机构箱门把手机械锁偏大，在不解锁的情况下即能打开机构箱门把手。机械挂锁与机构箱门把手不匹配如图 3 – 36 所示。

图 3 – 36　机械挂锁与机构箱门把手不匹配

2. 原因分析

机械锁过大，其上部工作位置幅度过大，门把手开关门行程能利用该幅度移动，使其机械锁形同虚设。

3. 措施及建议

（1）在设计选型阶段需将锁具与机构门把手的配合进行综合考虑，选在验收阶段需对锁具防误的有效性进行验收。

（2）安排技改项目进行整改，完成全站锁具更换。

五、安装、建设方面

案例一　软压板关联错误，引起误操作风险

1. 案例描述

运维人员从后台主页间隔索引界面打开 110kV××线 8A50 间隔分图，点击操作软压板后却弹出了 110kV××线 8A50 断路器操作界面。运维人员及时停止操作并检查原因。发现从后台主界面直接进入 8A50 间隔，可以正常完成软压板操作，若从间隔索引打开软压板操作的界面就会跳转至断路器操作界面。

2. 原因分析

后台厂家画面关联错误。

3. 措施及建议

后台厂家立即整改，并检查其他变电站及本站其他间隔软压板是否有类似问题，并进行整改。

案例二　通信点号不匹配、遥信点表修编管理不规范，导致倒闸操作模拟预演无法进行

1. 案例描述

35kV××变电站 10kV Ⅱ段母线停电，对该段母线所连接断路器进行大修，6 时 23 分，运维人员在进行 35kV Ⅱ段母线由热备用转换为检修状态操作前，核对防误系统设备状态时，发现防误系统 10kV 上遥 5591 隔离开关为分闸位置，而监控后台和现场均为合闸位置，导致倒闸操作模拟预演无法进行。

6 时 30 分，通过与防误厂家联系，发现后台监控系统与防误系统通信正常，经过厂家指导无法排除故障。6 时 40 分，经与防误专责核实无误，经分管副经理批准，现场进行解锁，方使倒闸操作正常进行。

2. 原因分析

后台监控厂家和防误厂家到站进行检查发现 5591 隔离开关位置与实际不符，原因为后台厂家按照调控要求对遥信点号进行修改时，未及时通知防误厂家，相关部门也未将该情况及时告知防误厂家，导致通信点号不匹配。遥信点表修编管理不规范。

3. 措施及建议

（1）重新优化完善了"四遥"点表管理办法，加强与项目管理人员沟通交流，动态掌握"五防"装置维护情况。

（2）按周期开展"五防"逻辑检查维护。

案例三　电气闭锁施工不规范，导致倒闸操作过程中解锁操作

1. 案例描述

500kV××变电站防误闭锁系统改造后运行工况良好，但站内部分隔离开关电气闭锁回路不通，导致在倒闸操作过程中无法远方操作，大大延长了操作时间。

2. 原因分析

（1）设备元器件老化导致回路不通，如隔离开关常闭辅助接点不通，隔离开关门碰接点不通，热耦动作后未复归等。

（2）部分 220kV 隔离开关电气闭锁改造中，未按最新的单一间隔典型电气闭锁回路施工，而依旧采用老旧复杂的原电气闭锁回路来实现电气闭锁，在其他间隔改造施工后，回路未完善恢复，导致电气闭锁回路不通。

（3）测控装置电气闭锁接点串接至隔离开关电气闭锁回路中，由于原站内测控装置内部没有相关防误逻辑，导致该接点不通。

3. 措施及建议

（1）对站内老旧设备元器件进行更换，结合每季专业特巡对设备元器件进行检查跟踪，及时处理和更换不合格部件。

（2）对闭锁回路进行改造。

（3）对站内测控装置进行相关升级或改造，从而解决测控装置闭锁接点异常的问题。

六、人员管理方面

案例一　接地线的使用和管理把关不严，造成带接地线送电的误操作

1. 案例描述

220kV××变电站发生一起 35kV 带接地线送电的误操作事故，变电站 35kV 配电设备为室内双层布置，上下层之间有楼板，电气上经套管连接，当日进行 2 号主变压器及三侧断路器预试、35kV Ⅱ母预试等工作，工作结束后进行"35kVⅡ母由检修转运行"操作过程中，两名值班员拆除 300−2 隔离开关母线侧接地线（编号 20），但并未拿走而是放在网门外。随后另两名值班员执行"35kV 母联 300 断路器由检修转热备用"操作，在执行 35kV 母联断路器 300−2 隔离开关断路器侧接地线（编号 15）拆除时，认为该地线挂在 2 楼的穿墙套管至 300−2 隔离开关之间（实际挂在 1 楼的 300 断路器与穿墙套管之间），即来到位于 2 楼的 300 间隔前，看到已有一组接地线放在网门外西侧（由于楼板阻隔视线，看不到实际位于 1 楼的接地线），误认为应该由他们负责拆除的 15 号接地线已拆除，也没有核对接地线编号，即输入解锁密码，完成"五防"闭锁程序流程，并记录该项工作结束，造成300-2隔离开关断路器侧接地线漏拆。在35kVⅡ段母线送电操作中，合上2号主变压器35kV侧302断路器时，35kVⅡ母线差动保护动作跳开302断路器。

2. 原因分析

接地线的使用和管理上把关不严。第一组操作人员拆除接地线后未能及时将接地线取回；操作票上未注明接地线装设的具体位置；第二组操作人员未核对应拆除的接地线编号；送电前，在拆除所有的接地措施后未清点接地线组数，造成接地线漏拆。

3. 措施及建议

（1）创新开发并逐步改进接地措施管理牌，直观、实时展示现场接地线、接地刀闸使用情况。

（2）涉及地线的相关操作纳入操作票管理。

（3）对变电站接地线、接地开关统一管理进行细化，起到控制与提醒的作用，避免漏拆接地线（拉接地开关）事件发生。

案例二　作业人员安全意识淡薄，严重违章操作，造成安全责任事故

1. 案例描述

作业人员孙××未经工作负责人允许，擅自打开501断路器后柜上柜门母线桥小室盖板（小室内部有未停电的10kV 3号母线），碰触带电部位。

2. 原因分析

（1）作业人员孙××未经工作负责人允许，擅自打开501断路器后柜上柜门母线桥小室盖板，碰触带电部位，属严重行为违章，是造成此次事故的直接原因。

（2）作业现场危险点辨识不全面，现场工作人员对10kV 501进线开关柜内母线布置方式不清楚，采取的措施缺乏针对性。

（3）小组工作负责人没有及时发现并制止孙××的违章行为，未能尽到监护责任。

3. 措施及建议

（1）全省电力系统召开安全生产紧急电视电话会议，深刻汲取人身伤亡事故教训，深入剖析事故原因，切实制定有效措施。

（2）全公司开展"吸取教训停工整顿"，开展全员安全教育和深刻反思，公司及各单位领导班子成员分头参加基层班组的学习反思活动。

（3）部署开展为期两个月的"反违章、查隐患、保安全"大检查，举一反三深入剖析管理上、行为上、装置上的事故隐患，细致梳理各专业存在的管理问题和安全风险，扎扎实实抓整改促提升。

（4）加大反违章工作力度，及时纠正、严肃处理各类违章行为，营造全员遵章守纪的氛围。

（5）开展专项隐患排查治理，全面排查此类设备存在的人身安全风险和隐患，摸清所

有 10kV、35kV 开关柜内母线布置方式，采取有针对性的控制措施。

（6）强化作业现场危险点辨识与控制，针对特殊类型的设备全面开展危险点分析，研究制定有效地控制措施，并对控制措施的落实情况进行督导检查，提升危险点控制措施的针对性。

（7）加强全员安全教育培训，特别是加强有关作业人员和"三种人"的安全规程、制度、技术等培训，确保实效，提升安全意识和履行安全职责能力。

案例三　操作票操作顺序与模拟操作顺序相反，存在解锁操作风险

1. 案例描述

110kV××变电站防误系统于 2008 年投运，站内 4202、4203 隔离开关闭锁逻辑是按照主变压器作为电源点进行设置的，实际应按母线作为电源点，这时应先拉 4203 隔离开关再拉 4202 隔离开关。因其逻辑错误，在模拟预演时，只能先拉 4202 隔离开关再拉 4203 隔离开关，操作票操作顺序与模拟预演顺序相反，导致操作过程中不得不终止操作并进行解锁，耽误操作时间。

2. 原因分析

（1）厂家工作人员在对于电力系统中"电源侧""负荷侧"概念分不太清楚，在设置"五防"逻辑时出现错误。

（2）运维人员新投防误装置验收不仔细，导致正常倒闸操作无法顺利进行。

3. 反措及建议

（1）加强新投运防误装置的逻辑审查。

（2）做好防误装置日常维护中逻辑核对工作，确保及时发现防误装置逻辑问题。

七、设备老化、维护方面

案例一　电脑钥匙电池老化，锁具卡涩、锈蚀，无法长时间操作

1. 案例描述

新设备投入使用后 3～4 年电脑钥匙电池老化问题开始出现；临海、污染较为严重的地区户外锁具的使用寿命通常只有 2～3 年，经常出现锁具卡涩、变形、标识掉落等情况。

2. 原因分析

电脑钥匙运行年限较长，电池老化，锁具锈蚀、卡涩。

3. 措施及建议

（1）为避免锁具锈蚀影响倒闸操作，提前进行模拟预演及开锁检查，发现锈蚀挂锁立即更换，并对于接近地表挂锁加装防雨帽。

（2）利用春季和秋季巡检，对室外全部挂锁进行开锁、注油检查，避免卡涩。机械挂锁锁具锈蚀如图 3－37 所示。

图 3-37 机械挂锁锁具锈蚀

案例二 机械程序锁锁码由于长期运行失磁，"五防"锁具卡涩，无法打开

1. 案例描述

110kV××变电站于 1999 年投运，2018 年以来，多次出现机械程序锁磁性锁码失去磁性、电脑钥匙无法识别的情况。

330kV××变电站于 1997 年投运，2014 年以来，60%的锁具无法正常打开。

2. 原因分析

锁具为早期投运产品，锁具质量不过关，锁具长期在户外条件下运行，开启部分密封不严致使锁孔内部出现进水或异物堵塞现象，锁码材料较差，老化严重。

3. 措施及建议

（1）建议明确机械程序锁锁码材料和使用寿命，定期开展锁码运行状况检查维护，及时进行更换。

（2）建议户外锁具采用设计结构合理、防护等级高的产品，满足不同环境运行要求。

第四章

智慧变电站建设与管理

培训目标：通过学习本章内容，学员可以了解智慧变电站建设的背景与基本概念，掌握智慧变电站的总体要求、体系构架、四大功能及技术要求、新技术应用，了解智慧变电站试点建设成效，掌握智慧变电站与常规变电站差异化的管理要求。

智慧变电站的
建设与管理

第一节　概　　述

一、背景

2009年国家电网公司启动第一代智慧变电站试点建设，2011年全面推广建设智慧变电站，2012年提出研究与建设新一代智慧变电站，截至目前，国家电网公司共有第一代及新一代智慧变电站6284座。前两代智慧变电站在系统高度集成、结构布局合理、装备先进适用、经济节能环保等方面取得了显著成效，但在运行中也暴露出合并单元异常影响范围较大、隔离断路器及电子互感器故障率相对较高、数据传输规约不统一及SCD文件管控困难等问题。另一方面，目前变电运检日常工作仍大量采用人工就地操作、人工现场巡视、手动抄录表计、现场频繁往返等传统模式，设备智能化水平偏低，新技术手段应用相对不足，制约运检效率和设备本质安全提升。近年来大数据、移动互联、人工智能等一系列技术日新月异，"互联网＋""工业4.0"等概念相继提出并实践，为提高变电站智能化水平、推动运检效率和设备本质安全提升提供了技术保证。

国家电网公司坚持问题导向、目标导向、结果导向，在前期智慧变电站完善提升研究基础上，继承优点、弥补不足，充分应用人工智能等新技术，全力打造本质安全、先进实用、面向一线、运检高效的智慧变电站。现已完成河北110kV定县、山东110kV商西、江苏220kV漏湖、浙江110kV站前、湖北110kV金马、湖南110kV狮子山、河南35kV杨围孜等7座变电站试点建设，实现了表计数字化远传、主辅助设备全面监控、倒闸操作一键顺控、在线智能巡视等功能，推动设备智能升级和管理数字化转型。

二、基本概念

1. 智慧变电站

采用先进传感技术对设备状态参量、消防、环境、动力等进行全面采集，充分应用现代信息技术，以本质安全、先进实用、面向一线、运检高效、状态全面感知、信息互联共享、人机友好交互、设备诊断高度智能、运检效率大幅提升为基本特点，全面提升运维监控强度、设备管理细度、生产信息化程度的变电站。

2. 智能监测终端

智能高压设备的组成部分，自动或周期性采集传感器的监测数据，具有智能高压设备状态信息采集、状态监测、综合诊断、故障预警等功能的组件。

3. 自主可控装置

依靠自身研发设计，全面掌握产品核心技术，实现从硬件到软件的自主研发、生产、升级、维护的全程可控，具备知识产权、供应链、技术发展等方面完全可控特点的装置。

4. 动环监控终端

一种具备动环数据采集、汇聚、控制和告警功能的设备，实现对变电站微气象、温湿度、水位、SF_6浓度、O_2浓度、水浸等环境信号量采集和对风机、水泵、空调、除湿机、灯光等设备的控制。

5. 环境监测系统

辅助监控应用的子模块，支持变电站环境参数监测、设备智能控制（水泵、风机、空调等），为智慧变电站设备运行环境提供实时数据、联动信号的辅助支撑系统。

6. 锁控监控终端

一种由嵌入式工业主机、钥匙座和系统软件组成的设备，具备电子钥匙管理、权限配置等功能，并能上送开锁任务、人员及锁具配置信息，下发开锁任务到电子钥匙。

7. 电子钥匙

电子钥匙是接收锁控控制器下发的开锁任务、准确识别锁具并开锁、自动记录开锁信息、上送开锁结果的手持硬件设备；电子钥匙插在锁控控制器的钥匙座上时为"在线"状态，离开锁控控制器的钥匙座时为"离线"状态。

8. 巡视主机

部署在变电站，对视频设备、机器人实现统一接入、下发控制和分析巡视结果，并与在线智能巡视集中监控系统进行交互的装置。控制机器人和视频设备开展室内外设备联合巡视作业，接收巡视数据、采集文件，对采集的数据进行智能分析，形成巡视结果和巡视报告，及时发送告警。同时具备实时监控、与主辅监控系统智能联动等功能。

9. 声纹监测装置

采集变压器、电抗器、电压互感器等重要一次设备的声音数据的声纹采集和监测装置。

10. 传感器

一种检测装置，能感受到被测量的信息，并能将感受到的信息按一定规律变换成为电信号或其他所需形式的信息输出，以满足信息的传输、处理、存储、显示、记录和控制等要求。

11. 图像识别

采用计算机图像处理、分析等技术，对图像中的目标和对象特征的提取，从而识别出图像中不同目标和对象区域的技术方法。

12. 图像判别

采用计算机图像处理、分析等技术，对不同时间、同一监控场景、相同目标和对象的多幅图片，提取出相同目标和对象在多幅图片中的差异性特征，并找出存在差异时的目标和对象区域的技术方法。

13. 安防监控终端

一种变电站安全防卫设备信息采集、控制和告警的装置，实现数字量的采集、处理、控制、通信和异常告警等功能，简称安防监控终端。

14. 照明控制系统

辅助监控应用的子模块，支持变电站照明状态采集、灯光智能控制（当地控制和远方控制），为智慧变电站设备运行环境提供实时数据、联动信号的辅助支撑系统。

第二节 技 术 要 求

一、总体要求

智慧变电站坚持"三化"发展方向和"四个有利于"总体原则进行建设，实现数字化远传表计、主辅设备全面监控、一键顺控、在线智能巡视四大功能。

"三化"是指采集数字化、接口标准化和分析智能化。

（1）采集数字化。采用小型化、免配置、不停电更换的即插即用就地模块，替代原有智能终端、合并单元，就地实现模拟量和开关量的数字化。

（2）接口标准化。统一设备外形尺寸、安装方式、接口形式，实现同类设备通用互换，实现一、二次设备之间的软硬件接口标准化，提高运维便捷性，降低变电站建设和运维成本。

（3）分析智能化。基于大数据支撑，实现变电站一键顺控、在线智能巡视、主动预警潜在故障、自动推送工作提示和异常处理策略等智能应用，方便运维和检修。

"四个有利于"是指有利于电网更安全、有利于设备更可靠、有利于运检更高效、有利于全寿命成本更优。

（1）电网更安全。智慧变电站在系统结构精简、硬件回路安全可靠、保护可靠性与速动性等方面进行提升，保障大电网安全。

（2）设备更可靠。智慧变电站在设备防爆防火防有毒气体、防误触带电设备等方面进行提升，降低人身伤害；对设备设计、制造、安装、调试、验收等全过程环节进行研究，落实反事故措施，提升本质安全水平；对先进传感技术应用、设备内部状态感知、自动诊断和预警技术进行提升，提高设备智能化水平。

（3）运检更高效。智慧变电站把设备智能和管理智能相结合，将先进技术应用于日常运检作业，在一键顺控、在线智能巡视、主动预警等方面进行提升，提高运检便利性、实用性，把有限的运检人员从繁杂、低效、重复劳动中解放出来。

（4）全寿命成本更优。智慧变电站在设备及基础标准化、推广免（少）维护产品、改善二次设备运行环境、提高运维检修便利性等方面进行提升，做到合理增加一次性建设成本，大幅降低后期运检成本，使全寿命周期成本更低，效益更高。

二、体系架构

（一）基本架构

（1）智慧变电站采用分层、分布、开放式体系架构。按照逻辑功能主设备二次系统划分为站控层、间隔层及过程层，辅控系统划分为站控层、汇聚层及传感层；按照安全防护要求分布有安全Ⅰ区、安全Ⅱ区及安全Ⅳ区。

（2）站控系统采用开放式基础平台和分布式 App 应用的系统架构，构建"结构安全、本体安全、可信免疫、安全监测"的多层次多维度综合安全防护架构。

（3）安全Ⅰ区由采集执行单元、继电保护及安全自动装置、测控装置（集成同步相量测量功能）、交直流电源设备、主辅一体化监控主机、实时网关机、站用时间同步系统等组成，主要实现主辅设备一体化监控及一键顺控等功能；安全Ⅱ区由智能故障录波装置、计量装置（集成电能质量在线监测功能）、辅助设备、综合应用主机、服务网关机等组成，主要实现辅助设备全面监控及智能联动等功能；安全Ⅳ区部署有在线智能巡视系统及物联网设备接入。智慧变电站基本架构参见附录 B。

（4）站控层设备主要包括主辅一体化监控主机、综合应用主机、在线智能巡视主机、实时网关机、服务网关机等，完成数据采集、数据处理、状态监视、设备控制、智能应用、运行管理和主站支撑等功能。

（5）间隔层设备主要包括测控装置、继电保护装置、安全自动装置、计量装置、智能故障录波装置等，实现测量、控制、保护、计量等功能。

（6）过程层设备主要包括变压器、断路器、隔离开关、避雷器、电流/电压互感器等一次设备及其所属的采集执行单元，支持或实现电测量信息和设备状态信息的采集和传送，接受并执行各种操作和控制指令。

（7）汇聚层设备主要包括消防信息传输控制单元、安防监控终端、锁控监控终端、动环监控终端、安全接入网关等，实现数据采集、规转、控制和网关等功能。

（8）传感层设备主要包括一次设备在线监测传感器、火灾消防变送器、安全防卫探测器、动环系统传感器、无线传感器等实现信息感知、采集功能。

（二）站内通信网络架构

（1）就变电站功能而言，仍保留"三层"的逻辑架构，间隔层设备与站控层设备，以及站控层设备之间的通信网络定义为站控层网络，间隔层设备与过程层设备以及间隔层设备之间的通信网络定义为过程层网络，站控层网络和过程层网络可以共享同一个物理网络。

（2）应采取适当措施降低同一个物理网内不同逻辑链路数据之间的相互影响，过程层网络数据优先级应高于站控层网络数据。任何数据链路发生网络风暴时不应影响同一个物理网内的其他链路数据传输。

（3）应采取措施简化网络及交换机的工程化配置。

（4）通信网安全区设置应满足信息安全要求。

（5）站控层网络应划分为安全Ⅰ区和安全Ⅱ区，安全Ⅰ区与安全Ⅱ区之间的通信应通过防火墙隔离；安全Ⅰ区、安全Ⅱ区与调度（调控）中心之间的通信应通过纵向加密认证装置；安全Ⅱ区与安全Ⅲ/Ⅳ区的设备或系统通信时应通过正向和反向隔离装置。

（6）以DL/T 860协议为核心统一主辅设备监控系统接口。

三、主要实现功能及技术要求

数字化远传表计、主辅助设备全面监控、一键顺控、在线智能巡视四项技术是智慧变电站的必配技术，应在智慧变电站全面应用。

（一）数字化远传表计

1. 主要功能

数字化远传表计能够实现表计示数的实时远传，替代人工抄表工作。

2. 技术要求

（1）SF_6密度继电器数字化远传表计。

1）应具备实时监测SF_6气体压力、气体温度的功能。

2）应具备SF_6密度自动采集换算、本地存储、就地显示（失电也可显示）、信号远传、异常报警（监测数据超标、监测功能故障和通信中断）等功能，应能存储至少1年的本地数据并可导出。

3）应具备长期稳定工作能力，具有断电不丢失存储数据、复电自恢复、自复位的功能。

4）应具备自动和手动两种工作模式；在自动模式下，监测动态数据刷新时间间隔可设定，最小可设定值不高于15min；在手动模式下，可即时启动测量。

（2）避雷器泄漏电流数字化远传表计。

1）监测装置的接入不应改变主设备的电气连接方式，不影响主设备的绝缘性能及机械性能，接地引下线应保证可靠接地，满足相应的通流能力，不应影响现场设备的安全运行。

2）具备对金属氧化物避雷器的全电流、动作次数进行连续实时或周期性自动监测功能。所输出监测数据的更新速度不应低于 1 次/10min。

3）具有异常报警功能，包括监测数据超标、监测功能故障和通信中断等报警功能；报警设置可修改，报警信息应实现实时远传，且因监测装置原因引起的不同类型的异常报警应能通过不同的报警信号加以区分，装置自诊断信息应实现实时远传。

4）具备长期稳定工作能力，具有断电不丢失数据、自复位的功能。

5）装置防护等级应不低于 IP65。

6）可采用有线或无线通信方式。

（3）变压器油温、油位监测数字化远传表计。

1）温度计用来测量变压器的油面温度，可以实现变压器的油面、绕组温度的就地显示。

2）油位计用来测量变压器油枕油位，可以实现变压器油枕油位的就地显示。

3）数字油温油位计应具有数据远传功能，通过 4～20mA 模拟输出或 MODBUS RTU 协议将信息远传。

4）数字油温油位计应可输出报警或控制信号。

（4）数字化气体继电器。

1）在发生变压器失油故障时应产生跳闸信号。

2）本体气体继电器应有集气盒引下，密封性应完好。

3）真空灭弧有载分接开关应选用具有油流速动、气体报警（轻瓦斯）功能的气体继电器，并应接入轻瓦斯告警及重瓦斯跳闸功能，宜选用具有集气盒的气体继电器。

4）气体继电器动作原因及信息应具备远传功能。

3. 配置原则

SF_6 密度继电器、避雷器泄漏电流表、主变压器油温油位计等数字化远传表计为必配，应全面推广应用；主变压器数字气体继电器为选配，可试点应用。

（二）主辅助设备全面监控

1. 主要功能

变电站主设备监控接入变电站安全 I 区间隔层设备、交换机、时间同步装置、站用交直流系统等设备数据，同时经总线获取安全 II 区辅控设备数据，实现主辅设备全面监控。

变电站辅助设备监控负责接入站端安防、消防、动环、在线监测等各子系统数据，取消了各子系统独立主机，统一系统架构设计，精简系统层级，实现对辅控设备的统一管理。

以 IEC 61850 协议为核心，能够统一站端及主站端监控接口、辅助设备数据传输规约、接口协议规范及接口设计，实现辅助设备模块化、规范化接入。

通过配置主辅设备之间、辅助设备之间智能联动策略，实现主设备监视、在线监测、安防、消防、动环、视频等站端子系统间数据交互共享、智能联动，利用多系统间的数据融合、协同控制，快速处理异常事件，提升运维人员设备状态管控能力及故障处理能力。

2. 技术要求

（1）主辅一体化监控主机。监控主机直接采集变电站安全 I 区间隔层设备、交换机、时间同步装置、站用交直流系统等设备数据，同时经总线获取安全Ⅱ区辅控设备数据。监控主机接口示意如图4-1所示。

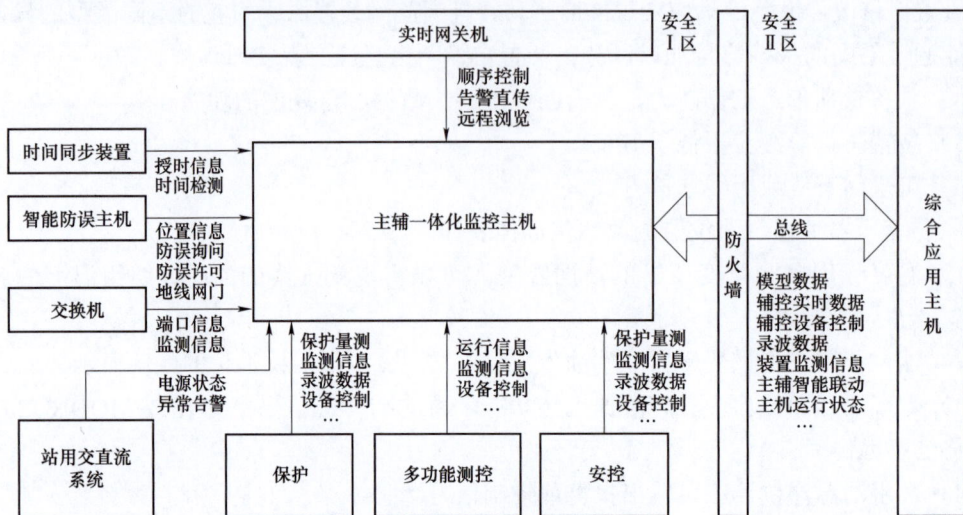

图4-1　监控主机接口示意

监控主机与其他系统、设备互联接口，应满足如下要求。

1）应满足与安全Ⅰ区间隔层设备的实时通信要求。

2）应支持实时信息、一次设备监测信息、二次设备状态信息、辅控设备信息、站用交直流信息等多种类型业务数据交互需求。

3）接口实现应考虑安全、容错一个设备的通信异常，不能影响其他正常设备。能支持与不同协议版本设备的同时通信功能。

4）接口实现应考虑兼容性，尽可能避免业务扩充时带来的接口修改。

信息采集接口协议要求如下。

1）监控主机应通过DL/T 860通信报文规范，直接采集安全Ⅰ区多功能测控、保护、安控等间隔层设备，及站用交直流系统信息。

2）监控主机应通过总线和综合应用主机通信，获取辅控设备、Ⅱ区无线接入区等Ⅱ区设备数据。

3）监控主机，应通过SNTP协议接受时间同步装置授时，并通过DL/T 860通信报文规范采集时间同步装置的时间监测信息。

4）监控主机应实现交换机工况及端口工况的实时数据采集功能，通信协议采用SNMP或DL/T 860通信报文规范。

5）监控主机与智能防误主机之间应采用DL/T 860通信报文规范，实现防误逻辑校核及信息传递。

6）监控主机应通过总线获取变电站模型数据。

7）监控主机应实现与综合应用主机的控制联动。

8）监控主机应实现顺控服务，宜支持通过实时网关机为主站提供远程浏览及告警直传等服务。

（2）综合应用主机。综合应用主机应具备与安全Ⅱ区辅助设备、结算计量、集中考核计量、智能录波器等设备数据交互能力，同时应具备与Ⅰ区监控主机、Ⅱ区服务网关机以及Ⅳ区在线智能巡视主机等站控层设备数据交互能力，综合应用主机数据流向如图 4-2 所示。

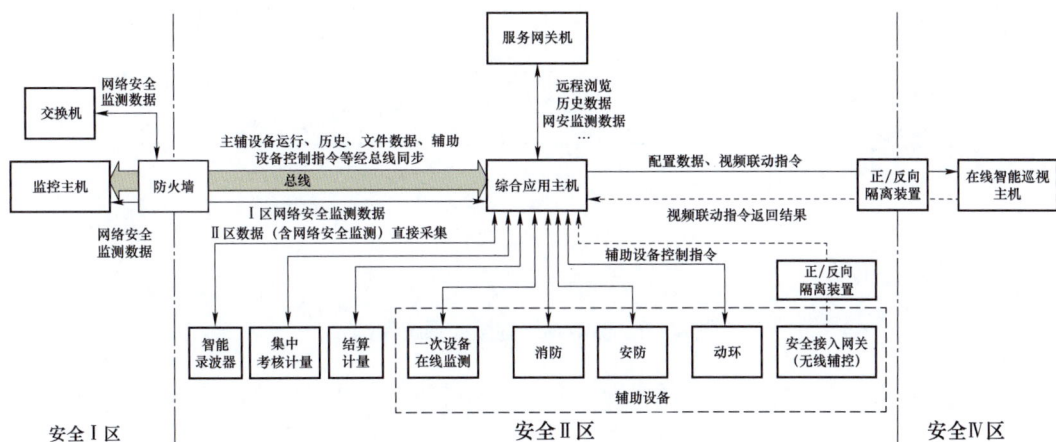

图 4-2　综合应用主机数据流向

具体应满足的要求如下。

1）综合应用主机通过Ⅱ区站控层网络直接与汇聚层以及传感层设备进行双向数据交互，交互协议应采用 DL/T 860 通信报文规范。

2）综合应用主机与Ⅰ区监控主机、实时网关机以及交换机通过防火墙穿透的方式进行双向数据交互，包括主辅设备运行数据，辅助设备控制指令，历史、文件数据，交互协议采用平台总线方式实现。

3）综合应用主机应满足二次设备安全防护对网络安全监测的要求，采集Ⅰ、Ⅱ区网络安全监测数据并通过服务网关机上传网络安全管理平台或集控站，同时执行服务网关机转发的网络安全管理平台控制命令。

4）综合应用主机与Ⅱ区服务网关机直接通过Ⅱ区站控层网络并采用平台总线方式进行双向数据交互。

5）综合应用主机与Ⅳ区在线智能巡视主机之间通过正反向隔离装置进行数据交互。

3. 配置原则

辅助设备监控及安防、消防、动环、高压开关室空调及除湿机为必配，应全面推广应用。

（三）一键顺控

1. 一键顺控系统

（1）主要功能。一键顺控技术将传统烦琐、重复、易误操作的人工倒闸操作模式转变为一键顺控操作模式，配置智能"五防"，与顺控逻辑校验组成双保险，从根源上杜绝误操作风险，效率提升 10 倍以上。

（2）技术要求。在变电站部署监控主机、独立智能防误主机和Ⅰ区数据通信网关机，独立智能防误主机与监控系统内置防误逻辑实现双套防误校核，Ⅰ区数据通信网关机为调控机构远方一键顺控提供通道。一键顺控系统结构如图 4-3 所示。

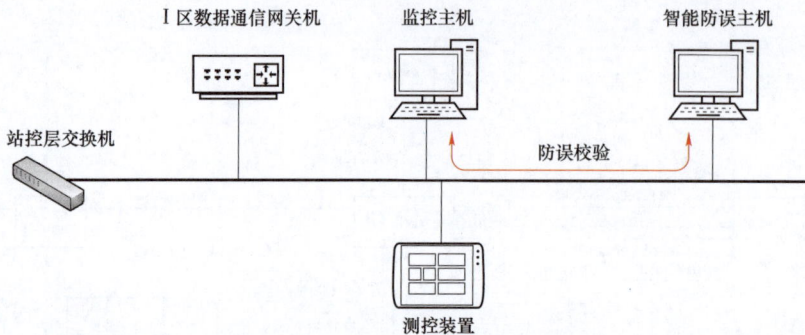

图 4-3 变电站一键顺控系统架构

（3）配置原则。变电站一键顺控为必配，应全面推广应用。实现一键顺控时，可根据现场实际情况选用视频、微动开关、姿态传感器等作为隔离开关分合闸位置双确认方式；可在 10kV 空气开关柜配置电动底盘车，选用视频、微动开关等作为空气开关柜电动底盘车热备用及试验位置双确认方式。

2. 告警信号远程复归

（1）主要功能。实现合并单元、智能终端、保护装置等二次设备告警、异常信号远程复归操作，减轻运维人员操作工作量。

（2）配置建议。告警信号远程复归功能为选配，可试点推广。

3. 压板远程自动操作

（1）主要功能。实现保护装置、智能终端压板等二次设备压板远程操作，减轻运维人员操作工作量。

（2）配置原则。压板远程自动操作功能为选配，可试点推广。

（四）在线智能巡视系统

1. 主要功能

通过在变电站部署在线智能巡视系统，优化高清摄像头布点，应用图像智能识别技术，实现机器替代人工巡视，将传统的"例行巡视、专业巡视、熄灯巡视、特殊巡视、全面巡视"等五类巡视简化为"机器全时段智能巡视＋人工全面巡视"，可替代变电"五通"1725项人工巡视项目中的 1440 项，人工巡视工作量减少 80% 以上，大幅提升巡视效率，有效避免巡视过程中设备故障造成的人身伤害事件。

2. 技术要求

变电站在线智能巡视系统部署在变电站站端，主要由巡视主机、机器人、视频设备等组成。巡视主机下发控制、巡视任务等指令，由机器人和视频设备开展室内外设备联合巡视作业，并将巡视数据、采集文件等上送到巡视主机；巡视主机对采集的数据进行智能分析，形成巡视结果和巡视报告。巡视系统应具备实时监控、与主辅设备监控系统智能联动等功能。巡视主机应具备双网口和设置独立网段，信息安全应符合国家发展和改革委员会令 2014 年第 14 号《电力监控系统安全防护规定》的要求。系统架构如图 4-4 所示。

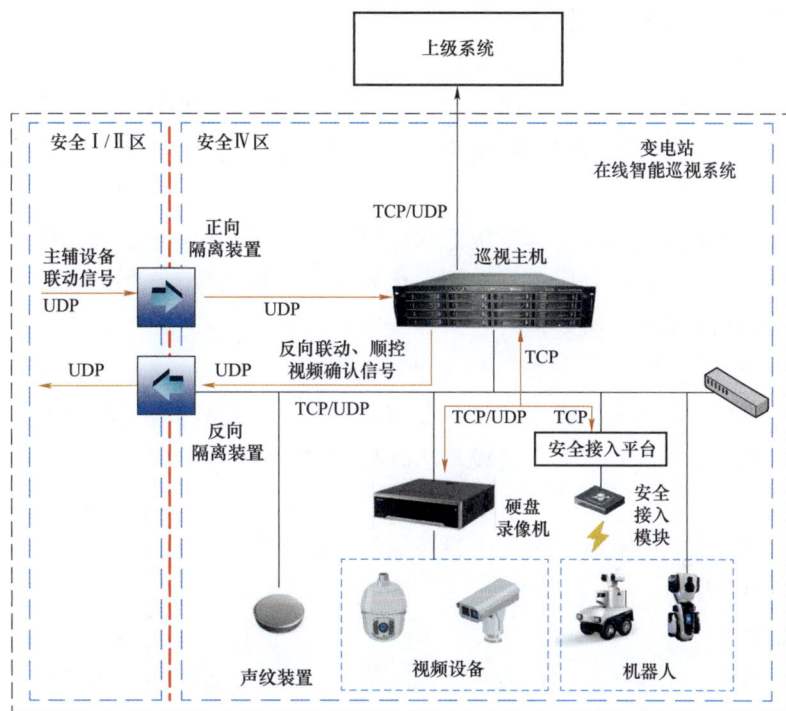

图 4-4　变电站在线智能巡视系统架构

3. 配置原则

在线智能巡视系统为必配，应全面推广应用，其中 330kV 及以上电压等级变电站采用"巡检机器人+高清视频"模式，220kV 及以下电压等级变电站采用高清视频，有条件时可配置巡检机器人。

第三节　新技术应用

根据技术成熟度、监测准确性、实际应用成效、投资综合效益等诸多因素，新技术应用分为五个推荐等级，为全面推广、试点推广、试点应用、试点研究、继续研究。全面推广技术应在智慧变电站全面推广应用；试点推广技术可大范围试点应用；试点应用技术应谨慎选择，小范围试点应用；试点研究、继续研究技术不应配置。

一、综合智能防误

（1）主要功能。实现变电站"五防"、锁控、接地线管理、场所（门禁）、硬压板状态采集等集中统一管理。

（2）配置原则。综合智能防误为必配，应全面推广应用。

二、变压器

（一）油中溶解气体在线监测

1. 主要功能

对变压器油中气体数据进行实时监测，并将监测数据上送至辅助设备监控，实现异常告警及智能联动，提升对变压器设备运行状态管控能力。

2. 配置原则

220kV 及以上电压等级油浸式变压器和位置特别重要或存在缺陷的 110（66）kV 油浸式变压器必配，其他油浸式变压器为选配。优先应用免载气型。

（二）铁心夹件接地电流监测

1. 主要功能

对变压器铁心夹件接地电流进行实时监测，并将监测数据上送至辅助设备监控，实现异常告警及智能联动，提升对变压器设备运行状态管控能力。

2. 配置原则

110（66）kV 及以上电压等级变压器必配，35kV 变压器选配。

（三）智能呼吸器

1. 主要功能

智能呼吸器根据呼吸状态和吸湿情况自动加热，工作状态可视，无需更换硅胶，降低运维成本，大幅减轻运维工作量。

2. 配置原则

智能呼吸器在 35kV 及以上电压等级变电站为选配，可试点推广应用。

（四）风冷系统智能控制柜

1. 主要功能

根据变压器油温、绕温及风扇运行状态，对变压器风冷系统进行智能联动控制及远程监控，提升变压器运行可靠性。

2. 配置原则

对于油浸式风冷变压器风冷系统智能控制柜为必配，应全面推广应用。

（五）超声局部放电监测

1. 主要功能

对变压器本体进行超声局部放电实时监测，并将数据上送至辅助设备监控，实现异常告警及智能联动，提升对变压器设备运行状态管控能力。

2. 配置原则

1000kV 电压等级变压器必配,750～500kV 电压等级变压器设备异常需要跟踪时选配,500(330)kV 及以下电压等级变压器可试点应用。

（六）胶浸纸干式套管

1. 主要功能

胶浸纸干式套管内绝缘采用环氧树脂胶浸纸材质和制造工艺,无油设计无泄漏,外绝缘采用硅橡胶复合外套,替代现有瓷质外绝缘充油式套管,降低套管故障时绝缘油起火和瓷质外套爆炸风险。

2. 配置原则

110(66)～220kV 电压等级变压器选配,可试点推广应用,其他电压等级暂不考虑。

（七）声纹振动监测

1. 主要功能

声纹振动监测传感器贴装在变压器本体表面,能够自动提取变压器振动产生的声学指纹特性,在变压器振动状态发生改变时,及时捕捉振动特征量变化情况,达到监视变压器运行状态的目的。

2. 配置原则

1000kV 高压电抗器必配,其他电压等级变压器及高压电抗器可试点应用。

（八）声纹声音监测

1. 主要功能

声纹声音传感器安装在临近变压器本体周围,能够自动提取变压器振动产生的声学音频特性,在变压器振动状态发生改变时,及时捕捉音频特征量变化情况,达到监视变压器运行状态的目的。

2. 配置原则

35kV 及以上电压等级变压器声纹声音监测为选配,可试点应用。

（九）高频局部放电监测

1. 主要功能

对变压器高频局部放电信号进行实时监测,并将数据上送至辅助设备监控,实现异常告警及智能联动,提升对变压器设备运行状态管控能力。

2. 配置原则

1000kV 电压等级变压器必配,750～500kV 电压等级变压器设备异常需要跟踪时选配,330kV 及以下按需配置,可试点应用。

（十）特高频局部放电监测

1. 主要功能

对变压器特高频局部放电信号进行实时监测,并将监测数据上送至辅助设备监控,实现异常告警及智能联动,提升对变压器设备运行状态管控能力。

2. 配置原则

500kV 及以上设备异常需要跟踪时选配，330kV 及以下按需配置，可试点应用。

（十一）放油阀油压监测

1. 主要功能

安装于变压器取油口，对变压器油压进行实时监测，并将数据上送至辅助设备监控，实现异常告警及智能联动，提升对变压器设备运行状态管控能力，目前现场应用较少，其运行可靠性及监测准确性需要进一步研究。

2. 配置原则

放油阀油压监测应继续开展试点研究，不推荐在智慧变电站应用。

（十二）有载分接开关状态监测

1. 主要功能

对变压器有载分接开关状态进行实时监测，并将监测数据上送至辅助设备监控，实现异常告警及智能联动，提升对变压器设备运行状态管控能力，目前现场应用较少，其运行可靠性及监测准确性需要进一步研究。

2. 配置原则

有载分接开关状态监测应继续开展试点研究，不推荐在智慧变电站应用。

（十三）射频局部放电监测

1. 主要功能

通过射频监测技术，对变压器局部放电数据进行实时监测，并将数据上送至辅助设备监控，实现异常告警及智能联动，提升对变压器设备运行状态管控能力，目前现场应用较少，其运行可靠性及监测准确性需要进一步研究。

2. 配置原则

射频局部放电监测应继续开展研究，不应在智慧变电站应用。

（十四）套管绝缘监测

1. 主要功能

对变压器套管介质损耗及电容量数据进行实时监测，并将数据上送至辅助设备监控，实现异常告警及智能联动，提升对变压器设备运行状态管控能力。但是目前现场应用较少，对于在运变压器现场改造风险较大，其运行可靠性及监测准确性需要进一步研究。

2. 配置原则

套管绝缘监测应继续开展研究，不应在智慧变电站应用。

（十五）套管油温油压监测

1. 主要功能

对变压器套管油温油压数据进行实时监测，并将数据上送至辅助设备监控，实现异常告警及智能联动，提升对变压器设备运行状态管控能力。但是目前现场应用较少，对于在运变压器现场改造风险较大，其运行可靠性及监测准确性需要进一步研究。

2. 配置原则

套管油温油压监测应继续开展研究，不应在智慧变电站应用。

（十六）绕组光纤测温

1. 主要功能

采用光纤测温传感器监测变压器运行过程中绕组温度和热点温度，跟踪温度变化趋势，并将监测数据上送至辅助设备监控，实现异常告警及智能联动，提升对变压器设备运行状态管控能力。但是目前现场应用较少，价格相对较高，内置于变压器内部，一旦发生故障难以维修，其运行可靠性及监测准确性需要进一步研究。

2. 配置原则

绕组光纤测温应继续开展研究，不应在智慧变电站应用。

（十七）光纤振动监测

1. 主要功能

通过光纤振动传感器监测变压器铁心振动频率和振动加速度，判断变压器机械性能，并将监测数据上送至辅助设备监控，实现异常告警及智能联动，提升对变压器设备运行状态管控能力。但是目前现场应用较少，价格相对较高，内置于变压器内部，一旦发生故障难以维修，其运行可靠性及监测准确性需要进一步研究。

2. 配置原则

光纤振动监测应继续开展研究，不应在智慧变电站应用。

（十八）光纤压力监测

1. 主要功能

通过光纤压力传感器对变压器绕组动态压紧力进行在线监测，反映绕组形变状态，将监测数据上送至辅助设备监控，实现异常告警及智能联动，提升对变压器设备运行状态管控能力。但是目前现场应用较少，价格相对较高，内置于变压器内部，一旦发生故障难以维修，其运行可靠性及监测准确性需要进一步研究。

2. 配置原则

光纤压力监测应继续开展研究，不应在智慧变电站应用。

（十九）光纤超声监测

1. 主要功能

光纤超声监测通过变压器内部的超声局放传感器，实时监测变压器运行时的超声波信号，并将信号数据上送至辅助设备监控，实现异常告警及智能联动，提升对变压器设备运行状态管控能力。但是目前现场应用较少，价格相对较高，内置于变压器内部，一旦发生故障难以维修，其运行可靠性及监测准确性需要进一步研究。

2. 配置原则

光纤超声监测应继续开展研究，不应在智慧变电站应用。

三、互感器

（一）介质损耗电容量测量

1. 主要功能

实现对互感器设备介损及电容量数据的实时监测，并将监测数据上送至辅助设备监控，实现异常告警及智能联动，提升对互感器设备运行状态管控能力。但是目前现场应用较少，其运行可靠性及监测准确性需要进一步研究。

2. 配置原则

互感器介损电容量测量应继续开展研究，不应在智慧变电站应用。

（二）高频局放测量

1. 主要功能

实现对互感器设备高频局部放电数据的实时监测，并将监测数据上送至辅助设备监控，实现异常告警及智能联动，提升对互感器设备运行状态管控能力。但是目前现场应用较少，其运行可靠性及监测准确性需要进一步研究。

2. 配置原则

互感器高频局部放电测量应继续开展研究，不应在智慧变电站应用。

（三）电压测量

1. 主要功能

实现对互感器设备电压数据的实时监测，并将监测数据上送至辅助设备监控，实现异常告警及智能联动，提升对互感器设备运行状态管控能力。但是目前现场应用较少，其运行可靠性及监测准确性需要进一步研究。

2. 配置原则

互感器电压测量应继续开展研究，不应在智慧变电站应用。

（四）油压测量

1. 主要功能

实现对互感器设备油压数据的实时监测，并将监测数据上送至辅助设备监控，实现异常告警及智能联动，提升对互感器设备运行状态管控能力。但是目前现场应用较少，其运行可靠性及监测准确性需要进一步研究。

2. 配置原则

互感器油压测量应继续开展研究，不应在智慧变电站应用。

四、组合电器

（一）特高频局部放电监测

1. 主要功能

GIS局部放电在线监测不受设备运行情况和时间的限制，可以连续监测设备绝缘状态，一旦设备出现绝缘缺陷能及时发现并跟踪监测，特别是能够针对间歇性的局放信号进行有效捕捉并对异常信号的发展进行统计分析，检修人员可根据缺陷趋势变化及时制订并调整检修策略。缺点是 GIS 局部放电监测受环境干扰影响较大，目前缺乏有效的诊断标准，系统配置费用较高。

2. 配置原则

1000kV GIS 可配置特高频局部放电在线监测系统；500～750kV GIS 可在出厂前预制特高频传感器，便于开展带电检测或进行在线监测功能扩展；有条件单位可在 220～330kV GIS 内置特高频传感器。

（二）箱（柜）环境温湿度监测

1. 主要功能

实现对汇控柜、机构箱、端子箱内温湿度的实时监测，并将监测数据上送至辅助设备监控，实现异常告警及智能联动，提升对组合电器设备箱（柜）运行环境状况的监测能力。

2. 配置原则

在 35kV 及以上电压等级组合电器室外箱（柜）试点推广，可选用有线或无线方式。

（三）环保气体

1. 主要功能

应用 N_2 或 N_2/SF_6 混合气体，减少组合电器 SF_6 气体使用，减轻温室效应，有利于环境保护。

2. 配置原则

在 35kV 及以上电压等级组合电器选配，可试点推广，仅在非灭弧气室应用。

（四）断路器分合闸线圈电流监测

1. 主要功能

对断路器分合闸线圈电流进行监测，并将监测数据上送至辅助设备监控，实现异常告警及智能联动，提升对组合电器断路器设备机构状态管控能力。

2. 配置原则

在 35kV 及以上电压等级变电站试点应用。

（五）断路器储能电机电流监测

1. 主要功能

对断路器储能电机运行状态进行监测，并将监测数据上送至辅助设备监控，实现异常告警及智能联动，提升对组合电器断路器设备机构状态管控能力。

2. 配置原则

在 35kV 及以上电压等级变电站试点应用。

（六）断路器行程监测、分合闸位置及次数监测

1. 主要功能

对断路器行程、分合闸位置及次数进行监测，并将监测数据上送至辅助设备监控，实现异常告警及智能联动，提升对组合电器断路器设备机构状态管控能力。

2. 配置原则

在 35kV 及以上电压等级变电站试点应用。

（七）隔离开关电机电流监测

1. 主要功能

对组合电器隔离开关操动机构电机电流进行监测，并将监测数据上送至辅助设备监控，实现异常告警及智能联动，提升对组合电器隔离开关电机运行状态管控能力。

2. 配置原则

在 35kV 及以上电压等级变电站试点应用。

（八）SF_6 气体湿度监测

1. 主要功能

对组合电器气室 SF_6 气体湿度进行监测，并将监测数据上送至辅助设备监控，实现异常告警及智能联动，提升对组合电器 SF_6 气体湿度监测能力。目前现场应用较少，其运行可靠性及监测准确性需要进一步研究。

2. 配置原则

在 35kV 及以上电压等级变电站试点研究。

（九）SF_6 气体成分监测

1. 主要功能

对组合电器气室 SF_6 气体成分进行监测，并将监测数据上送至辅助设备监控，实现异常告警及智能联动，提升对组合电器运行状态管控能力。目前现场应用较少，其运行可靠性及监测准确性需要进一步研究。

2. 配置原则

在 35kV 及以上电压等级变电站试点研究。

（十）伸缩节与母线形变监测

1. 主要功能

对组合电器伸缩节与母线伸缩量进行监测，并将监测数据上送至辅助设备监控，实现异常告警及智能联动，提升对组合电器运行状态管控能力。目前现场应用较少，其运行可靠性及监测准确性需要进一步研究。

2. 配置原则

在 35kV 及以上电压等级变电站试点研究，温差较大地区可试点应用。

（十一）弹簧压力监测

1. 主要功能

对弹簧机构断路器弹簧压力进行实时监测，并将监测数据上送至辅助设备监控，实现异常告警及智能联动，提升对组合电器断路器弹簧机构运行状态管控能力。目前现场应用较少，其运行可靠性及监测准确性需要进一步研究。

2. 配置原则

在 35kV 及以上电压等级变电站试点研究。

五、敞开式断路器

（一）箱（柜）环境温湿度监测

1. 主要功能

实现对汇控柜、机构箱、端子箱内温湿度的实时监测，并将监测数据上送至辅助设备监控，实现异常告警及智能联动，提升对断路器设备箱（柜）运行环境状况的监测能力。

2. 配置原则

在 35kV 及以上电压等级敞开式断路器室外箱（柜）试点推广，可选用有线或无线方式。

（二）分合闸线圈电流监测

1. 主要功能

对断路器分合闸线圈电流进行监测，并将监测数据上送至辅助设备监控，实现异常告警及智能联动，提升对断路器设备机构状态管控能力。

2. 配置原则

在 35kV 及以上电压等级变电站试点应用。

（三）储能电机电流监测

1. 主要功能

对断路器储能电机运行状态进行监测，并将监测数据上送至辅助设备监控，实现异常告警及智能联动，提升对断路器设备机构状态管控能力。

2. 配置原则

在 35kV 及以上电压等级变电站试点应用。

（四）断路器行程监测、分合闸位置及次数监测

1. 主要功能

对断路器行程开关、分合闸位置及次数进行监测，并将监测数据上送至辅助设备监控，实现异常告警及智能联动，提升对断路器设备机构状态管控能力。

2. 配置原则

在 35kV 及以上电压等级变电站试点应用。

（五）SF_6 气体湿度监测

1. 主要功能

对断路器 SF_6 气体湿度进行监测，并将监测数据上送至辅助设备监控，实现异常告警及智能联动，提升对断路器 SF_6 气体湿度监测能力。目前现场应用较少，其运行可靠性及监测准确性需要进一步研究。

2. 配置原则

在 35kV 及以上电压等级变电站试点研究。

（六）SF_6 气体成分监测

1. 主要功能

对断路器 SF_6 气体成分进行监测，并将监测数据上送至辅助设备监控，实现异常告警

及智能联动，提升对断路器运行状态管控能力。目前现场应用较少，其运行可靠性及监测准确性需要进一步研究。

2. 配置原则

在 35kV 及以上电压等级变电站试点研究。

（七）弹簧机构弹簧压力监测

1. 主要功能

对弹簧机构断路器弹簧压力进行实时监测，并将监测数据上送至辅助设备监控，实现异常告警及智能联动，提升对断路器弹簧机构运行状态管控能力。目前现场应用较少，其运行可靠性及监测准确性需要进一步研究。

2. 配置原则

在 35kV 及以上电压等级变电站试点研究。

六、空气开关柜

（一）触头测温

1. 主要功能

对开关柜触头温度进行实时监测，及时发现触头发热缺陷，将监测数据上送至辅助设备监控，实现异常告警及智能联动，提升对空气开关柜触头温升监测能力。

2. 配置原则

35kV 及以上电压等级变电站 10kV 空气开关柜的进线柜、分段柜、隔离柜等大电流开关柜应配置触头测温装置，其他开关柜按需配置。

（二）局部放电监测

1. 主要功能

开关柜局部放电在线监测不受设备运行情况和时间的限制，可以连续监测设备绝缘状态，一旦设备出现绝缘缺陷能及时发现并跟踪检测，特别是能够针对间歇性的局部放电信号进行有效捕捉并对异常信号的发展进行统计分析，检修人员可根据缺陷趋势变化及时制订并调整检修策略。缺点是开关柜局部放电监测受环境干扰影响较大，并缺乏有效的诊断标准。

2. 配置原则

10～35kV 开关柜试点应用开关柜局部放电在线监测系统，可优先在进线柜、分段柜、隔离柜等影响母线运行的开关柜试点应用；对于在运柜宽 1200～1400mm 的 35kV 空气开关柜可根据运行情况扩大试点应用范围，多雨潮湿地区，可在 10kV 空气开关柜扩大试点应用范围。

（三）主动干预型消弧装置

1. 主要功能

当线路发生单相接地故障时，主动干预消弧装置故障相快速开关瞬间合闸，可将故障点不稳定接地转化为站内稳定的金属接地，使故障点电压电流接近于零，可有效熄灭故障电弧，限制弧光接地过电压，避免故障点接地电流引发的相间短路及人体触电等其他次生事故发生；有助于故障快速定位，改变以往逐条出线拉闸寻找故障点的传统方法，大幅提升故障处置效率。

2. 配置原则

在供电可靠性要求高、电容电流过大，现有消弧线圈容量无法满足要求的变电站或人口密集的地区优先试点应用。

（四）机械特性监测

1. 主要功能

断路器机械特性监测装置可在断路器分合过程中同步测试机械特性参数，包括分合闸速度、时间、分合闸线圈电流等状态信息，对断路器动作过程中的机械性能进行分析判断，当数值超过报警值，可自动向运检人员推送报警信息，便于检修人员及时制定检修策略。但目前机械特性监测装置现场装用量较少，其应用成效尚需进一步验证。

2. 配置原则

无功间隔断路器动作频繁，其他间隔断路器动作较少无监测必要性，可在无功间隔断路器试点应用机械特性监测装置。

（五）弧光监测装置

1. 主要功能

空气开关柜母线室、断路器室、电缆室发生弧光故障时，弧光监测装置能及时监测并发出跳开被保护母线的进线、分段（母联）和其他电源支路断路器信号，实现在极短时间内消除弧光故障，避免开关柜受损着火，提升开关柜运行可靠性。

2. 配置原则

在 35kV 及以上电压等级变电站 10kV 空气开关柜试点研究。

七、充气开关柜

（一）环保气体

1. 主要功能

在开关柜应用 N_2、N_2/SF_6 混合气体或干燥空气等环保气体，作为非灭弧气室的绝缘气体，能够有效减少 SF_6 气体使用，减轻温室效应，有利于环境保护。

2. 配置原则

在 35kV 及以上电压等级变电站充气开关柜非灭弧气室试点推广应用。

（二）机械特性监测

1. 主要功能

断路器机械特性监测装置可在断路器分合过程中同步测试机械特性参数，包括分合闸速度、时间、分合闸线圈电流等状态信息，对断路器动作过程中的机械性能进行分析判断，当数值超过报警值，可自动向运检人员推送报警信息，便于检修人员及时制定检修策略。但目前机械特性监测装置现场装用量较少，其应用成效尚需进一步验证。

2. 配置原则

无功间隔断路器动作频繁，其他间隔断路器动作较少无监测必要性，可在无功间隔试点应用。

（三）局部放电监测

1. 主要功能

开关柜局部放电在线监测不受设备运行情况和时间的限制，可以连续监测设备绝缘状态，一旦设备出现绝缘缺陷能及时发现并跟踪检测，特别是能够针对间歇性的局部放电信号进行有效捕捉并对异常信号的发展进行统计分析，检修人员可根据缺陷趋势变化及时制订并调整检修策略。缺点是充气开关柜局部放电监测受环境干扰影响较大，现场应用较少，并缺乏有效的诊断标准。

2. 配置原则

在 35kV 及以上电压等级变电站充气开关柜试点研究。

八、敞开式隔离开关

（一）箱（柜）环境温湿度监测

1. 主要功能

实现对汇控柜、机构箱、端子箱内温湿度的实时监测，并将监测数据上送至辅助设备监控，实现异常告警及智能联动，提升对敞开式隔离开关设备箱（柜）运行环境状况的监测能力。

2. 配置原则

在 35kV 及以上电压等级变电站试点研究。

（二）机械特性监测

1. 主要功能

对隔离开关操动机构扭矩及电机电流进行监测，并将监测数据上送至辅助设备监控，实现异常告警及智能联动，提升隔离开关操动机构运行状态监测能力。目前现场应用较少，其运行可靠性及监测准确性需要进一步研究。

2. 配置原则

在 35kV 及以上电压等级变电站试点研究。

九、敞开式避雷器阻性电流在线监测

1. 主要功能

实现对敞开式避雷器阻性电流数据的实时监测，并将监测数据上送至辅助设备监控，实现异常告警及智能联动，提升避雷器运行状态监测能力。

2. 配置原则

未采用避雷器泄漏电流远传表计的 35kV 及以上电压等级变电站可试点应用。

十、蓄电池在线监测

1. 主要功能

实现对蓄电池的远程自动核容和在线监测，替代人工开展蓄电池核对性放电、内阻测试，实时掌握蓄电池电压、内阻、极板温度等关键参数信息，提前发现故障电池，减小蓄电池组开路风险，减轻现场运维人员工作量。缺点是对于仅有 1 组蓄电池组的 110kV 变电站，不能实现 100%核容试验。

2. 配置原则

35kV 及以上电压等级变电站试点推广蓄电池在线监测，包括蓄电池远程核容、内阻监测、电压电流监测等。

十一、交流系统剩余电流监测

1. 主要功能

对站用低压交流系统剩余电流进行实时监测，并将监测数据上送至辅助设备监控，实现异常告警及智能联动，提升站用交流系统运行状态监测能力。

2. 配置原则

35kV 及以上电压等级变电站试点推广。

十二、电缆沟火灾报警监测

1. 主要功能

电缆沟火灾智能预警监测装置能够实时监测电缆沟火灾隐患，在火势发展初期及时发现并预警，为运检人员处置火灾争取宝贵时间。目前该装置在变电站装用量较少，监测准确性需要进一步研究。

2. 配置原则

35kV 及以上电压等级变电站试点应用。

十三、就地设备舱

1. 主要功能

就地设备舱厂内预制，就地安装，建设周期短，舱内设备按间隔机架式安装，打破一、二次设备常规界线，端子布局合理，减少冗余回路，提高设备运行可靠性，间隔界面清晰，机架预留充足设备安装位置，可扩展性强。就地设备舱空调按"一主一备"配置，舱内温湿度自动控制，设备运行环境好，隔热保温、防腐、防火、防水等性能优。

2. 配置原则

35kV 及以上电压等级变电站试点应用。

第四节　试点建设成效

一、试点建设内容

2019 年国家电网有限公司组织开展 7 座智慧变电站试点建设，取得显著成效，智慧变电站从一次设备、二次系统、辅助设备、智能管控等四个方面全面提升建设质量，现将建设内容及成效总结如下。

一次设备按照"防火耐爆、本质安全、状态感知、数字表计、免（少）维护、绿色环保"等要求进行选型设计，全面提升一次设备质量和智能化水平。

1. 防火耐爆

选用变压器胶浸纸干式套管（见图4-5），内绝缘采用环氧树脂胶浸纸材质和制造工艺，外绝缘采用硅橡胶复合外套，替代现有瓷质外绝缘充油式套管，降低套管故障时绝缘油起火和瓷质外套爆炸风险。加装开关柜主动干预消弧装置（见图4-6）、弧光快速保护（见图4-7）等，实现在极短时间内消除弧光故障，降低设备着火及爆炸风险；应用电缆沟火灾智能预警监测装置，提前发现电缆沟火灾隐患。

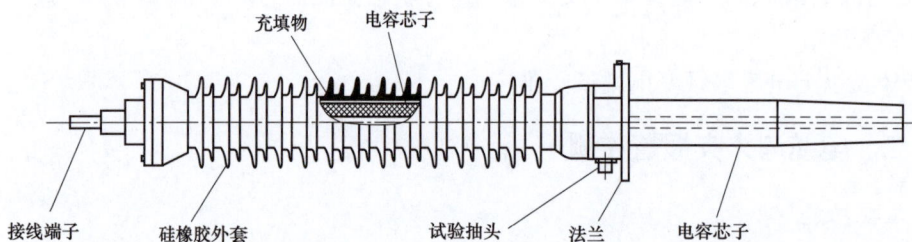

图4-5　复合外绝缘胶浸纸干式套管

图4-6　主动干预消弧装置

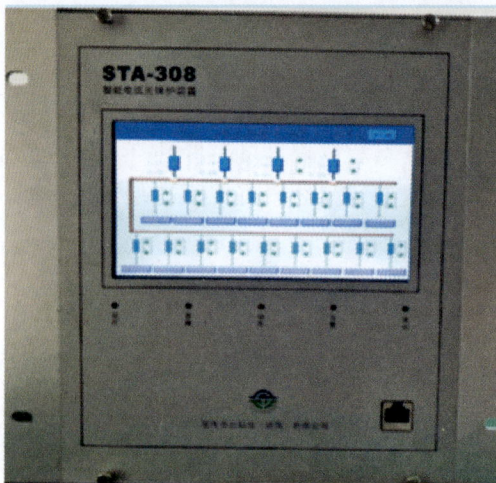

图4-7　弧光快速保护

2. 本质安全

选用高质量耐高温自黏性换位导线（见图 4-8），保证导线在 120℃高温下仍具有良好的粘结强度，规范耐高温自黏性换位导线绕制和线圈压紧工艺，解决变压器在长期高温运行下自粘性降低进而导致抗短路能力严重降低的问题；采用 110kV GIS 户内布置或 HGIS 户外布置（见图 4-9），解决 GIS 户外布置方式或 AIS 设备故障率相对较高问题；采用 35kV 充气柜，解决 1200～1400mm 空气开关柜绝缘净距不足的问题；优化开关设备绝缘设计、提升关键组部件质量，从源头上降低设备故障率。

图 4-8　自黏性换位导线

图 4-9　户外 HGIS 设备

3. 状态感知

应用变压器套管一体化监测（见图 4-10）、全光纤传感技术、声学指纹（见图 4-11）、

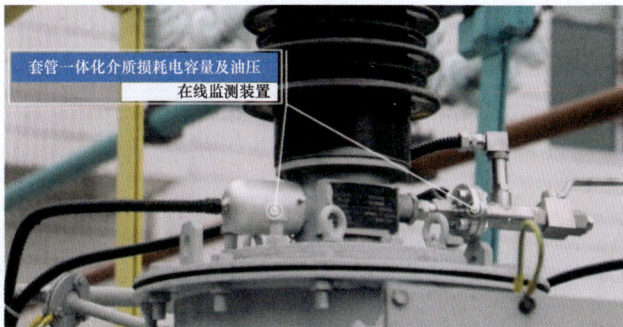

图 4-10　套管一体化内部状态监测

图 4-11　变压器声学指纹监测传感器

绕组变形监测,开关柜触头无线测温技术(见图4-12和图4-13),开关设备局部放电监测,断路器弹簧机构压力监测、机械特性监测,隔离开关力矩监测等先进传感技术,实时感知设备状态信息,提升设备状态管控能力。

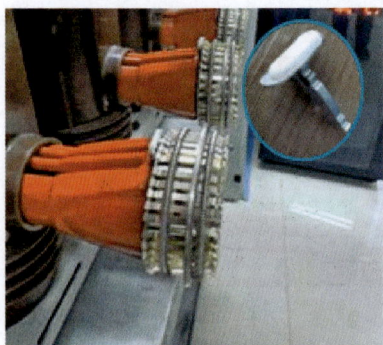

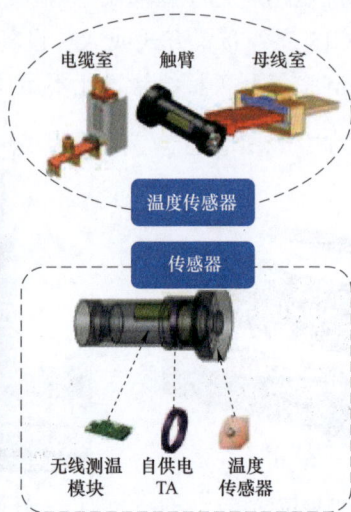

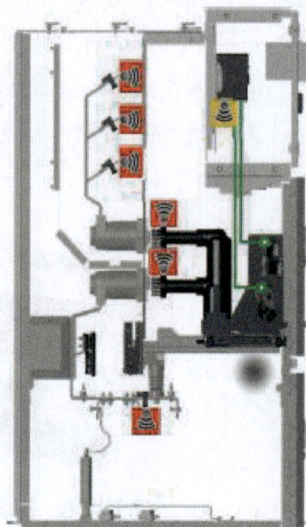

图4-12 开关柜触头测温   图4-13 开关柜温度监测

4. 数字表计

采用避雷器泄漏电流、SF_6密度继电器(见图4-14)、油位计等数字化表计,实现全站仪表数据数字化采集、远传,无需人员现场抄录,对于变压器套管油位、油浸式电流互感器油位等无法实现数据远传的表计,采用视频监控手段,利用图像识别技术实现信息远传,大幅减少日常运维工作量,有效降低运维人员工作强度。

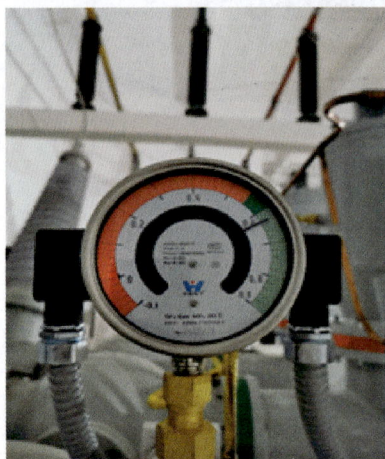

(a)   (b)

图4-14 数字化表计
(a)SF_6密度继电器;(b)避雷器泄漏电流表

5. 免（少）维护

应用运行可靠、低成本、无需更换载气的油色谱在线监测装置（见图4–15），实现油色谱在线监测装置免维护；应用新型免维护呼吸器（见图4–16），根据呼吸状态和吸湿情况启动自动加热功能，且工作状态可视，降低后期运维成本，减轻运维工作量；应用蓄电池自动核容等技术（见图4–17），替代人工开展蓄电池核对性放电、内阻测试，提高运检质效。

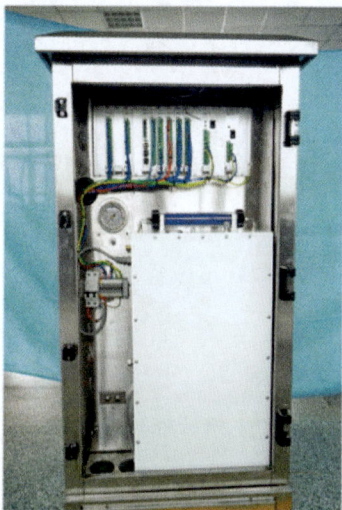

图4–15　无载气油色谱

图4–16　免维护呼吸器

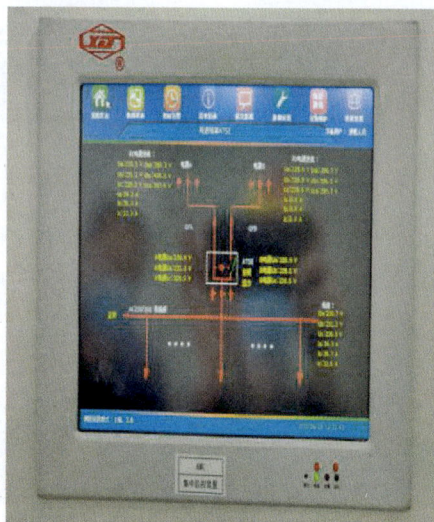

图4–17　蓄电池自动核容

6. 绿色环保

应用 N_2/SF_6 混合气体 GIS 母线、N_2 充气开关柜（见图4–18），减少 SF_6 气体使用。

图 4-18　35kV 环保气体开关柜（N_2）

二、二次系统建设

二次系统按照"环境优化、智能测控、智能计量、方便一线"等试点建设要求，完善二次设计，推进新设备、新技术应用，提升二次系统可靠性和智能化水平。

1. 环境优化

应用就地设备舱（见图 4-19），厂内预制，就地安装，全密封隔热金属结构，舱内温湿度自动控制，节约占地、防潮、防尘、防高（低）温，室外二次设备运行环境显著提升。

图 4-19　就地设备舱

2. 智能测控

采用集群或冗余测控装置创新配置模式（见图 4-20），实现测控的全时备用与自动切换，解决测控配置单一无冗余备用问题，实现测控功能自愈。

图 4-20　集群测控装置

3. 智能计量

采用数字化网络架构，零二次压降，集中式计量（见图 4-21），在线监测误差，远程校准表计，测试简单便捷，提升计量系统智能化水平。

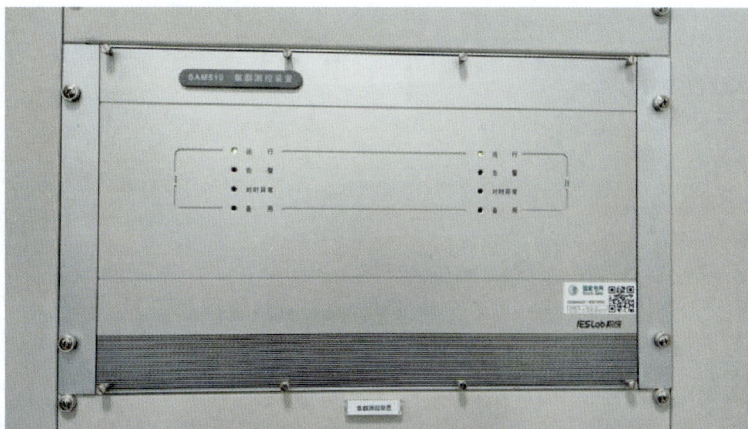

图 4-21　集中计量装置

4. 方便一线

应用就地化装置，替代过程层设备，大幅减少装置数量和运维工作量；标准化装置接口，装置更换方便；提高二次设备自检测、自诊断和智能化水平，实现运行状态可视，为二次设备状态检修提供全面、可靠的数据支撑（见图 4-22）。

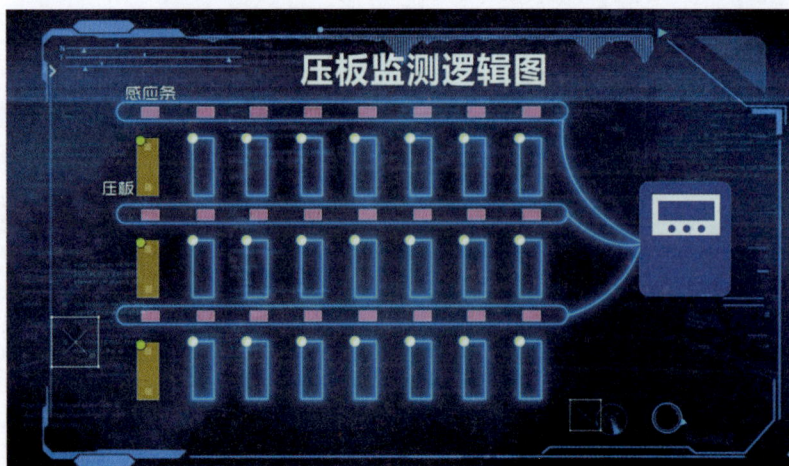

图4-22 压板状态磁感应监测系统逻辑图

三、辅助设备建设

辅助设备按照"一体设计、数字传输、标准接口、远方控制、智能联动、方便运维"等要求进行设计,全面提升辅助设备管控能力。

1. 一体设计

统一系统架构设计,精简系统层级,取消各子系统独立主机,部署辅助设备监控主机,通过标准化就地模块实现前端传感器、控制器标准接入;就地模块采用光纤组网,向辅助设备监控主机上传数字化信号,辅助设备监控主机通过就地模块实现站端辅助设备一体化监控、扁平化管理,系统接口标准统一、系统架构设计简化、支持灵活拓展。完善系统功能设计,辅助设备监控系统统一实现站内各辅助设备的数据接入、规范展示、运行监视、操作控制、权限管理、系统配置、存储管理等功能(见图4-23)。

图4-23 主辅设备综合处理模块

2. 数字传输

应用数字化、少配置的就地模块，规范化接入各子系统前端设备，就地数字化接入信息，通过光纤上送辅助系统主机，实现辅助设备监控系统故障定位可视化。就地模块布置在设备区辅助设备汇控柜，前端设备电缆接入，距离短，电缆使用量少；采用多模光纤接入交换机，完成数据上送，接线简单，成本降低（见图4-24）。

3. 标准接口

以 IEC 61850 协议为核心，统一站端及主站端监控系统接口、辅助设备数据传输规约、接口协议规范及接口设计，实现辅助设备模块化、规范化接入。

4. 远方控制

在地市公司（省检修公司）部署变电站辅助设备集中监控系统，辅助设备监控服务器部署在 Ⅱ 区，视频监控服务器部署在 Ⅳ 区，集中接入所辖变电站辅助设备监控系统信息，实现变电站灯光、安防、视频、消防、门禁等报警远方确认、信号远方复位功能，减少运检人员往返现场时间，提高工作效率（见图4-25）。

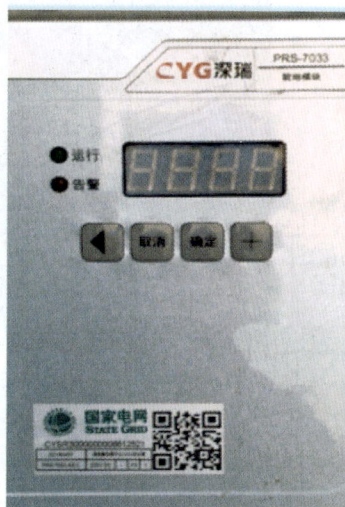

图4-24　辅控就地模块

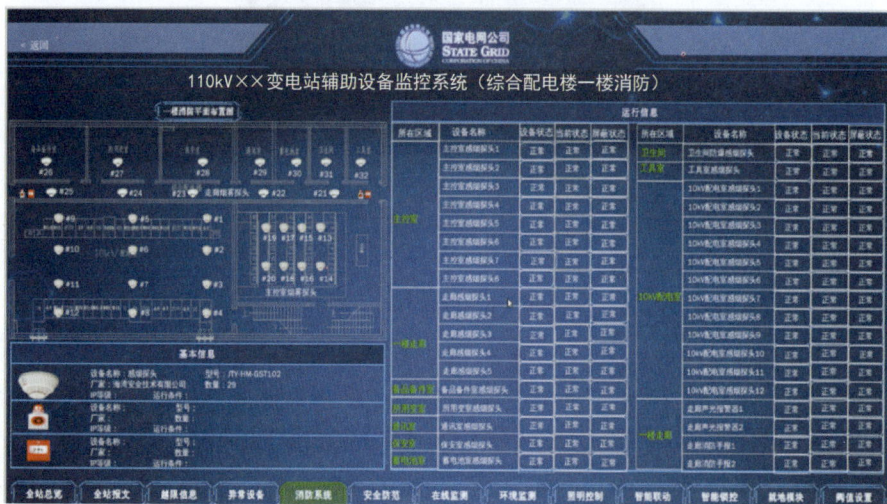

图4-25　消防子系统界面

5. 智能联动

通过配置主辅设备间、辅助设备间智能联动策略，实现主设备、在线监测、安防、消防、环境监控、灯光智能控制、视频等系统间数据交互共享、智能联动。利用多系统间的数据融合、协同控制，快速处理异常事件（见图4-26）。

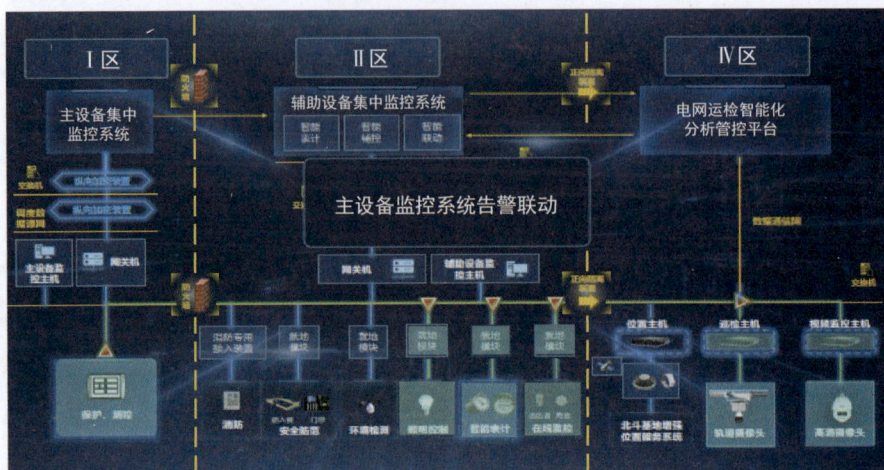

图 4-26　主辅联动系统

6. 方便运维

就地模块"免配置"和辅助设备"即插即用"，具备辅助设备故障自动定位、环境自动控制、视频智能识别、锁控智能管理功能，提高运维检修便捷性（见图 4-27）。

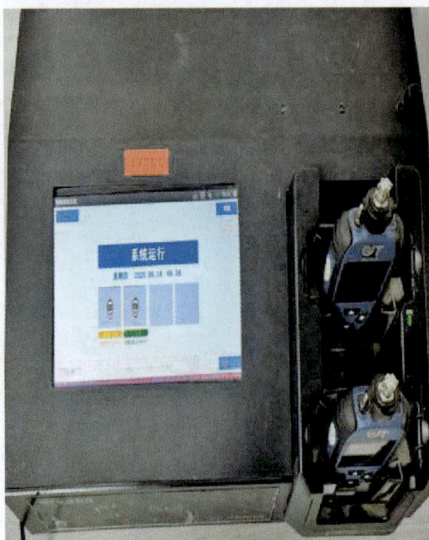

图 4-27　智能锁控装置

四、智能管控建设

智慧变电站通过信息化手段，实现"全面监控、一键顺控、智能巡视、安全管控、主动预警、实物 ID"等高级应用功能，提升变电站监视、操作、巡视、预警和现场管控的智能化水平。

1. 全面监控

在变电站部署辅助设备监控系统，应用主变压器油色谱及铁芯接地电流监测、套管一体化监测、开关柜触头无线测温等智能感知终端，以及环境监测、安防、消防、智能照明等智能辅控设备，实现变电站主设备远传监视、辅助设备远程监控，准确掌握设备运行状态，提高设备管控力，切实落实设备主人责任（见图 4-28 和图 4-29）。

图 4-28　主设备监控界面

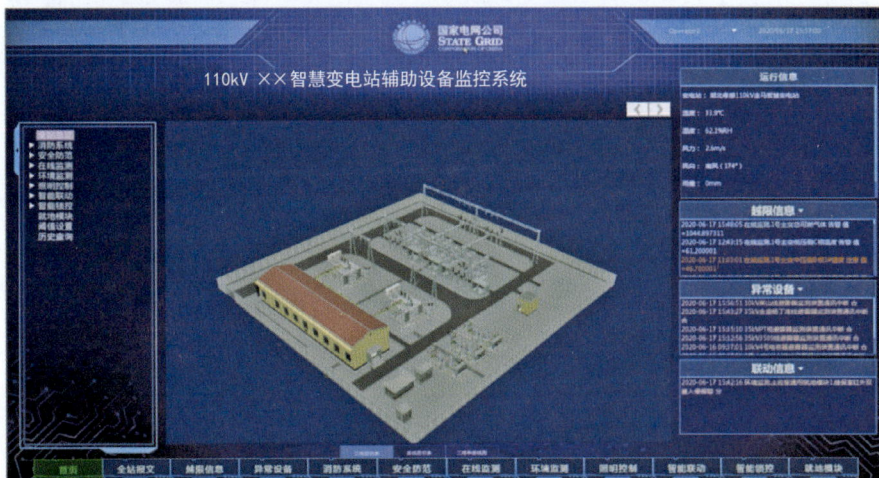

图 4-29　辅助系统监控界面

2. 一键顺控

完善一次设备分合闸"双确认"措施，建立典型运行方式压板状态规则库、标准化防误逻辑规则，实施操作项目软件预置、操作内容模块搭建、设备状态自动判别、防误联锁智能校核、操作任务一键启动、操作过程顺序执行，实现一键顺控操作。配置智能"五防"，与顺控逻辑校验组成双保险，从根源上杜绝误操作风险（见图 4-30）。

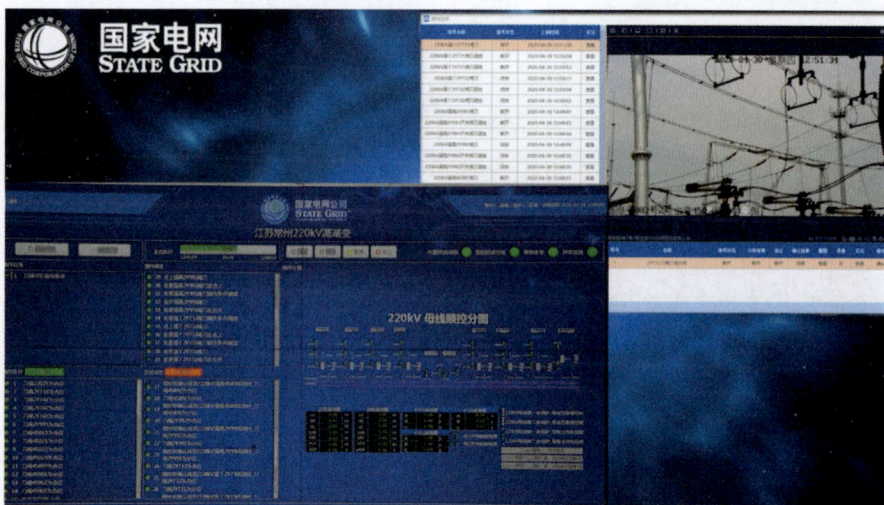

图 4-30　一键顺控操作界面

3. 智能巡视

在变电站部署在线智能巡视系统,优化高清摄像头布点,利用图像智能分析识别技术,定时进行图像采集、分析、比对,对异物搭挂、锈蚀、渗漏油、烟火、人员行为等 17 类问题进行智能识别,通过变电信息综合处理模块,实现变电站远程智能巡视,替代人工现场巡视,自主开展变电站设备周期巡视、红外检测,远方开展设备特巡,提升巡检效率效益(见图 4-31)。

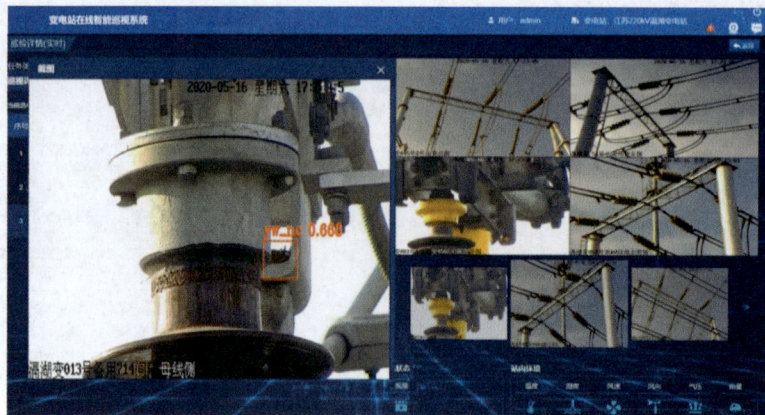

图 4-31　在线智能巡视系统(发现鸟巢)

4. 安全管控

利用视频画面实时捕捉和智能识别技术,实现重点设备关键部位外观异常变化主动告警、现场作业人员行为全程管控和违章作业自动提醒,实时监测变电站异物入侵、烟火等异常环境信息并自动报警,全面提升现场安全管控水平(见图 4-32～图 4-34)。

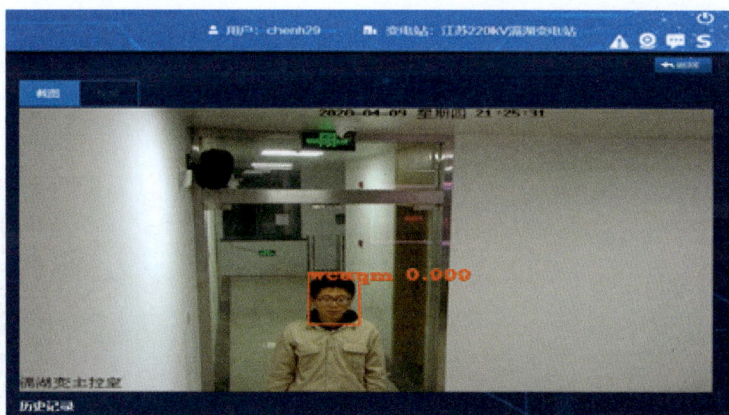

图 4-32　作业管控系统（未戴安全帽）

图 4-33　作业管控系统（误入间隔）

图 4-34　作业行为管控（现场虚拟安措）

5. 主动预警

应用变电站辅助设备监控系统，对在线监测、环境、安防、消防等感知数据进行采集分析，当超出设定阈值时，触发预告警信号，实现设备缺陷的主动预警。远期依托变电智能分析决策平台，自动收集设备内部状态、运行工况、环境信息、专业巡视结果、带电检测数据、在线监测信息及各类试验结果，应用自动分析技术，分析设备不同缺陷类型、部位、严重程度与状态信息的权重及量化关系，自动实现设备状态实时分析、自动评价、自动诊断、智能预告警，推送预警处理和主动防御策略（见图4-35）。

图4-35　在线监测数据历史曲线

6. 实物"ID"

基于实物"ID"，贯穿物资、建设、运检等环节，实现设备参数、工程验收及试验报告等前期技术资料数字化移交；运检环节深化移动作业技术应用，依托实物 ID，实现设备台账、运行信息、在线监测、带电检测、缺陷隐患等设备状态信息一键查询、全景展示（见图4-36）。

图4-36　基于实物"ID"的数字化移交

五、建设成效

智慧变电站试点建设采用先进传感技术对一二次设备状态、安消防、环境等信息进行数字化采集、传输，应用状态感知、一键顺控、智能联动、智能巡检等先进技术，实现变电站建设"三个优化"，推动运检模式"三个转变"，促进综合效益"三个提升"，为集控站与数字化班组建设打下坚实基础。

（一）变电站建设"三个优化"

1. 采集数字化

采用避雷器泄漏电流、SF_6密度继电器、油位计等数字化表计，实现全站仪表数据数字化采集、远传。

2. 接口标准化

以 IEC 61850 协议为核心，统一主辅设备监控系统接口，通过标准化就地模块，实现设备模块化、规范化接入。

3. 分析智能化

通过"高清视频＋机器人"，运用图像识别算法，开展变电站在线智能巡视，实时分析设备运行状态。应用变电站主辅设备监控系统，对设备感知数据进行智能分析及智能联动，实现设备缺陷主动预警，辅助异常事件快速处置。

（二）运检模式"三个转变"

1. 倒闸操作模式转变

采用一键顺控和智能防误，单台 220kV 主变压器转冷备用由 160min 缩短至 15min，操作时长由"小时级"提升至"分钟级"，效率提升 10 倍以上，杜绝误操作风险。

2. 运维巡视模式转变

变电站在线智能巡视系统可监视变压器、断路器等 16 类设备 86.6%重点巡视点位，结合人工远程查看、主辅设备监控系统等可 100%监视重点巡视点位，实现将传统巡视模式改变为"在线智能巡视＋人工全面巡视"。

3. 日常维护模式转变

应用免维护呼吸器、无需更换载气的油色谱在线监测装置、蓄电池自动核容技术，减少维护工作量。预设自动控制策略，根据环境参数变化自动调控变电站空调、风机、水泵等环境控制设备，解放人力资源，提升运检效率。

（三）综合效益"三个提升"

1. 建设效益提升

设备传感元件与一次设备一体设计、一体生产、集成部署，降低设备智能化改造成本。

2. 运检效益提升

将智能巡视、一键顺控、免（少）维护、主动预警等先进技术应用于日常运检作业，提高运检便利性，提升作业质效。

3. 安全效益提升

设备状态全面采集，有效减少人员与设备接触频次，保障人身安全；利用视频实时捕捉分析技术，实现现场作业实时管控，全面提升现场作业安全管控水平。

第五节　管　理　要　求

智慧变电站运维管理按照《国家电网公司变电运维管理规定（试行）》等相关规定执行，本节只针对智慧变电站的特点，对其差异化的管理要求进行说明。

一、运行管理

（1）应支持保护定值管理，包括接收定值整定单，对保护定值进行校核等。

（2）应支持源端维护和模型校核功能，并建立站内设备基础信息，为站内其他应用提供基础数据。

（3）运行维护权限管理应区分设备的使用权限和操作权限。

二、例行巡检

可利用视频监控系统及其他智能巡检装置等对变电站进行例行巡检。

三、定期维修

对于需要定期保养或维修的设备和/或系统，应定期进行保养和维修；对于有准确度等级要求的设备或/和系统，应定期进行准确度等级校验。

四、状态检修

（1）根据智能告警信息，及时排查告警原因，必要时进行带电检测；对告警原因不明且不能在线确认状态的设备和/或系统，可适时提出停电检修建议。

（2）根据智能高压设备报送的预警或告警信息，以及格式化的监测数据，结合带电检测、不良工况及家族缺陷记录等，提出检修建议，统筹安排停电检修。

集控站建设与管理

集控站的建设与
管理

第一节 概 述

一、背景

随着电网快速发展、设备规模大幅增长、技术不断升级，电网设备安全运行风险和压力与日俱增，现有变电运维管理模式难以适应公司发展战略和电网安全运行要求。地调平均监控变电站数量达 80 座，部分地区超过 200 座，监控幅度过大；现有变电站消防、安防、动力环境等辅助设备信息未能实现实时监控，监控信息覆盖不全。变电运维人员不承担设备监控职责，对设备关注度下降，设备主人意识淡化、能力弱化问题日益凸显，设备主人作用未得到充分发挥，运维人员未能深度参与设备全寿命周期管理工作。截至 2019 年底，公司系统 3057 个运维班组中，59.8%的运维班无主设备监控手段，83.6%的运维班缺少辅助设备监控手段，巡视、操作等移动作业应用尚未普及，数据重复录入，运维效率偏低。

因此，优化变电运维模式，推进集控站建设，落实设备主人制，对进一步发挥生产运行核心班组作用，提高设备监控强度、运维管理细度，提升变电运维人员的状态感知、缺陷发现、主动预警、风险管控和应急处置能力，保障电网安全运行具有十分重要的意义，必须加快推进。

二、基本概念

1. 集控站

集控站是指根据电网结构、站所规模、场地条件等因素，分区域合理设置的变电站运

181

维管理的基本业务单元，承担所辖变电站的日常管理、设备监视、运行控制、设备运维等工作，落实变电站设备全寿命周期管理职责。

2. 集控站监控系统

集控站监控系统是指部署于集控站，面向变电设备的智能监控技术支持系统，对设备的运行监视、操作与控制、运维管理等业务提供技术支持。

3. 变电设备主人制

变电设备主人制（简称"设备主人制"）是将变电设备管理责任细化落实到每一位变电运维人员，保证每座变电站、每台设备均有专人负责，提高运维人员"主人翁"意识和设备管理能力，落实变电设备全寿命周期管理要求制订的责任管理机制。

4. 专家团队

专家团队是指为设备主人工作提供专业指导和技术支撑，协助设备主人开展各项工作，提升运维工作效率和运维人员综合技能水平，由变电运维及相关专业人员组成的柔性团队。

第二节　技　术　要　求

一、总体要求

为进一步落实设备主人制，优化变电运维管理模式，提高设备监控强度、运维管理细度、生产信息化程度和队伍建设力度，详细梳理集控站变电设备监控、运维需求，开展顶层设计，制定功能、数据、模型、人机界面、设计和检测规范，建设基于一体化平台的新一代集控站设备监控系统（简称集控系统）。

集控系统应覆盖变电站所有一次、二次、辅助等设备，与已建辅控系统有效衔接，避免重复投资。过渡期主设备监控可采用调度终端延伸等方式实现，并作为后期建设的集控系统的备用手段。

集控系统应符合等级保护测评及安全评估的要求，满足监视、控制、变电移动作业等业务应用需要，逐步实现变电运维业务全上线、状态管控全在线。集控系统应具备以下功能。

（1）具备主设备集中监控功能，实现所辖变电站一、二次设备状态监视，逐步实现一键顺控、远方投退软压板、信号复归等远方操作。

（2）具备辅助设备集中监控功能，实现所辖变电站安防、消防、动力环境、网络安全等辅助设备设施实时监控。

（3）具备高清视频监视和远程巡视功能，通过所辖变电站视频系统、智能巡检机器人建设和改造，全覆盖零死角布点，逐步实现变电站主辅设备在线智能巡视及辅助应急处置。

（4）具备智能综合分析决策功能，实现所辖变电站设备状态在线监测、设备缺陷预警、现场安全管控等信息的汇集和研判，为设备运维、检修、评价、成本分析等提供决策支撑。

（5）具备移动作业功能接口，实现变电验收、运维、检测、评价、检修业务的全覆盖。

集控系统应配置不间断电源，满足供电安全和持续供电时间要求。专用不间断电源应配置 2 台，单台容量在满足监控系统设备负荷后，应留有 40% 的裕量。交流电源失电后，不间断电源供电时间应不小于 2h。

集控站及运维班组驻地站应配置通信网络，预留相关通信设备屏位及电源，满足通信需求。网络带宽应满足主辅设备集中监控等业务要求，用于变电站监控、远程巡视、一键顺控、辅助判断和应急处置等业务的视频系统应满足实时性、可靠性要求。同时，还应满足移动作业、在线智能巡视、在线监测等系统与集控系统数据交互要求。

集控站及运维班组驻地应具备与调度直接通信及电力系统内、外部通信功能。

二、集控系统总体架构

（一）系统架构

集控系统基于基础平台，在安全 I 区、安全 II 区、安全 IV 区建设集控相关应用功能（见图 5-1）。根据安全防护要求，安全 I 区、安全 II 区间配置防火墙，安全 I、II 与 IV 区间配置正反向物理隔离。集控系统基于基础平台提供的服务总线、消息总线等公共服务实现应用功能与信息交互，基于平台人机界面实现 I、II 区主辅设备信息一体化展示。

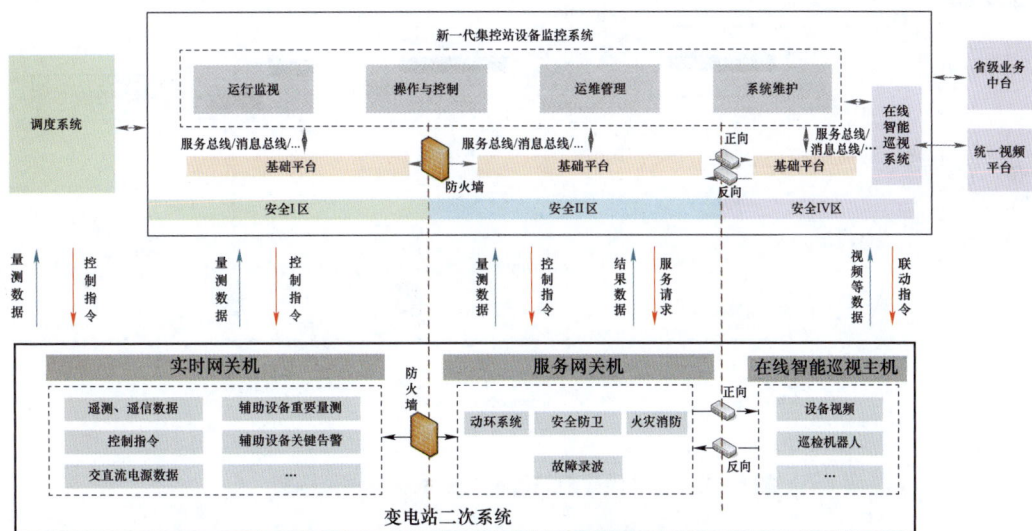

图 5-1 新一代集控站设备监控系统总体架构

安全 I 区通过变电站实时网关机接入主设备实时数据以及辅助设备重要量测和关键告警数据、下发设备控制指令；安全 II 区通过变电站服务网关机按需获取辅助设备及运维诊断等信息，下发辅助设备操作指令等信息；安全 IV 区主要实现统计分析、运维管理等功能，通过在线智能巡视系统接入变电站在线智能巡视主机的视频和告警等数据，下发视频、巡检机器人的控制指令，实现设备的在线智能巡视。集控系统横向与调度系统、业务中台通过标准化的模型数据进行信息交互，与统一视频平台通过标准接口进行交互。

（二）硬件架构

系统硬件配置分为数据库服务器、数据采集及应用服务器、人机工作站、交换机、防火墙、安全隔离装置等设备（见图 5-2）。为了提高系统的安全性，主要设备均采用冗余配置。数据存储和应用相对独立，安全Ⅰ区配置磁盘阵列，Ⅰ、Ⅱ区主辅设备应用进行统一数据存储。在Ⅰ、Ⅱ区分别部署数据采集及应用服务器，主要完成集控系统与变电站间的信息交互、运维班延伸代理，部署监控业务应用。在Ⅳ区配置镜像数据库，作为Ⅰ、Ⅱ区数据的镜像；配置发布及应用服务器，实现信息发布、与业务中台的数据交互、运维管理等业务应用。

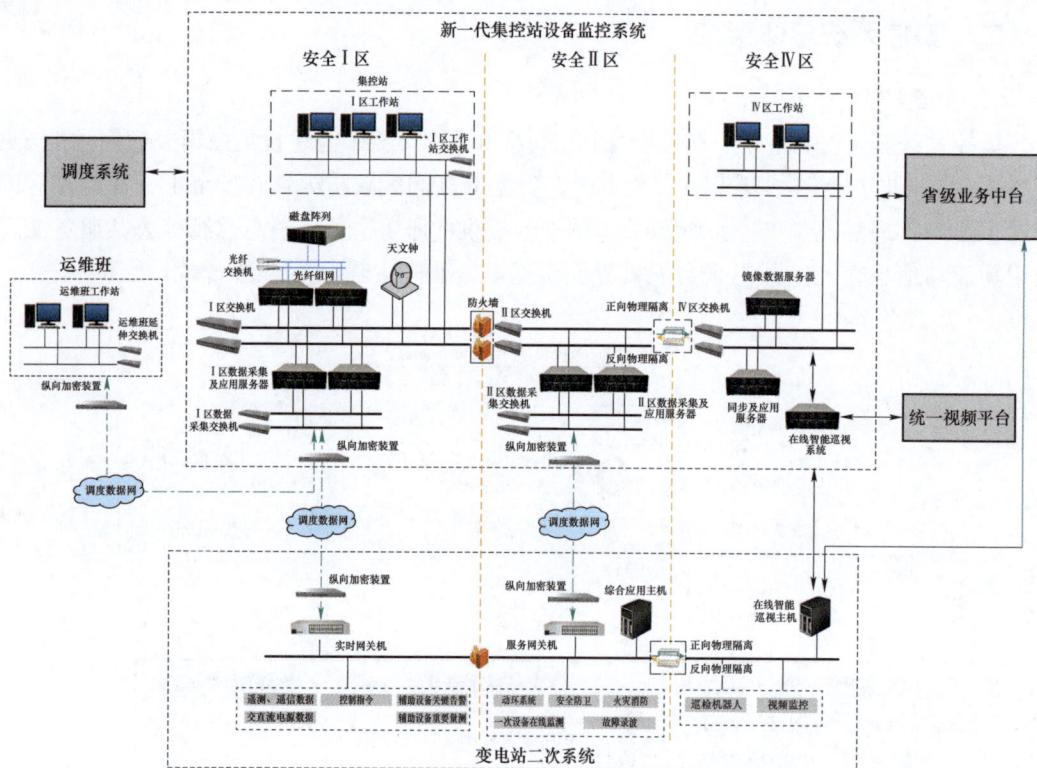

图 5-2　新一代集控站设备监控系统硬件架构图

一体化平台的设计支撑硬件设备的弹性伸缩及应用功能部署的模块化组合，根据不同应用的业务特性以及系统建设投资情况，可以对应用服务器、磁盘阵列等设备性能和容量进行调整，也可以配置单独数据库服务器代替磁盘阵列进行数据存储；数据采集、业务应用服务器可以独立物理部署或分组扩容；根据集控站、运维班的建设及业务需求配置相应的人机工作站。

（三）软件架构

集控系统基于基础平台，实现运行监视、操作与控制、运维管理、系统维护四类应用，根据业务流程及需求可进行场景化集成。Ⅰ区主要实现主设备监视与控制、辅助设备重要信息监视、系统维护等应用功能，Ⅱ区主要实现辅助设备监视与控制等应用功能，Ⅳ区主要实现运维管理、在线智能巡视等应用功能。软件架构如图5-3所示，图中，1表示安全Ⅰ区，2表示安全Ⅱ区，4表示安全Ⅳ区。

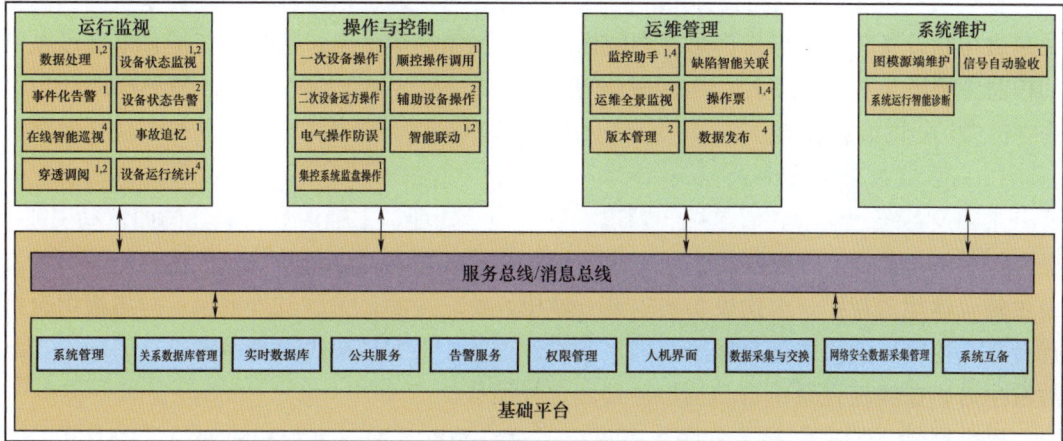

图5-3　新一代集控站设备监控系统软件架构

三、集控系统关键技术

（一）标准模型数据

1. 统一模型体系

变电站主辅设备统一建模，统一包括保护信号在内的大量非标准测点模型；变电站、调度中心、集控站、省级中台模型协调设计，无缝映射转换。以实物ID为索引，突破自动化系统与信息化系统的瓶颈。

以变电站设备为模型源头，在综合应用主机录入实物ID、设备台账、ICD等模型，并进行校核。通过实物ID实现监控数据和设备台账自动关联。

通过数据服务和模型服务，在综合应用主机、服务网关机、集中监控服务器和省级中台之间双向流转。

2. 统筹规划数据

数据分级处理、分层分布式存储。变电站汇聚并存储所有量测和告警，少部分关键数据直接上送，大量运行和诊断数据远程按需调用；集控站接收设备运行相关数据用于监盘，经统计分析后与省级中台的设备台账结合。

主设备数据分类、分流上送，实时网关机负责上送电网实时运行信息、主设备运行状态和关键告警信息；服务网关机负责上送辅助设备运行和告警、一二次设备在线监测数据、SCD、CIM/E、CIM/G文件等；在线智能巡检主机负责传输视频、巡检机器人巡检和状态信息等。

3. 规范数据交互

以实物 ID 为纽带，与省级中台数据交互。集控系统提供给省级中台的信息主要有相关实物 ID、遥测、遥信、遥控操作、设备告警、历史数据、操作票等信息；省级中台提供给集控系统的信息主要有相关实物 ID、设备属性信息、操作票等信息。

以一次设备 CIM 模型为标准，与调度系统交互。调度系统提供给集控系统的信息主要包含电网设备模型、操作信息、调度指令、控制策略等信息；集控系统提供给调度系统的信息主要有集控系统遥控、遥调操作等信息。

（二）全景设备监控

1. 一体监控全景展示

主辅设备统一建模、通道统一管理、数据统一处理、主辅信息关联、画面自动生成、操作控制统一界面、智能联动，通过基础平台的总线服务、消息总线、数据存储等服务实现主辅一体化监视；一二次设备实现统一建模，统一采集，关联综合展示；与省级中台进行台账、检修、缺陷等信息融合处理展示；通过实物 ID 与在线巡视系统进行联动，当事故发生时，在线巡视系统自动巡检并传回巡视结果。

融合展示支持多屏显示、图形多窗口展示，提供方便、直观和快速的调图方式，实现主辅设备实时监控界面与详细辅助信息界面的一体化展示，以及与在线智能巡视的联动展示。

典型画面包括集控站层监控界面、变电站层监控界面及间隔层间隔界面等，规范集控系统各类监控界面图元、着色及布局，体现主辅设备界面一体化展示及交互需求。

2. 纵向数据穿透调阅

变电站主辅设备数量众多、信息量巨大，为避免海量信息上送对运维人员造成信息干扰，采用关键信息主动上送、详细信息按需召唤查询方式。

变电站作为服务端，提供历史数据调阅服务，集控系统作为客户端，通过 DL/T 860 通信报文协议进行交互，实现各个变电站主辅设备历史数据的召唤，主要功能包括 SOE、COS、操作记录查询，同时在调阅历史数据的基础上实现筛选（见图 5-4）。

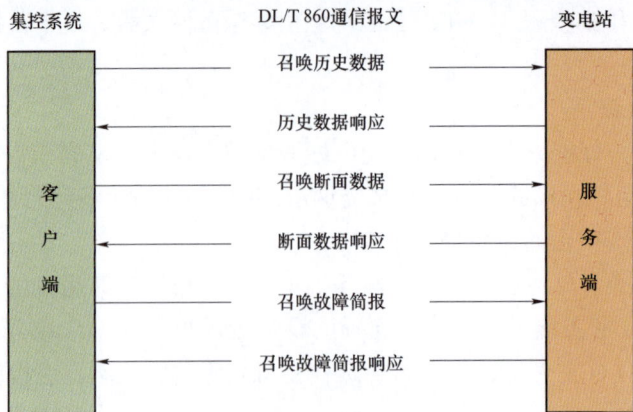

图 5-4　变电站数据按需调阅

变电站网关机版本查看：网关机对二次设备版本文件进行处理和上送，集控系统对网关机上送的版本文件进行解析处理，进行集中管理。在发生版本变化时，按照时间基线列出最新的版本信息，详细展示版本变更内容，包括版本创建时间、定值参数变更内容、版本程序变更信息等。

（三）协同操作控制

（1）一键顺控技术。基于变电站已建一键顺控服务，以及已验证过的典型操作票，通过间隔或设备的源态与目标态组合字符串，形成控制对象，召唤变电站对应的典型操作票，操作过程中进行严格的过程管控与交互确认，结合异常重发机制，完成操作预演与执行，保障操作过程的安全性、可控性及流畅性（见图5-5）。

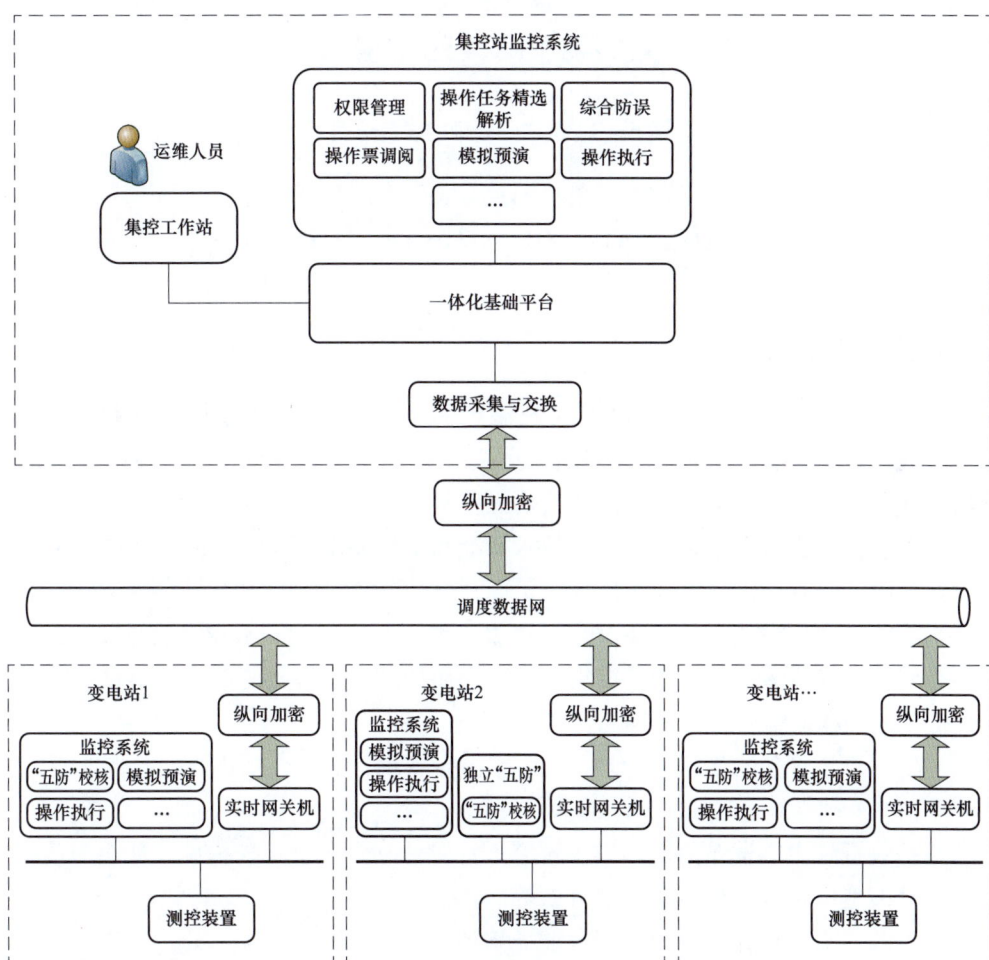

图5-5 顺控操作调用

（2）联合防误技术。根据集控系统与变电站之间的防误原理、侧重点以及范围的不同，结合数据信息颗粒度和实时性差异，以变电站内"五防"规则防误为核心，集控系统网络拓扑防误为基础，结合信号闭锁防误机制，在变电站与集控系统间形成内外联合防误体系，提升设备远方操作的安全性（见图5-6）。

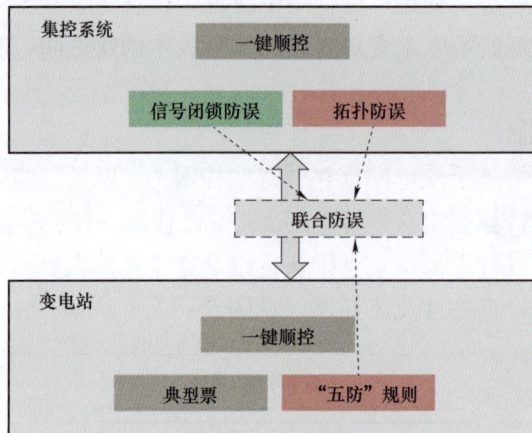

图5-6　远方一键顺控联合防误

第三节　组　织　形　式

一、生产组织方式

应按照确保安全、兼顾效率的原则，在满足主设备、辅助设备监控的技术条件下，根据电网结构、站所规模、设备状况、场地交通等因素，分区域合理布置集控站，确保科学的管辖幅度和业务负荷，有效提升设备监控强度和管理细度。集控站应履行以下职责。

（1）严格执行上级各项规章制度、技术标准和工作要求，落实上级交办的工作，协助上级设备管理部门监督、检查、考核各项工作开展情况。

（2）组织对变电站的主辅设备开展监控类工作，开展网络安全告警信息监视。

（3）组织落实设备主人制，贯彻设备全寿命周期理念，开展变电设备验收、运维、检测、评价、退役和运维成本分析等工作。

（4）组织开展设备隐患排查治理，全面掌握设备运行状况，制订跟踪管控措施，实施闭环管理。

（5）接收调控中心发布的电网风险预警，针对性制定预警管控措施，并组织落实。

（6）开展变电站应急处置、事故分析等工作。

（7）编制人员培训计划，定期开展业务培训。

（一）班组设置

集控站可设置一个监控班和若干个运维班，也可设置综合班组（承担监控和运维职责）。监控班组驻地生产用房的配置应满足班组生产、办公、生活需求。监控班组驻地应配置2路不同源的交流电源，满足失电自投功能。监控班组应具备主辅设备监控能力。

运维班组设置应根据实际情况，统筹考虑变电站数量、设备状况、运维半径、运维效率、人员情况等因素，根据实际情况差异化确定工作范围和工作负荷，确保运维质量和劳动效率有效提升。运维班组应设置在枢纽变电站或通信网络节点站。

运维班组按照管辖变电站数量，分为大、中、小型；500、330、220、110（66）kV变电站，分别按照 7.08、4.16、2.5、1.5 系数折算；开关站、串补站参照同电压等级变电站进行折算。

（1）大型运维班组。管辖变电站的数量在 50 座及以上，原则上不宜超过 80 座（折算后）；管辖超过 1 座 750kV 及以上变电站的运维班组。

（2）中型运维班组。管辖变电站的数量在 30 座及以上、50 座以下（折算后）；管辖 1 座 750kV 及以上变电站的运维班组。

（3）小型运维班组。管辖变电站的数量在 30 座以下（折算后）的运维班组。

（二）值班方式

监控人员值班采取轮班制，保证 24h 不间断监盘，各时段不少于 2 人监控，监控人员应按照批准的倒班方式值班，值班期间必须坚守工作岗位，未经批准不得擅自调班。监控员因故离岗 1 个月以上，上岗前应跟班实习 1~3 天，熟悉变电站的设备情况后方能恢复工作。

监控值班人员应按时进行交接班，严格履行交接班手续，在完成交接手续之前，不得擅离职守。交班人员应提前将各项资料准备齐全，填写相关运行记录，清理值班场所，做好交班准备。接班人员应提前 15min 进入值班室了解其上一次交班后至接班期间的工作情况，按照规定做好接班准备。

交接班前、后 30min 内，一般不进行重大操作。在处理事故异常或倒闸操作时，不得进行交接班，待处理告一段落后，再进行交接班；交接班时发生事故异常，应停止交接班，由交班人员处理，接班人员协助工作。

运维班组应 24h 有人值班，夜间值班不少于 2 人，值班方式应满足日常运维和应急处置工作的需要。运维班组可采用轮班制或"2+N"值班模式，各单位根据实际情况书面明确各运维班组值班模式。不具备监控条件的变电站、偏远变电站、重要枢纽变电站可因地制宜实行有人或少人驻站模式。

（三）定期轮岗

监控、运维人员应纳入集控站统一管理，集控站应定期评估人员工作能力，根据班组实际情况，建立运维人员和监控人员定期轮换机制，提升人员综合能力，全面提升设备管控水平。

（四）业务流程

各单位应结合职责优化调整情况，明确业务流程，建立完善工作标准，确保各项业务规范、有序开展。

集控站监控人员按规定与相关部门、各级调度、运维班开展业务联系，负责集控站所辖变电站的信号验收、运行监视、远方操作、远程巡视、缺陷管理、应急处置以及网络安全告警信息监视等业务。运维人员按规定与相关部门、各级调度、监控班开展业务联系，负责所辖变电站的现场巡视、日常维护、现场操作、隐患排查、现场验收、事故异常处理和运维成本分析等业务。

二、设备监控

（一）监控职责

值班监控人员必须按有关规定进行培训、学习，经考试合格后上岗，应具备调度业务联系资格，并应取得消防监控资质。

值班监控人员应履行以下职责。

（1）执行上级各项规章制度、技术标准和工作要求，落实上级交办的工作。

（2）负责监视集控站所辖变电站主辅设备运行工况，开展远程巡视，及时确认告警信息。

（3）接受、执行调度指令，正确完成集控站所辖变电站主设备的遥控、遥调、一键顺控等操作；开展辅助设备远程控制。

（4）负责对监控系统信息、画面等功能进行验收；负责变电站新（改、扩）建及设备检修后监控系统信号接入验收及有关生产准备工作。

（5）负责通知运维人员进行现场事故及异常检查确认，及时向相关调度汇报，并按调度指令进行处理。

（6）所辖变电站因故失去远方监控功能时，应通知相关人员立即赶赴现场检查处理，无法及时恢复时，应通知运维人员现场值班，并移交监控职责。

出现以下情形，监控员应将相应的监控职责临时移交给运维人员。

1）变电站端自动化设备异常，监控数据无法正确上送监控系统。

2）监控系统异常，无法正常监视变电站运行情况。

3）变电站与监控系统通信通道异常，监控数据无法上送监控系统。

4）变电站设备检修或者异常，频发告警信息影响正常监控功能。

5）变电站内主变压器、断路器等重要设备发生严重故障，危及电网安全稳定运行。

6）因电网安全需要，调控部门明确变电站应恢复有人值守等其他情况。

监控职责临时移交时，监控员应以录音电话方式与运维人员明确移交范围、时间、移交前运行方式等内容，并做好相关记录。监控职责移交完成后，监控员应将移交情况向相关调度进行汇报。

（7）负责集控站及所辖变电站网络安全告警信息监视。

（二）监控内容

（1）监控人员应通过集控站监控系统，实时监视主设备告警、跳闸信息，定期检查设备遥信、遥测信息，开展设备遥控、遥调。具体应包含以下内容。

1）监视所辖变电站运行工况，检查设备有功、无功、电压、电流、变压器（电抗器）温度等信息。

2）监视所辖变电站主设备的事故、异常、越限、变位等信息。

3）逐步实现一键顺控、远方投退软压板、信号复归等远方操作。

（2）监控人员应通过集控站监控系统，检查所辖变电站辅助设备告警信息，并远程控制相关设备。具体应包含以下内容。

1）监视所辖变电站设备在线监测、在线智能巡视系统告警和趋势等信息。

2）监视所辖变电站安防、消防、动力环境、网络安全等辅助设备告警信息。

3）开展所辖变电站安防、消防、动力环境、在线智能巡视系统等辅助设备设施远程控制。

（3）监控人员应按照调度指令或系统电压、无功策略进行设备遥控、遥调操作。

（4）监控人员应利用在线智能巡视系统定期开展远程巡视工作。在恶劣天气、保供电、电网风险管控等特殊情况下，增加巡视频次，并做好事故预想及各项应急准备工作。

（5）监控人员应及时向运维人员通报系统监视、视频巡视发现的隐患、异常和故障。运维人员应及时进行现场检查确认，并将结果及时汇报监控和调度人员。

（三）设备运维

（1）运维人员应按照巡视周期和要求，开展所辖变电站例行巡视、全面巡视、专业巡视、熄灯巡视及特殊巡视等巡视工作。

（2）运维人员应根据值班调度人员或运维负责人正式发布的指令开展倒闸操作，对已执行的操作票进行审查、归档。具备条件的应优先采用一键顺控。

（3）运维人员应进行工作票审核、许可、验收及终结，对已执行的工作票进行审查、归档。

（4）运维人员应做好工器具及仪器仪表、办公与生活设施购置、验收及设备台账信息录入等生产准备工作。

（5）运维人员应配合本单位财务部门开展设备全寿命周期成本数据的采集和录入。通过移动作业、实物 ID 等手段，记录运维人员工作时长、车辆台班使用数量以及领用的材料种类和数量，为设备全寿命周期成本归集和分析提供依据。

（6）运维人员应按照相关规定，对所辖变电站主辅设备设施开展日常维护及定期轮换、试验等工作。

1）应结合所辖变电站地域分布、人员、环境、设备等情况，制订日常维护工作计划，定期对主辅设备设施进行检查维护。

2）应制定定期轮换、试验周期表，对事故照明、主变压器冷却电源、站用交直流系统等设备开展轮换、试验工作。

（7）运维人员应落实所辖变电站消防、防小动物、防鸟害、防污闪、防汛、防（台）风、防寒、防潮、防高温、防沙尘灾害、防地震灾害、放外力破坏、危险品管理等专项措施要求。

1）应按照国家及地方有关消防法律法规制定变电站现场消防管理具体要求，落实专人负责管理，并严格执行。

2）应根据所辖变电站实际情况，制订防小动物、防鸟害措施，定期检查落实情况。

3）应根据所辖变电站污区情况，落实防污闪工作专项措施要求，对外绝缘配置不满足污区等级要求的设备，应重点巡视。

4）应根据所辖变电站的气候特点、地理位置，开展防汛、防（台）风、防寒、防潮的专项检查维护。

5）应根据所辖变电站地理位置及负荷变化情况，制订变电站设备防高温预案和措施，确保高温期间主设备正常运行。

6）定期检查维护变电站箱（柜）体的密封情况。

7）应密切关注上级部门发布的地震灾害预报，做好必要的防范措施。

8）加强变电站门禁及安全保卫管理，做好变电站防外力破坏、防恐怖事件预案编制和演练工作。

9）应根据所辖变电站实际情况，制定变电站危险品管理措施，接受本单位环保、安监等部门的统一管理。

（8）运维人员应对所辖变电站的在线智能巡视系统、安防系统、消防系统、动力环境系统等辅助设备设施开展维护工作。

1）应定期开展在线智能巡视系统维护，保证巡检机器人、高清视频等设备安全可靠运行。

2）应定期开展视频监控系统、电子脉冲围栏及红外对射装置等安防系统维护，检查动力环境系统功能正常，测试系统联动、智能分析等功能。

3）应定期开展消防设备设施维保工作。维保单位应具备相应消防资质，确保主变压器固定灭火装置、火灾自动报警系统、消防水系统等消防设施运行正常。

4）应定期对在线监测、动力环境等设备设施运行情况进行检查维护。

5）上述辅助设备设施缺陷应纳入 PMS 缺陷管理，按规定时限消除。

第四节 管 理 要 求

一、安全管理

（一）安全生产

集控站应遵守上级各项安全规章制度，落实安全目标、职责及措施，严把生产安全关。

（1）应制订和落实劳动保护措施，做好工器具的定期检查试验并监督正确使用。

（2）应落实公司有关生产作业现场安全管控要求，做好安措布置、许可、验收、终结等工作。

（3）应落实运行监控、倒闸操作、设备运维、应急处置等各项安全规定，确保不发生误操作事件。

（4）应按照上级管理部门要求，积极开展隐患排查治理。隐患未消除前应采取相应管控措施。

（5）应定期开展安全活动，分析存在问题和薄弱环节，提出针对性管控措施。

（6）应开展季节性安全大检查、安全性评价等工作。

（7）应开展安全技能培训，定期组织安全规章制度、规程的学习和考试，提升人员安全意识和能力。

（8）应参与变电站事故调查分析，汲取事故教训。

（9）落实网络安全管理相关工作要求。

（二）变电站安防

集控站应按照《电力行业反恐怖防范标准》，根据所辖变电站的重要性、安全等级以及属地公安部门相关要求，落实相应常态人防、物防、技防措施。在特殊区域、特殊时段，根据实际情况调整安全防范措施及安保人员。

（1）落实人防措施。安保人员的数量、年龄、健康状况应满足相关要求，取得属地主管部门颁发的安保资格证书，有条件的应取得消防资格证书。

（2）落实物防措施。安装防盗安全门、围墙、电子围栏、车辆阻挡装置等物防设施。配置必要的防暴头盔、防暴棍、防刺服、催泪罐、盾牌等安保装备。

（3）落实技防措施。设置安防视频监控、周界入侵报警等技防设施。具备条件的班组驻地及重要变电站应与公安110警务系统联网。

（三）信息安全

集控站及运维班组驻地应按照信息安全等级保护要求，加强驻地及所辖变电站监控室、主控室、保护室、通信机房等关键区域人员管理。强化业务系统运维管控，加强人员权限、业务终端、运检数据的安全管理，严控运维风险和数据失泄密事件。定期开展网络安全隐患排查与整改，防止发生网络和信息安全事件。

（1）应在监控室、主控室、保护室、通信机房等关键部位安装电子门禁系统，防止人员随意进出。

（2）应加强系统应用人员业务账号权限管理，确保系统账号权限与用户工作权责相符；加强认证设备的安全管理，与操作人员一一绑定。人员岗位调整时，应及时按照岗位职责调整或注销系统权限。

（3）应加强变电站信息系统及终端登录管理，定期更换登录密码及口令，严禁采用空口令和弱口令。

（4）应加强移动终端接入管理，严禁未通过安全测试的终端接入变电站信息系统，终端无线接入需经过安全接入网关，实现终端认证及数据传输加密。

（5）应落实业务系统安全隔离措施，严禁移动硬盘、U盘、手机、外来计算机等私自接入变电站网络，进行数据备份、拷贝相关操作时必须履行审批手续，并使用专用安全U盘。

（6）应落实公司网络安全的相关要求，严禁私接互联网出口。

二、档案管理

集控站及运维班组驻地应保存所辖变电站设备设施的技术档案资料，应用实物资产ID

等信息化手段逐步实现设备全寿命周期档案数字化管理。

集控站应及时组织编制、修订变电站现场运行规程、标准化作业卡、应急处置方案等技术资料，经上级审核批准后执行。现场运行规程每年应进行一次复审、修订，每五年进行一次全面的修订、审核并印发。

集控站及班组应针对设备运行监控、缺陷、隐患、事故、异常和运维工作情况，及时搜集相关信息和资料，开展综合或专题运维分析，做好分析记录，并制定提升改进措施，提高监控、运维工作质量。

集控站及班组应加强防误装置管理，书面公布防误操作闭锁装置专责人，规范解锁申请、批准、执行等管理流程。建立健全防误装置的台账和资料，做好防误装置的管理与统计分析，组织开展防误装置使用和培训工作。

集控站及班组应及时更新变电站的运维记录、设备台账、技术资料、规程制度等基础档案资料。

三、设备状态管控

集控站应对所辖变电站缺陷的发现、建档、上报、处理、验收等工作开展全过程闭环管控。缺陷消除前，运维人员应根据缺陷情况，加强设备跟踪巡视，必要时应制定相应的管控措施和应急预案。

运维人员应根据带电检测项目、周期要求，按照检测计划开展检测工作。在线监测设备应随主设备进行定期巡视、检查、维护。

运维人员应参与精益化管理评价、年度状态评价及动态评价，对设备评价数据进行分析，提高变电设备状态评价管理水平。

运维人员应参与检修现场勘察、检修方案编制、标准作业卡编制、现场安全措施执行及检修工作许可、检修项目验收等工作。

运维人员应落实所辖变电站设备特巡、带电检测、维护消缺、安全防护等电网风险管控要求。

设备主人应根据设备运行状况、状态评价结果、运行年限等信息，提出技改、设备退役建议，结合设备管理部门要求，参与拟退役电网设备技术鉴定需求及清单编制，为设备退役报废提供参考依据。

专家团队配合设备主人开展设备运维成本综合分析、设备评估等工作，为规划、采购、建设、运维等环节的管理决策提供量化支撑和实施建议。

四、验收管理

集控站及班组应全过程参与新（改、扩）建变电站工程的可研初设评审、厂内验收、到货验收、隐蔽工程验收、中间验收、竣工（预）验收、启动验收和检修后验收工作。

集控站及班组在开展验收工作中，应严格执行标准化验收卡，坚持"零缺陷"投运，严把各阶段验收关。

（1）参与可研初设评审，依据反措及技术监督细则等相关条款，对新（改、扩）建变电站工程的可研报告、初设图纸进行审查。可研初设管理部门应对意见和建议予以书面答复，无合理原因而拒绝采纳的，驳回该方案。

（2）在物资采购阶段，设备主人和专家团队参与审核采购技术规范书，落实差异化采购要求。

（3）参与设备监造及抽检、关键节点见证、出厂验收等环节，并形成记录提交物资部门督促整改，复验合格方能予以通过。

（4）参与到货验收，检查设备包装、运输安全措施是否完好、货物质量是否损坏、各项记录数值是否超标。

（5）参与隐蔽工程验收，对施工过程中的隐蔽项目或隐蔽工序进行验收。

（6）参与中间验收，对设备安装调试过程中的关键工艺、关键工序、关键部位和关键试验进行验收。

（7）在验收启动阶段，设备主人和专家团队参与竣工（预）验收和启动验收，对设备进行全面验收，并确认缺陷全部消除，复验合格后方能予以正式投入运行。

（8）开展检修后验收，对设备消缺、例检、技改大修工作进行验收。

新（改、扩）建变电站应同步完成集控站监控系统信号接入工作，满足相关标准和要求。集控站开展监控信号核对、操作传动、远程一键顺控等设备验收，合格后方可投运。

五、应急处置

（1）集控站应按照上级有关规程、规定和应急处置预案要求，组织编制变电站全停、母线故障、变压器故障、单间隔故障、变电站失去远程监控等应急处置方案，根据电网运行方式和设备运行情况及时修订。

（2）集控站应分类制定应对突发事件处置方案，并定期组织演练。

（3）集控站应按照国家和地方有关消防法律法规，落实变电站消防管理具体要求。制订消防应急方案，组织消防演练，完善现场运行规程消防部分，落实专人负责，并严格执行。监控和运维人员应熟知火警电话及报警方法，掌握各类消防设施的使用方法、自救逃生知识和消防技能。变电站消防设施的操作（含远程操作）和维护人员应持证上岗。变电站应配置合格、齐备的消防设备设施，建立台账并定置管理，定期检查、维护及更换。

（4）集控站应根据供电用户级别，编制相应的保供电方案。保供电期间应按照预案要求，加强值班力量，对所涉及的变电站开展特殊巡视，发现异常及缺陷立即上报，并联系相关专业人员及时处置。

（5）在自然灾害多发期，集控站应密切关注上级部门发布的灾害预警，及时做好防范措施，避免发生人身伤亡事件，灾害预警解除后及时组织人员对变电站进行全面巡查。

（6）集控站应按相关要求及时准确向设备管理部门和调控机构报告应急处置情况。

六、制度标准管理

为加快推进各单位开展变电运维模式优化和集控站建设，加强变电设备管理，提升变电设备监控强度、运维管理细度、生产信息化程度和队伍建设力度，国网设备部组织制定了《推进变电运维模式优化及集控站试点建设工作意见》《国家电网有限公司变电集控站管理规定（试行）》《国家电网有限公司变电集控站设备监控管理规范（试行）》《国家电网有限公司变电设备主人制实施指导意见（试行）》等文件。

各省电力公司应完善集控站管理、设备监控、设备主人制等管理规范，指导基层单位开展工作。

各地市级公司结合本单位实际，明确集控站管理模式、运转方式，编制业务标准及实施办法。

集控站落实上级要求，根据业务开展情况，修订运行规程、现场处置方案、考核办法，制订相关工作流程、标准及实施细则，确保各项工作有章可循。

第五节　设备主人制

近年来，公司实施变电站调度集中监控模式，变电运维人员不再承担设备监控职责，对现场设备关注度下降，设备主人意识淡化、能力弱化问题日益凸显。运维人员未能深度参与可研初设、采购监造、施工调试等设备管理前期工作，设备主人作用未能充分发挥，设备全寿命周期管理要求难以落实。

设备主人制的实施，能够有效提高运维人员的"设备主人"意识和设备管理能力，培养高水平设备运维"全科医生"，打造生产业务"核心队伍"，实现变电设备全寿命周期精益管理，有力保障电网安全运行和电力可靠供应。

一、实施内容

1. 明确设备主人职责

变电运维人员是设备的"主人"，是设备全寿命周期管理的落实者、运检标准的执行者、设备状态的管理者，实行班组长负责制。设置集控站的，实行集控站站长和运维班班长双负责制。

设备主人应全过程参与设备可研初设、采购监造、调试验收、运维检修、退役报废等各项工作，落实设备全寿命周期管理各项要求，履行相应监督、管控、评价、跟踪、督办、记录等职责。

2. 逐站指定设备主人

各单位应逐站、逐设备明确设备主人，将变电设备管理责任细化落实给每一位变电运维人员，保证每座变电站、每台设备均有专人负责，并经书面公布。设备主人宜定期轮换，各单位根据工作需要，及时调整所辖变电站的设备主人，相关人员做好交接工作。

3. 组建柔性专家团队

专家团队是由变电运维及检修、试验、消防、土建等专业人员组成的柔性团队，采取聘用制。

专家团队为设备主人工作提供专业指导和技术支撑，对设备主人发现的疑难问题给出专业判断和分析意见，协助设备主人开展工程管理、运行维护、设备评价、检修管控、退役报废等工作，为设备主人开展培训，逐步培养变电设备"全科医生"，提升设备主人综合能力。

4. 落实全寿命周期管理

设备主人应参与工程项目管理、设备运行维护、设备状态评价、检修过程管控、设备退役报废等工作环节，实现设备全寿命周期闭环管理，落实相关标准。

（1）参与工程项目管理。设备主人及专家团队应按照《国家电网公司变电验收管理规定》等标准要求，参与变电站新（改、扩）建、大修技改等工程项目管理，包括可研初设评审、厂内验收、到货验收、隐蔽工程验收、中间验收、竣工（预）验收、启动验收等环节，并履行相应职责。

（2）开展设备运行维护。设备主人及专家团队应落实《国家电网公司变电运维管理规定》等标准要求，规范开展设备巡视、日常维护、两票管理、倒闸操作、异常及事故处理等工作。

（3）开展设备状态评价。设备主人及专家团队应落实《国家电网公司变电评价管理规定》等相关要求，参与精益化管理评价、年度状态评价和动态评价，做好设备状态评价和跟踪治理工作。

（4）开展检修过程管控。设备主人应参与检修全过程管控，参与检修前期准备、检修过程监管、检修质量验收等工作，落实相关要求，保障设备"应修必修，修必修好"。

（5）参与设备退役报废。设备主人应根据设备运行状况、状态评价结果、运行年限等信息，提出技改、设备退役建议，结合设备管理部门要求，参与拟退役电网设备技术鉴定需求及清单编制，为设备退役报废提供参考依据。

5. 拓展运维业务范围

应逐步拓展设备主人业务范围（见表5-1），开展运维、检修类业务培训，提升设备主人综合能力，进一步发挥设备主人的"全科医生"作用。具备条件的单位可适当调配检修、试验专业人员充实设备主人队伍，提高变电设备管理效能。设备主人业务分通用、带电检测等16大类，共119项运维一体化业务。为加快推进运维一体化业务开展，2021年国家电网有限公司组织变电运维青年员工（入职2～4年）技能轮训，第一阶段完成72项运维一体化业务，第二阶段完成47项运维一体化业务。

6. 完善奖励激励机制

各单位应建立健全设备主人激励机制，拓宽设备主人发展通道，充分调动设备主人的工作积极性，提升设备主人的履职尽责意识，打造高素质核心生产班组队伍。

二、保障措施

（1）强化协同机制。各单位应建立各部门协同配合工作机制，及时协调解决相关问题，为推进设备主人制有效落地，提高设备主人设备管理能力提供基础保障。

（2）强化业务培训。按照"干什么学什么，缺什么补什么"的原则，各单位可采用轮岗培训、跟班学习、人员调配、导师带徒等多种方式，实施全覆盖、多手段、高质量的培训，查漏补缺、夯实基础，有效支撑设备主人各项业务开展。

（3）强化支撑保障。根据生产业务开展情况，各单位应补充生产车辆、工器具、仪器仪表等装备配置。加强信息化手段建设，配置现代化作业工具，减轻基层人员劳动负担，提高设备主人工作效率。

表 5-1 设 备 主 人 业 务 范 围

业务大类	业务小类	序号	设备主人综合业务	第一阶段	第二阶段
通用	设备巡视	1	例行巡视	●	
	设备巡视	2	全面巡视	●	
	设备巡视	3	特殊巡视	●	
	设备巡视	4	熄灯巡视	●	
	运行维护	5	变电站辅助设施、房屋设施运维和大修	●	
	运行维护	6	不停电的室内和室外低位布置且不涉及二次回路的高压带电显示装置更换		●
	运行维护	7	接地网、设备构架、基础防腐维护	●	
	运行维护	8	设备接地引下线、接地扁铁除锈	●	
	运行维护	9	接地网开挖抽检		●
	运行维护	10	接地网引下线检查		●
	运行维护	11	端子箱、汇控柜、机构箱、冷控箱体防水、防潮、封堵、密封设施的检查及对应缺陷的处理，二次电缆封堵修补	●	
	运行维护	12	端子箱、汇控柜、机构箱、冷控箱箱体清扫、锈蚀处理	●	
	运行维护	13	端子箱、汇控柜、机构箱、冷控箱内驱潮加热、防潮防凝露、空调模块维护消缺		●
	运行维护	14	端子箱、汇控柜、机构箱、冷控箱内照明灯具及门控开关的更换	●	
	运行维护	15	二次屏柜外观清扫检查、锁具、玻璃、柜门接地线消缺	●	
	运行维护	16	二次屏柜照明灯具及门控开关的更换	●	
	运行维护	17	二次屏柜内电缆封堵修补	●	
	工程管控	18	参与新、改（扩）建工程项目可研初设审查	●	
	工程管控	19	参与新、改（扩）建工程设备厂内验收（关键点见证、驻厂监造）	●	

续表

业务大类	业务小类	序号	设备主人综合业务	第一阶段	第二阶段
通用	工程管控	20	参与新、改（扩）建工程到货验收	●	
	工程管控	21	参与新、改（扩）建工程隐蔽工程验收	●	
	工程管控	22	参与新、改（扩）建工程中间验收	●	
	工程管控	23	参与新、改（扩）建工程竣工（预）验收	●	
	工程管控	24	参与新、改（扩）建工程启动验收	●	
带电检测	状态评价	25	一次设备红外热成像普测	●	
	状态评价	26	二次设备红外热成像普测	●	
	状态评价	27	一次设备精确测温及分析		●
	状态评价	28	二次设备精确测温及分析		●
	状态评价	29	开关柜放电局部放电检测	●	
	状态评价	30	开关柜放电地电波检测	●	
	状态评价	31	组合电器设备特高频、超声波局放电检测		●
	状态评价	32	地网接地导通检测		●
变压器（油浸式电抗器）	检修消缺	33	变压器（油浸式电抗器）取油样及送样		●
	运行维护	34	变压器（油浸式电抗器）事故油池检查、清理	●	
	运行维护	35	变压器（油浸式电抗器）消防装置日常运行检查	●	
	状态评价	36	变压器（油浸式电抗器）噪声检测		●
	状态评价	37	变压器铁芯、夹件接地电流测试	●	
	运行维护	38	变压器冷却电源自投功能试验	●	
	运行维护	39	强油（气）风冷、强油水冷的变压器冷却系统，各组冷却器的工作状态（即工作、辅助、备用状态）切换试验	●	
	运行维护	40	变压器（油浸式电抗器）端子箱、冷控箱内驱潮加热、防潮防凝露模块维护消缺		●
	运行维护	41	变压器（油浸式电抗器）端子箱、汇控柜、机构箱、冷控箱内照明灯具更换	●	
	运行维护	42	变压器（油浸式电抗器）冷却系统指示灯、空气开关状态检查		●
	检修消缺	43	变压器（油浸式电抗器）吸湿器硅胶更换、油封补油、玻璃罩、油封破损更换或整体更换	●	
GIS	运行维护	44	GIS（HGIS）汇控柜内驱潮加热、防潮防凝露、空调模块维护消缺		●
	运行维护	45	GIS（HGIS）汇控柜内内照明灯具及门控开关的更换	●	
	检修消缺	46	GIS（HGIS）设备压力低时带电补气		●
	检修消缺	47	GIS（HGIS）设备故障时的气体组分分析	●	
	检修消缺	48	GIS（HGIS）气体泄漏缺陷漏点初步定性检测		●
断路器	检修消缺	49	断路器设备故障时的气体组分分析		●
	检修消缺	50	断路器气体泄漏缺陷漏点初步检测		●

续表

业务大类	业务小类	序号	设备主人综合业务	第一阶段	第二阶段
隔离开关	检修消缺	51	隔离开关二次回路异常检查、分析		●
互感器	检修消缺	52	插拔式的电压互感器高压熔断器更换	●	
电容器	检修消缺	53	电容器外熔丝更换	●	
继电保护及自动装置	运行维护	54	保护装置差流检查、通道检查		●
	检修消缺	55	故障录波器死机或故障后重启		●
	检修消缺	56	保护子站死机或故障后重启		●
	运行维护	57	继电保护及自动装置打印机补充打印纸及耗材更换		●
	检修消缺	58	保护装置重启（经专业人员确认后，做好安措并在专业人员指导下进行）		●
	运行维护	59	微机保护定值区切换		●
	检修消缺	60	控制回路断线的初步判断		●
	检修消缺	61	TV、TA断线以及电压异常初步判断		●
监控装置	运行维护	62	自动化信息核对	●	
	运行维护	63	指示灯更换		●
	运行维护	64	后台监控系统装置除尘（包括UPS、后台主机等）		●
	运行维护	65	后台、信息子站、故障录波等独立显示器、键盘、鼠标更换		●
	检修消缺	66	自动化设备（包括装置型远动机、交换机、通信数透装置、当地后台机等）死机重启（经专业人员确认后，做好安措并在专业人员指导下进行）		●
	运行维护	67	结合设备检修，进行自动化遥测、遥信信息、遥控操作正确性核对		●
	运行维护	68	遥测、遥信信息、遥控操作异常的初步判断		●
	运行维护	69	测控"五防"逻辑核查		●
直流电源（含事故照明屏）	运行维护	70	指示灯更换		●
	检修消缺	71	熔断器更换		●
	运行维护	72	单个电池内阻测试		●
	运行维护	73	两电三充模式定期切换试验		●
	运行维护	74	UPS切换试验、端电压、蓄电池内阻检查		●
	检修消缺	75	电压采集单元熔丝更换		●
	运行维护	76	变电站配备的应急发电车试验、维护		●
	检修消缺	77	直流接地初判排查		●
所用电系统	运行维护	78	定期切换试验	●	
	检修消缺	79	不需登高的高压侧熔断器更换	●	
	运行维护	80	所用变硅胶更换	●	
	运行维护	81	所用变备自投装置切换试验	●	

业务大类	业务小类	序号	设备主人综合业务	第一阶段	第二阶段
所用电系统	运行维护	82	备用所用变（一次侧不带电）启动试验工作	●	
	工程管控	83	低压相序定相	●	
微机防误系统	运行维护	84	系统主机除尘，电源、通信适配器等附件维护	●	
	运行维护	85	独立微机"五防"防误逻辑校验		●
	运行维护	86	电脑钥匙功能检测	●	
	运行维护	87	锁具维护、更换、新增及编码正确性检查	●	
	运行维护	88	接地螺栓及接地标志维护	●	
	运行维护	89	独立微机防误装置防误主机的维护、防误软件内人员权限区分、在岗人员更新	●	
	运行维护	90	独立微机防误装置设备命名更改		●
	运行维护	91	智能解锁钥匙箱维护、消缺		●
消防、安防、视频监控系统	检修消缺	92	系统主机清扫，死机重启	●	
	运行维护	93	报警探头、摄像头操作功能试验、指示灯检查、远程功能核对	●	
	运行维护	94	门禁、消防、安防、视频监控系统在线情况检查	●	
	运行维护	95	安防电子围栏断线检查	●	
	运行维护	96	火灾报警系统定期检查、声光联动信号试验	●	
在线监测	运行维护	97	油色谱装置维护	●	
	状态评价	98	油色谱数据分析跟踪	●	
	运行维护	99	站端主机和终端设备外观清扫、检查	●	
	检修消缺	100	站端在线监测装置主机死机重启、检查	●	
辅助设施	运行维护	101	变电站防火、防小动物封堵检查维护；站区、屏柜、电缆层、电缆竖井及电缆沟封堵检查维护	●	
	运行维护	102	配电箱、检修电源箱检查、维护	●	
	检修消缺	103	配电箱、检修电源箱电源空开故障处理		●
	运行维护	104	防汛设施检查维护：电缆沟、排水沟、排水口、沉积池、围墙外排水沟、污水泵、潜水泵、排水泵检查维护	●	
	运行维护	105	设备标示牌等标识维护、更换，围栏、警示牌等安全设施检查维护	●	
	运行维护	106	设备室通风系统维护，风机故障检查，消缺	●	
	检修消缺	107	设备室通风系统电源空气开关故障处理		●
	运行维护	108	室内 SF_6 氧量报警仪检查维护、清扫	●	
	运行维护	109	照明系统定期试验、检查、维护	●	
	检修消缺	110	交流屏馈线以下照明系统电源空气开关故障处理		●
	运行维护	111	消防沙池补充、灭火器检查清擦，灭火器压力检查、外观检查、合格证、灭火器箱检查	●	
	运行维护	112	变电站消防水系统检查、维护	●	

续表

业务大类	业务小类	序号	设备主人综合业务	第一阶段	第二阶段
辅助设施	运行维护	113	生产辅助设施及辅助一体化平台功能检查、清扫、维护	●	
	运行维护	114	安防系统检查（包含电子围栏、红外对射）	●	
	运行维护	115	一匙通系统定期检查、维护及一般性消缺	●	
	运行维护	116	巡检机器人检查、试验、清扫及一般性消缺	●	
	运行维护	117	除湿机、空调系统检查、维护	●	
	运行维护	118	站用供水系统、排水系统检查、维护	●	
	运行维护	119	站内环境检查、维护	●	

附录 A　巡 视 记 录 单

变电站		电压等级	
设备名称		设备编号	
巡视时间		巡视人	
编号	巡视内容	结果	备注
1	装置命名、编号，警示标志等是否完好、正确、清晰	□是　□否	
2	装置外观有无锈蚀、连接是否紧固、接地是否良好、管路连接密封有无渗漏、封堵是否完好	□是　□否	
3	装置带有屏幕的显示有无异常	□是　□否	
4	装置箱内运行指示灯是否正常，有无故障灯亮起	□是　□否	
5	装置载气阀门是否正常打开	□是　□否	
6	装置箱内载气瓶内气体是否欠压	□是　□否	压力值：
7	装置通信接口有无松动和断裂	□是　□否	
8	装置光电转换器指示灯是否显示正常	□是　□否	
9	装置运行有无异响	□是　□否	
10	现场如有备品备件，是否完好	□是　□否	
11	电源、温控加热器、风扇等工作正常	□是　□否	
12	后台主机屏柜外观是否完好	□是　□否	
13	柜门关闭是否良好，有无锈蚀、积灰，封堵是否完好	□是　□否	
14	主机铭牌及各种标志是否齐全、清晰	□是　□否	
15	后台主机显示屏是否显示正常，有无系统死机、蓝屏等异常现象	□是　□否	
16	后台主机系统磁盘空间是否充足，无空间不足等异常现象	□是　□否	
17	后台厂家软件能正常登录，软件运行工况是否正常，信息显示无异常现象	□是　□否	
18	后台主机通信网线接口完好无松动，网线通信指示灯是否正常	□是　□否	
19	装置监测数据是否异常	□是　□否	
20	现场监测设备基线累积漂移是否超过规定值	□是　□否	
21	检查采样周期内检测数据更新是否正常	□是　□否	
22	特征气体数据是否有明显增长趋势或超过注意值	□是　□否	

附录 B 智慧变电站基本架构

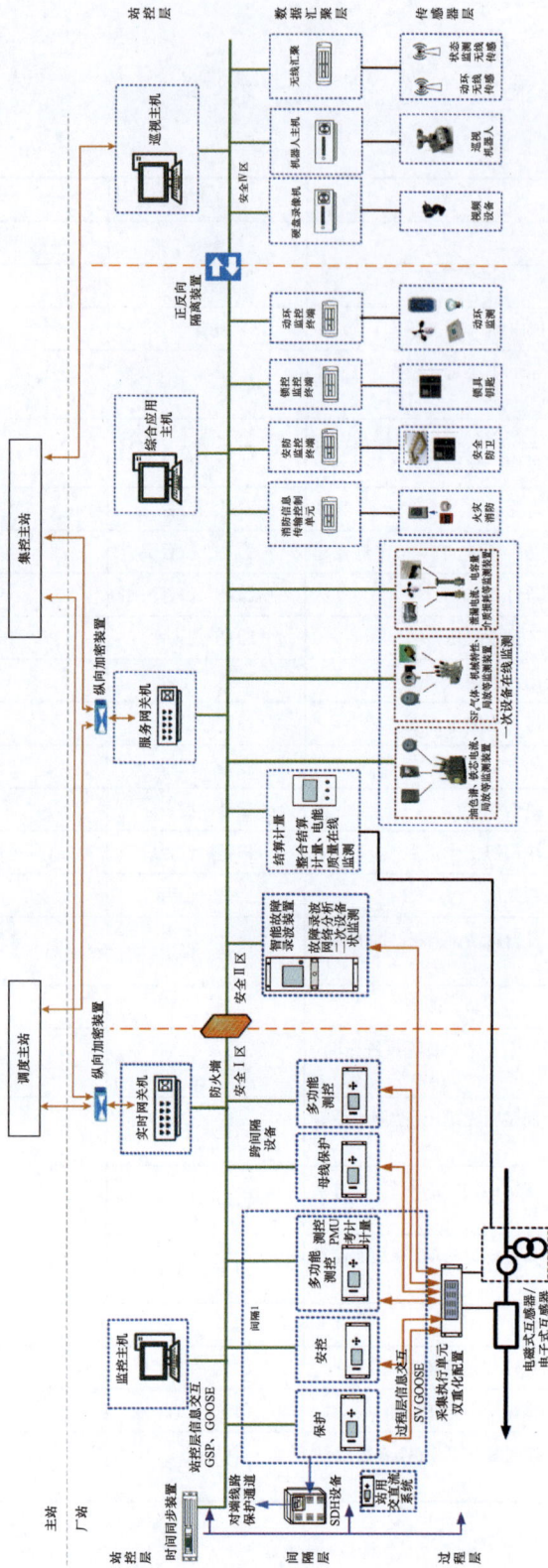